国家职业技能等级认定培训教材

高技能人才培养用书

西式面点师

（技师、高级技师）

国家职业技能等级认定培训教材编审委员会 组编

王 森 主编

机械工业出版社

CHINA MACHINE PRESS

本书依据《国家职业技能标准 西式面点师（2018 年版）》的要求，按照标准、教材、试题相衔接的原则编写，介绍了西式面点师技师、高级技师应掌握的技能和相关知识，涉及巧克力造型制作、糖艺制作、甜品制作、厨房管理、装饰蛋糕制作、糖艺造型制作、艺术造型面包制作、创意甜品制作、技术创新与培训等内容，并配有模拟试卷及答案。本书配套多媒体资源，可通过封底"天工讲堂"刮刮卡获取。

本书理论知识与技能训练相结合，图文并茂，适用于职业技能等级认定培训、中短期职业技能培训，也可供中高职、技工院校相关专业师生参考。

图书在版编目（CIP）数据

西式面点师：技师、高级技师 / 王森主编. — 北京：
机械工业出版社，2022.9
国家职业技能等级认定培训教材　高技能人才培养用书
ISBN 978-7-111-71290-9

Ⅰ.①西…　Ⅱ.①王…　Ⅲ.①西点－制作－职业技能－
鉴定－教材　Ⅳ.①TS213.23

中国版本图书馆CIP数据核字（2022）第133747号

机械工业出版社（北京市百万庄大街22号　邮政编码100037）
策划编辑：卢志林　范琳娜　　责任编辑：卢志林　范琳娜
责任校对：韩佳欣　王　延　　责任印制：单爱军
北京新华印刷有限公司印刷

2022年10月第1版第1次印刷
184mm×260mm·20.75印张·471千字
标准书号：ISBN 978-7-111-71290-9
定价：69.80元

电话服务　　　　　　　　网络服务
客服电话：010-88361066　机　工　官　网：www.cmpbook.com
　　　　　010-88379833　机　工　官　博：weibo.com/cmp1952
　　　　　010-68326294　金　书　网：www.golden-book.com
封底无防伪标均为盗版　机工教育服务网：www.cmpedu.com

序

新中国成立以来，技术工人队伍建设一直得到了党和政府的高度重视。20世纪五六十年代，我们借鉴苏联经验建立了技能人才的"八级工"制，培养了一大批身怀绝技的"大师"与"大工匠"。"八级工"不仅待遇高，而且深受社会尊重，成为那个时代的骄傲，吸引与带动了一批批青年技能人才锲而不舍地钻研技术、攀登高峰。

进入新时期，高技能人才发展上升为兴企强国的国家战略。从2003年全国第一次人才工作会议，明确提出高技能人才是国家人才队伍的重要组成部分，到2010年颁布实施《国家中长期人才发展规划纲要（2010—2020年）》，加快高技能人才队伍建设与发展成为举国的意志与战略之一。

习近平总书记强调，劳动者素质对一个国家、一个民族发展至关重要。技术工人队伍是支撑中国制造、中国创造的重要基础，对推动经济高质量发展具有重要作用。党的十八大以来，党中央、国务院健全技能人才培养、使用、评价、激励制度，大力发展技工教育，大规模开展职业技能培训，加快培养大批高素质劳动者和技术技能人才，使更多社会需要的技能人才、大国工匠不断涌现，推动形成了广大劳动者学习技能、报效国家的浓厚氛围。

2019年国务院办公厅印发了《职业技能提升行动方案（2019—2021年）》，目标任务是2019年至2021年，持续开展职业技能提升行动，提高培训针对性实效性，全面提升劳动者职业技能水平和就业创业能力。三年共开展各类补贴性职业技能培训5000万人次以上，其中2019年培训1500万人次以上；经过努力，到2021年底技能劳动者占就业人员总量的比例达到25%以上，高技能人才占技能劳动者的比例达到30%以上。

目前，我国技术工人（技能劳动者）已超过2亿人，其中高技能人才超过5000万人，在全面建成小康社会、新兴战略产业不断发展的今天，建设高技能人才队伍的任务十分重要。

机械工业出版社一直致力于技能人才培训用书的出版，先后出版了一系列具有行业影响力，深受企业、读者欢迎的教材。欣闻配合新的《国家职业技能标准》又编写了"国家职业技能等级认定培训教材"。这套教材由全国各地技能培训和考评专家编写，具有权威性和代表性；将理论与技能有机结合，并紧紧围绕《国家职业技能标准》的知识要求和技能要求编写，实用性、针对性强，既有必备的理论知识和技能知识，又有考核鉴定的理论和技能题库及答案；而且这套教材根据需要为部分教材配备了二维码，扫描书中的二维码便可观看相应资源；这套教材还配合机工教育、天工讲堂开设了在线课程、在线题库，配套齐全，编排科学，便于培训和检测。

这套教材的出版非常及时，为培养技能型人才做了一件大好事，我相信这套教材一定会为我国培养更多更好的高素质技术技能型人才做出贡献！

中华全国总工会副主席

高凤林

前言

为了进一步贯彻《国务院关于大力推进职业教育改革与发展的决定》精神，推动西式面点师职业培训和职业技能等级认定的顺利开展，规范西式面点师的专业学习与等级认定考核要求，提高职业能力水平，针对职业技能等级认定所需掌握的相关专业技能，组织有一定经验的专家编写了《西式面点师》系列培训教材。

本书以国家职业技能等级认定考核要点为依据，全面体现"考什么编什么"，有助于参加培训的人员熟练掌握等级认定考核要求，对考证具有直接的指导作用。在编写中根据本职业的工作特点，以能力培养为根本出发点，采用项目模块化的编写方式，以西式面点师技师、高级技师需具备的技能——巧克力造型制作、糖艺制作、甜品制作、厨房管理、装饰蛋糕制作、糖艺造型制作、艺术造型面包制作、创意甜品制作、技术创新与培训来安排项目内容。内容细分为面团调制、生坯成型、产品成熟、装饰设计、技术创新等理论知识和技能训练，引导学习者将理论知识更好地运用于实践中去，对于提高从业人员的基本素质，掌握西式面点的核心知识与技能有直接的帮助和指导作用。

本书由王森担任主编，张婷婷、栾绮伟、霍辉燕、于爽、向邓一、张姣参与编写。

本书编写期间得到了国家职业技能等级认定培训教材编审委员会、苏州王森食文化传播有限公司、广东瀚文书业有限公司、山东瀚德圣文化发展有限公司等组织和单位的大力支持与协助，提出了许多十分中肯的意见，使本书在原来的基础上又增加了新知识，在此一并感谢！

由于编者水平有限，书中难免存在不妥之处，恳请广大读者提出宝贵意见和建议。

编　者

目录

项目 3
甜品制作

项目 4
厨房管理

第二部分　高级技师

项目 5
装饰蛋糕
制作

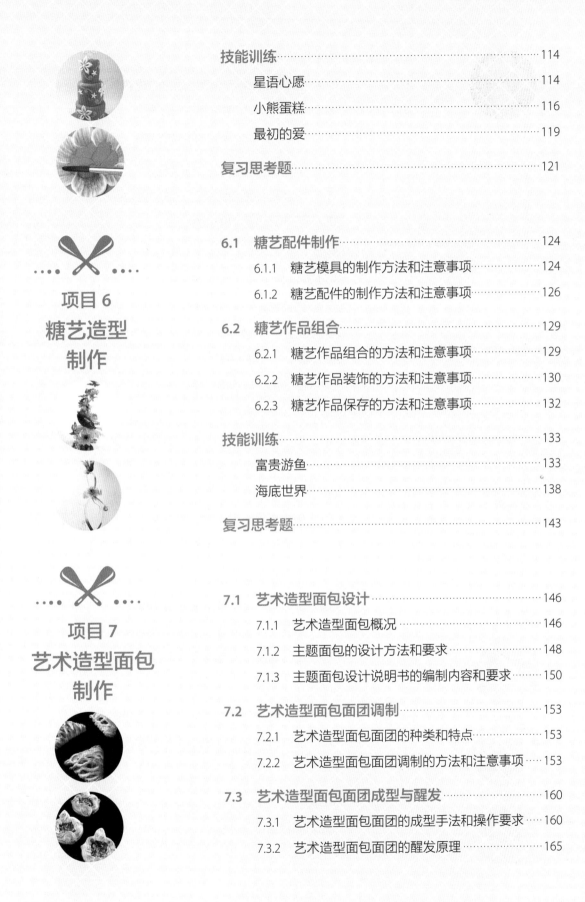

项目 8
创意甜品
制作

第一部分

技　师

项目 **1**

巧克力造型制作

▼ ▼ ▼

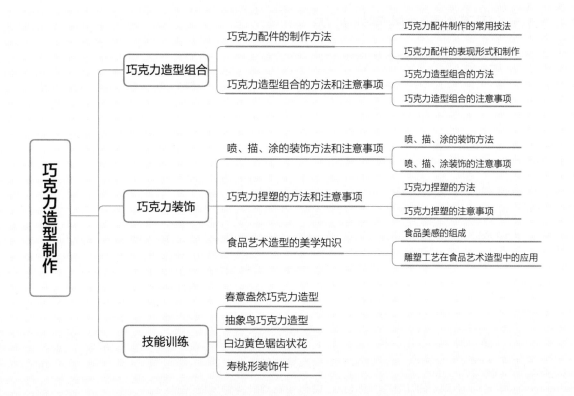

巧克力造型由多个元素组合制成一个场景或故事等，是由力学结构、巧克力工艺手法、雕塑美学等组合而成，制作的主要原材料是巧克力。

巧克力造型根据使用材料划分，可分为纯可可脂巧克力造型和代可可脂巧克力造型。二者的区别是用纯可可脂巧克力制作时，巧克力需要调温，凝固时间较短，操作难度大；而代可可脂巧克力不需要调温，凝固时间较长，比较容易操作。

1.1　巧克力造型组合

巧克力造型需要围绕选定的主题进行设计和制作，在此期间要注意整体色彩搭配和谐、整体比例协调、结构平衡。巧克力造型从创意、理念到配件制作和组合等均可显示出制作者的技术，通过巧克力造型技艺，无限放大材料的可塑性，以达到具象化万物的目的。

1.1.1　巧克力配件的制作方法

1. 巧克力配件制作的常用技法

在制作巧克力配件时，常用的工艺技法有注模、抹、划、雕刻、搓、切、刷、刮、裱挤、沾和按压等，这些技法可单独使用，也可组合搭配使用。

（1）**注模**　通过裱花袋裱挤或容器直接倾倒的方式，将液体巧克力注入模具中，晃平，静置冷却成型，该种技法使用的频率较高。

（2）**抹**　使用工具（如铲刀）将液体巧克力或调色后的可可脂抹制均匀，形成一个平整的面，再进行后续操作，常用于巧克力花瓣、叶子等片状配件的制作。

（3）**划**　使用尖锐的工具（如刀具）在巧克力表面划制，形成所需形状或花纹等。

（4）**雕刻**　使用雕刻工具将基础成型的巧克力配件雕刻成所需形状，常用于人物或动物的五官、身体结构等。该种技法操作难度较大，极其考验操作者的技术（图示为人物手部的制作）。

（5）**搓**　就是利用手掌的压力，将材料以来回摩擦的方式处理成长条状，主要应用于巧克力泥条的制作（图中用 KT 板隔着搓，目的是隔绝手温）。

（6）**切**　使用刀具将巧克力切断，常用于修整巧克力配件的外形。

（7）**刷**　使用刷子（如钢丝刷）在巧克力配件表面刷出木纹的质感。

（8）**刮**　使用工具（如胶片纸）在巧克力配件表面移动，去除表面多余的巧克力，使其

注模　　　　　　　抹　　　　　　　划　　　　　　　雕刻

搓　　　　　　　　切　　　　　　　刷

刮　　　　　　　裱挤　　　　　　沾　　　　　　　按压

变得光滑。

（9）**裱挤**　使用裱花袋挤裱出巧克力，常用于挤裱型配件的制作、口径较小的模具注模和巧克力组装拼接等。

（10）**沾**　通过沾的方式，使巧克力表面附着所需的装饰材料，营造出别样的质感。

（11）**按压**　将液体巧克力浇淋在工具上，再将其倒扣，用力向下压出所需形状即可。

2. 巧克力配件的表现形式和制作

巧克力造型中的配件主要有底座、支架、主体和其他配件等，其在造型中具有不同的作用和表现形式，制作方法也有所不同。

（1）**底座**

1）底座的作用。底座可以支撑和稳定造型主体的重量和重心，增强造型的稳固性和安全性。此外，有些底座还能点明主题、烘托气氛。

2）底座的表现形式。底座中常用的表现形式有平面几何体、曲面几何体和异形等。底座在选取、设计时，要根据所需确定大小和形状样式。

① 平面几何体由若干个平面多边形组合而成，如正方体、长方体、三棱柱、五棱柱、六棱柱和五边柱等。

常见平面几何体底座样式参考示例

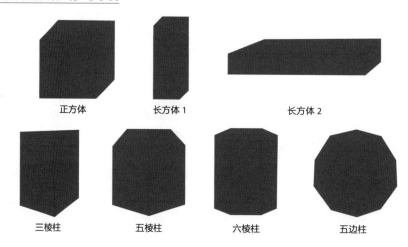

正方体　　　长方体 1　　　　　长方体 2

三棱柱　　　五棱柱　　　六棱柱　　　五边柱

使用说明　平面几何体的底座常应用在最底部，因为其表面积较大，方便组合放置其他配件，并且有一定的承重能力。

② 曲面几何体由曲面或曲面和平面一起组合而成，如球体、椭圆、圆台体、圆柱等。

常见曲面几何体底座样式参考示例

球体　　　椭圆　　　圆台体　　　圆柱 1　　　圆柱 2

变形 1　　　变形 2　　　变形 3　　　变形 4　　　变形 5

使用说明　曲面几何体底座，形状不同，放置的位置有一定的区别，如球体，一般放置在其他底座的上面；圆柱体可放置在最底部或其他底座的上面。依据所需进行选取。

③ 异形不同于一般形体，其形状各异，如水果、蔬菜和植物种子等。

常见异形底座样式参考示例

南瓜　　　苹果　　　梨

使用说明　以水果、蔬菜和植物种子等形状作为底座，符合造型主题的同时，也丰富了底座的样式。使用时要考虑其承重能力，放置的位置根据所需进行选取。

3）底座的处理方法及应用。

① 底座的处理方法。常用方法有加法和减法这两种。加法就是将底座通过叠、粘等技法组合，形成复杂的组合体。减法就是将底座通过分割、切、削和刮等工艺，处理成所需形态。

② 底座的应用。底座可独立应用，也可组合应用。独立应用就是将底座直接单独使用在造型中；组合应用就是以某一种底座为基本模块，通过加的处理方法，使多个底座组合叠加在一起，达到所需的艺术效果。

4）常用底座组合参考示例。底座在组合搭配时，有同类型底座组合、不同类型底座组合两种组合方式。

① 同类型底座组合示例：曲面和曲面组合、平面和平面组合、异形和异形组合。

② 不同类型底座组合示例：曲面和平面组合、曲面和异形组合、平面和异形组合。

同类型底座组合参考示例

　　a. 曲面和曲面组合

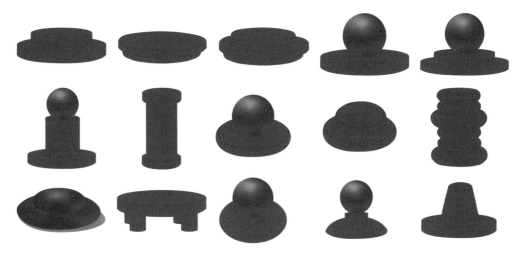

　　b. 平面和平面组合

　　c. 异形和异形组合

不同类型底座组合参考示例

　　a. 曲面和平面组合

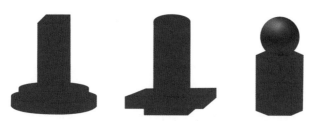

　　b. 曲面和异形组合

　　c. 平面和异形组合

　　5）底座的制作方法。底座大部分可通过注模完成，模具可直接购买，也可自制。待模具中的巧克力完全凝固、脱模，即可根据所需进行形状的修整。

制作示例

　　准备好所需样式的模具，将巧克力熔化（若使用纯脂巧克力，则需要调温），注入模具中至所需高度，轻轻晃平，静置冷却成型。

　　（2）支架

　　1）支架的作用。支架具有支撑、承受物体的重量和定位的作用，使配件之间保持适当的位置，是其他配件展现在巧克力造型中的载体。

　　2）支架的表现形式。支架的常用样式有各式线条和蛋形等，可单独使用，也可组合搭配使用。

① 线条形。线条的种类有直线（具有确定方向性）和曲线（具有不确定方向性）。支架的样式一般是直线、曲线或两者的结合。

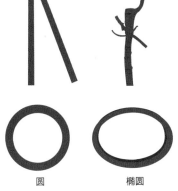

常用直线样式参考示例

使用说明　直线用作支架时，其角度根据所需进行调整，可以是垂直的，也可以是倾斜的。

常用几何曲线样式参考示例

　几何曲线的线条表达比较明确，简单明了，容易理解。常见的几何曲线有圆、椭圆和抛物线等。

使用说明　几何曲线用作支架时，可以使整体造型具有镂空的质感。根据所需，其内部及边缘处均可放置配件，方便快捷。

圆　　　　　椭圆

常用自由曲线样式参考示例

　自由曲线较为复杂，形状多变，比较有个性，在整体造型中使用的频率较高。

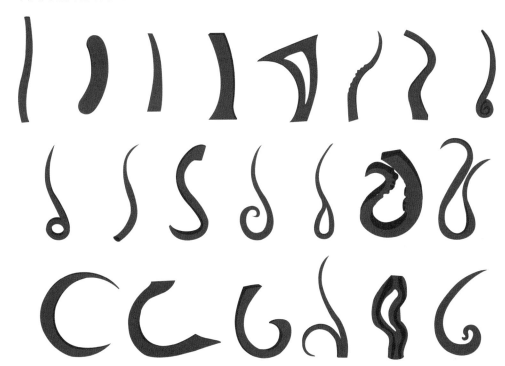

使用说明　自由曲线看起来优雅、柔和，但不可过于夸张，否则会很混乱。

②蛋形。蛋形因为独特的形状，应用较多。

使用说明　作为支架时，根据所需将几个蛋形叠加在一起即可。

蛋形

3）支架的制作方法。支架的制作方法和底座大致相同，主要通过注模完成，脱模后可修整成所需样式。

制作示例

将液体巧克力注入准备好的模具中，达到所需高度后，晃平，静置冷却成型，脱模后将表面修整至光滑。

（3）底座与支架的组合　组合时，可用一个支架搭配底座，也可用多个支架组合成所需样式，再和底座搭配使用。

底座和支架组合后，整体呈现两种形态，一种是偏直线的形态，另一种是偏曲线的形态。无论哪种形态，都要保证整体均衡，不可出现歪斜的现象。

直线形态样式参考示例

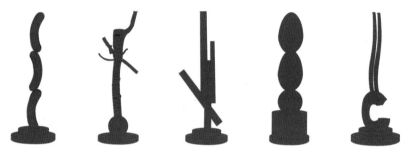

使用说明　多个支架直接进行堆叠，整体呈直线的形态，具有平和安定之感。

曲线形态样式参考示例

使用说明　该类支架具有一定的弧度变化，整体呈稳定平衡之感。

（4）主体

1）主体的作用。主体是造型的主要部分，具有突出主题的作用，在视觉上可以第一时间吸引人的视线。

2）主体的表现形式。主体的常见样式有物件、植物、动物和人物等，在造型的整体结构中体积占比较大，并且较为醒目。各种样式的主体可单独应用在造型中，也可组合搭配使用。

① 常见物件。物件侧重于生活中常见的物品，如杯子、台灯、书桌、书籍、汽车和箱子等，营造出一定的生活气息。

常见物件参考示例

物件 1　乐器

使用说明　图示为简易版的大提琴和吉他，常应用在音乐为主题的造型中。

物件 2　汽车

使用说明　图示为汽车，可应用在汽车、科技等为主题的造型中。

物件 3　餐具（杯子、盘子）

使用说明　图示为杯子和堆叠的盘子，将其应用于节日庆典和宴会等为主题的造型中，烘托出节日或宴会的气氛。

物件 4　书籍

使用说明　图示为叠放的书籍，可应用于阅读、生活和写作等为主题的造型中。

物件 5　留声机

使用说明　图示为留声机，可以运用在音乐或生活场景为主题的造型中。

物件 6　箱子

使用说明　图示为箱子，应用频率较高，可作为珠宝箱，适用于"夺宝奇缘""航海家"等为主题的造型中。

常见物件组合参考示例

使用说明　本款造型组合中的主体主要由物件（台灯、书籍等）组成。
　　　　　巧克力制的桌子上放着的书籍随意堆叠在一起，书籍上面放置台灯和
墨水瓶等配件，书籍旁边搭配咖啡杯和羽毛笔，营造出一个阅读和写
作的生活场景。

②常见植物。植物的类型较多，如花卉、竹子、可可豆荚和松果等，在造型中的应用较广。
将植物应用在巧克力造型中，可营造出自然之美。

常见植物参考示例

植物1　可可豆荚···

使用说明　图示为可可豆荚，可根据所需进行颜色的调整，适
　　　　　用于"自然景色""人与自然"等主题的造型中。

植物2　花卉···

使用说明　图示为花卉，适用于"自然景色""人与自然""荷
　　　　　塘月色"和"花好月圆"等主题的造型中。

植物3　竹子···

使用说明　图示为竹子，可制作多根，进行合理的搭配组合，
　　　　　制成以竹子为主题的造型；也可将其和动物（如熊
　　　　　猫）组合搭配使用，制成以"功夫熊猫"为主题的
　　　　　造型。

常见植物组合参考示例

使用说明　本款造型组合中的主体是花卉，荷花和荷叶组合在一起，突出"荷塘
　　　　　月色"的美丽景象。

③常见动物。巧克力造型中的动物包括禽鸟类（如鸡、鸟）、昆虫类（如螳螂、蜜蜂）、
哺乳动物类（如大象、熊猫）、水族类（如鱼、海豚）等，常和植物或人物等配件搭配组合

使用，营造出自然的独特之景，或者表达人与自然的和谐氛围。

主体可以整体制作，也可以局部代替整体进行制作，需要注意局部要突出主体的明显特征，如以大象的鼻子或象牙来代替整只大象，体现出一定的艺术效果。

常见动物参考示例

动物 1　公鸡

使用说明　图示为公鸡，适用于"金鸡独立"或"金鸡报晓"等主题的造型中。

动物 2　昆虫

使用说明　图示为昆虫，可以和花卉、人物等搭配使用，适用于以"昆虫世界"或"人与自然"为主题的造型中。

动物 3　鸟

使用说明　图示为鸟，整体呈现展翅的状态，可以与植物和人物等组合搭配使用，适用于"林中飞鸟"和"人与自然"等主题的造型中。

动物 4　大象

使用说明　图示为大象的头部，以局部代替整体，可和植物、人物等组合搭配，适用于"动物世界"和"人与自然"等主题的造型中。

常见动物组合参考示例

使用说明　本款造型组合中的主体主要是鸟，与植物进行组合搭配设计。鸟站在巧克力制作的树干上，做出展翅之姿，花卉和红色果实起到丰富画面的作用。

④ 常见人物。人物的表现形式可以是整体，也可以用身体的某一部分代替整体，如头部。人物的制作流程较为烦琐、难度较大、耗时较长。

常见人物参考示例

人物 1 ....

使用说明　图示为芭蕾舞者起舞的形象，造型简易，适用于音
　　　　　乐、舞会等主题的造型中。

人物 2 ....

使用说明　图示为原始部落人物，可和植物、动物等组合搭
　　　　　配，适用于"原始部落"和"人与自然"等主题
　　　　　的造型中。

常见人物组合参考示例

使用说明　本款组合造型中的主体主要为人物，带有翅膀的精灵
　　　　　穿梭在花卉和叶子中，突出人与自然和谐的氛围。

　　3）主体的制作方法。主体的制作要求较为严格，如在制作巧克力花的过程中，花瓣要厚
薄一致，拼接时要保证整体花卉圆润饱满，各层花瓣之间无排队的现象；再如制作人物或动
物时，表情刻画要到位，具有一定的特色，五官分布要合理等。

　　在制作主体时，首先要根据所需选取呈现方式，再对主体进行塑形。

　　① 主体呈现方式有卡通型、仿真型和抽象型。

　　a. 卡通型主体较符合作品所需的张力，制作者通过对主体某一部位进行特别处理，突出
主体的特色。如在制作卡通人物时，可以根据所需将面部表情做得夸张一些，赋予其鲜明的
性格，给人留下无限的想象空间，卡通型使用频率较高。

　　b. 仿真型主体过于具象，给人想象的空间较小，较少应用到工艺造型中。在制作仿真型
主体时，若是某个细节制作得不到位，整体会显得很怪异，进而影响呈现效果。

　　c. 抽象型主体在没有制作者的阐述下，人们可能很难准确捕捉到作者想要表达的意思。

一般不建议在比赛中单独使用，因为大部分比赛中，选手很少有机会向评委阐述作品的相关内容，若是不能明确表达作品的主题，很可能影响得分。

因此，在比赛及日常制作中，制作者一般以卡通型、仿真型或卡通型抽象型结合使用居多，需要注意的是，卡通型与抽象型相结合时，还是建议以卡通型为主。

② 主体的塑形大致可以分为模具制作和手塑。模具制作就是利用模具（如 PC 模、玻璃纸等）辅助成型；手塑就是通过对巧克力泥的捏塑、巧克力配件的雕刻等手法进行手工塑形。

（5）**其他配件**　其他配件的表现样式较多，如叶子、齿轮、巧克力泥条、小球、音符和羽毛等。

1）其他配件的作用。其他配件可以丰富巧克力造型，使造型具有一定的层次感。此外，还可以帮助造型整体表达得更加顺畅，使各个组合部分衔接得更加和谐，起到一定的过渡和美化作用。

2）其他配件的表现形式有如下几种。

① 齿轮系列。

使用说明　齿轮在巧克力造型中的应用较多，样式繁多。使用时，可单个使用，也可多个组合拼接使用。

② 叶子系列。

使用说明　叶子具有不同的样式，常和植物、人物和动物等搭配使用，应用范围广。

③ 音符系列。

使用说明　音符可和一些乐器搭配使用，营造出音乐的主题。

④ 羽毛系列。

使用说明　羽毛形巧克力配件的装饰性较强，飘逸的羽毛给予造型别样的灵动感。

⑤ 物件系列。

| 镂空球 | 风车 | 船锚 | 铃铛 | 螺丝和螺母 |

使用说明　物件系列的配件就是生活中常见的物品，常和物件类主体搭配应用。

⑥ 海洋系列。

使用说明　海洋系列的配件样式繁多，常和海洋生物搭配使用。

| 贝壳 | 珊瑚 |

3）其他配件的制作方法。在制作其他配件时，首先，配件要符合造型所表达的主题；其次，制作的配件数量要适中，不可过多，否则整体造型会杂乱，也不可过少，否则起不到装饰的效果。

1.1.2　巧克力造型组合的方法和注意事项

1. 巧克力造型组合的方法

巧克力造型组合的方法有两种，一种是将巧克力配件加热，使其熔化一部分，利用熔化的液体巧克力和其他配件粘在一起（方法一）。另一种是使用质地较浓稠的巧克力作为黏合剂进行拼接（方法二）。

（1）**方法一**　该种加热方法有直接和间接两种。直接加热就是用热烘枪或火枪加热配件再粘，适合体积较大的配件；间接加热就是先加热其他工具。如不锈钢勺或调温铲，再利用工具的热量熔化配件，适合体积较小的配件，便于操作。

（2）**方法二**　将质地浓稠的巧克力放在裱花袋中，拼接时直接裱挤在要粘的点上，干净、方便且快捷。

2. 巧克力造型组合的注意事项

1）巧克力造型组合时，要注意整体的平衡，重心要稳，否则极易出现造型倾斜或倒塌的现象。

2）每次配件组装过后，都要将造型修整干净，确保配件上没有其他异物。若拼接处有多余巧克力溢出，趁其未完全凝固，可直接抹去；若巧克力凝固，可用小刀刮除。

3）拼接时，要确保上次拼接部位完全粘紧和冷却后，再进行下一次组装。

4）巧克力造型组装完毕后，整体一定是干净和整洁的，整体摆放和谐不突兀，细节要处理到位。

1.2　巧克力装饰

1.2.1　喷、描、涂的装饰方法和注意事项

1. 喷、描、涂的装饰方法

将巧克力装饰件应用在西点制品上，可赋予产品别样的外观，丰富产品的口感与层次。巧克力装饰件的主要装饰方法有喷、描和涂等，兼具上色和装饰的双重作用。

（1）**喷**　就是借助喷粉瓶或喷枪，通过喷的方式进行产品装饰。

1）喷粉瓶喷制。将油溶性色粉装入喷粉瓶中，通过挤压瓶身，喷出色粉即可。

制作示例

在大理石板上涂抹一层巧克力，表面喷少许油溶性色粉，用手稍微抹制，使其具有一定的朦胧感，再进行后续操作即可。

2）喷枪喷涂。将上色材料倒入喷枪中，即可对巧克力装饰件进行颜色深浅过渡的喷涂，具有不同的装饰效果。

常用的上色材料为可可脂和油溶性色素的混合物。使用喷枪上色时，为得到最佳效果，可可脂的使用温度应和模具（或巧克力装饰件）温度相对应，一方温度改变，另一方温度也应随之变化。

下表显示了二者在操作时各自对应的参考温度。如果想要模具的温度低一些，可以将其放在冰箱冷藏片刻再取出使用。

模具（或巧克力装饰件）温度	可可脂操作温度
18℃	32℃
20℃	30℃
22℃	27~28℃

制作示例

在巧克力装饰件上分别喷涂白色和蓝色可可脂装饰，要有深浅变化，最后在表面撒白色可可脂即可。

（2）**描**　就是借助画笔蘸取适量材料（油溶性色素、调色后的可可脂、金粉或银粉等）对巧克力装饰件进行花纹的描制。

制作示例 1

用画笔蘸取适量调色后的可可脂，在处理好的巧克力装饰件表面描出花纹线条和色块，再制作成花卉即可。

制作示例 2

用画笔蘸取适量金粉，在巧克力装饰件表面进行勾图，描绘出所需样式。

（3）涂　使用手指或其他工具将上色材料涂抹在巧克力装饰件或模具上，再进行后续操作即可。

制作示例

在模具内部涂上带色可可脂，待其完全结晶（凝固）后，注入巧克力，冷却凝固后脱模即可。

2. 喷、描、涂装饰的注意事项

1）使用喷粉瓶装饰时，用量要适中，不可过多，否则会有堆积感，影响装饰件状态。

2）使用喷枪喷涂时，注意上色材料的温度要在合理范围内，喷涂时要遵循少量多次的原则，以免喷涂过度，影响效果。

3）在用描的手法装饰时，动作要轻，以免损坏装饰件。

4）使用手涂抹装饰时，手部要消毒清理，注意操作卫生。

1.2.2　巧克力捏塑的方法和注意事项

1. 巧克力捏塑的方法

巧克力捏塑是用一种具有较强可塑性的巧克力泥来制作的。操作时，需提前制作巧克力泥，冷却凝固后，将其处理成柔软的状态，通过一系列的操作手法进行捏塑，制成所需的样式，如花卉、动物等。

（1）**巧克力泥制作**　巧克力泥是将液体巧克力和葡萄糖浆按照一定的比例混合制成。巧克力和葡萄糖浆的比例为 3:1、4:1 或 5:1，比例可依据所需进行调整。一般操作方法如下：

1）将巧克力熔化成液体，稍微降温。

2）加入葡萄糖浆，混合拌匀，制成巧克力泥。

3）在容器中放上适量玉米淀粉。

4）倒入巧克力泥，冷却降温后，在表面包上保鲜膜，冷藏放置，直至完全变硬。

（2）巧克力捏塑的常用工具

1）擀面棍。擀面棍根据材质不同，可以分为木质、塑料PP材质、亚克力材质等。擀面棍的尺寸可以依据个人所需进行选取。

2）压模。根据形状划分，压模可分为花朵形、叶子形和几何形等；根据材质划分，压模可分为不锈钢和塑料等。使用压模时，要在模具表面撒适量熟淀粉防粘。

3）刀具。刀具在装饰件的制作中，主要起到修饰毛边和切制等作用，常使用的刀具有雕刻刀和美工刀等，切制时要保证刀面干净整洁。

4）捏塑棒。捏塑棒有塑料和不锈钢等材质，头部两端有不同的形状，主要起到塑形的作用。

擀面棍　　　　　　　压模　　　　　　　　刀具　　　　　　　捏塑棒

5）丸棒。丸棒又叫捻花棒，两端呈球形，主要使用头部进行操作，起到擀薄、滚压出弧度等作用。

丸棒的头部尺寸不同，应用的装饰件大小也不同。尺寸大的丸棒应用在面积较大的装饰件中；同理，小尺寸丸棒对应面积小的装饰件，这样比较方便操作。

6）喷枪。喷枪主要起到喷色的作用，最大的优势是上色快，并且可以达到过渡色的效果。

7）热风枪。热风枪是主要的加热工具，原理是利用发热电阻丝的枪芯吹的热风对物体进行加热。

喷枪

丸棒　　　　　　热风枪

（3）**巧克力捏塑常用技法** 巧克力捏塑的常用技法主要有揉搓、擀、压和切割等。

1）揉搓。用手以揉搓的方式将硬的巧克力泥处理成柔软光滑的状态。

2）擀。使用擀面棍将巧克力泥擀开，擀制的厚薄度根据产品特性而定。

3）压。使用模具压出所需形状，再进行后续的塑形。

4）切割。使用刀具将处理好的巧克力泥切割出所需形状。

（4）**巧克力捏塑制作示例** 以巧克力捏塑玫瑰花为例，操作方法如下：

1）将巧克力泥放入微波炉中加热几秒钟，取出，放在不粘垫上揉搓、按压至光滑柔软状。

2）取适量巧克力泥，搓成水滴形，作为花蕊，备用。

3）取适量巧克力泥，擀制成厚薄均匀的片状。

4）使用玫瑰花瓣切模（或圆形压模）压出形状，作为花瓣。花瓣要有大小变化，由花蕊到外层的花瓣，逐渐变大。

5）取一片花瓣，放在略高于花蕊的位置，将花蕊包裹住，作为第一层。

6）取一片花瓣，放在略高于上一层的位置，再取两片花瓣，每片花瓣在上一片花瓣的中心处拼接，最后组成三角形，粘紧，作为第二层。

7）粘第三层时，该层花瓣略高于上一层，数量为三四片。

8）第四层和第五层的花瓣拼接时，要略低于上层花瓣，花瓣的片数依据实际所需而定，越到外层，花瓣越大，数量越多，制作好的花卉整体圆润饱满。

2. 巧克力捏塑的注意事项

1）制作巧克力泥时，液体巧克力和葡萄糖浆的温差不要过大，熔化后的巧克力要稍微降温，再加入葡萄糖浆，搅拌均匀，注意不要过度搅拌，否则会出油。

2）在进行巧克力泥制作时，最好使用橡皮刮刀沿着同一方向搅拌，方便操作且不易进入过多的空气，使其状态达到最佳。

3）制作好的巧克力泥最好等到完全冷却凝固，整体状态趋于稳定后再进行后续操作。

4）将巧克力泥处理成柔软状态时，不要过度加热和揉搓，以免内部的可可脂熔化出油，影响产品状态。

5）擀制巧克力泥时，最好将其放置在 KT 板上操作，能起到保温的作用，防止巧克力泥冷却变硬。

6）在进行巧克力捏塑时，要注重对巧克力泥温度的掌控，若温度过低，巧克力泥易破碎，不好塑形；若温度过高，质地太软，易粘在手上，不易操作。

1.2.3　食品艺术造型的美学知识

在制作艺术造型时，主要是以设计为主导，伴随着形象思维的审美意识，通过一定的工艺手段和专业技巧，对材料进行设计和加工，使造型具有一定的艺术美感。

在食品艺术造型中，常选择可食用的材料，采用刻、捏和压等手法，制作出造型作品。

对于食品外观的塑造也可以称之为创造"美"的过程。在追求美时，要注重食品的外形、颜色、香味和质地，缺一不可。好看的外观，能吸引人们的注意力，让人有继续欣赏的意愿；食品的香味和质地则可以大大提升人们的体验感。

1. 食品美感的组成

食品美学兼具艺术美和食用性，食品美感的组成有主题、材料、构图和造型。

（1）**主题**　主题体现了食品艺术造型的中心思想，是作品内容的核心，通过材料、工艺、造型设计和制作技术等来展示。作品的主题体现了作者对社会生活感受的表达和反应。

主题要遵循"食"的表现原则，确保食品造型或装饰是可以食用的。在进行食品艺术造型的制作前，制作者会先确定主题，由此向外界传达自己的理念，展现其创作风格。主题确定之后，制作者要思考与主题贴切的元素，作为支撑该主题的重要依据。

下面是一些常见的主题及与之相匹配的元素示例，可供参考。

主题	参考元素示例
海底世界	海螺、贝壳、海龟、珊瑚、鱼类、海豚等
时间	钟表、沙漏、时针、齿轮等
中秋节	月亮、玉兔、嫦娥、月饼、菊花等
荷塘月色	荷花、荷叶、蜻蜓、蝴蝶、青蛙等
音乐	钢琴音符、小提琴、大提琴、吉他等乐器

（2）**材料**　材料是食品艺术造型的基础。对材料的选取和使用，是制作者发挥高超技术和创造才能的前提，制作者需具有挑选出优质材料、高超的制作技术和组合设计等能力。

选取材料时，首先要确定材料具有可食用性，同时，还要考虑到材料的质地、口感和颜色等。

使用材料时，要利用好材料的特性，将其在一定的设计下，进行一系列工艺手法的操作，充分展示食品的美感和口感，使其食用性和装饰性达到较好地结合。

此外，食品美感的体现不仅局限于单一材料，技艺高超的制作者还可以将不同材料进行组合，呈现出别样的质感。

（3）**构图**　艺术造型的构图就是根据主题和涉及的元素，将想要表现的形象整合在一起，构成整体比例协调、结构平衡的作品。成功的构图可以使作品的内容主次分明，主题突出和美观。

1）构图中的操作要点。构图的设计要对作品中的元素进行合理安排。元素之间的摆放需达到疏与密的结构平衡，既要达到相互关联，又要体现疏与密的相互变化与统一。作品中的元素要有主和次，"主"是主要元素，对造型内容的表现起主导作用，是需要重点突出的部分；"次"是整个造型的次要元素，起到烘托和补充的作用。在构图中，主次元素的大小、数量和摆放位置需经过精心设计和调整，切忌辅助元素过重，喧宾夺主。

在构图设计时，首先需要对整个作品的造型、布局、材料和色彩搭配等进行全面的构思。在构思的基础上，确保选定的材料符合作品所需，色彩搭配要统一和谐。之后就要进行造型和布局的设计，对元素进行合理的整合，如为了突出艺术造型中的主题，可以将主要元素安排在显著的位置，此外，还可以将主要元素表现得大一些，或者使其色彩对比更加鲜明和强烈一些。

中型或大型的作品在构图时，作品中的元素要尽量集中组合，显示出作品的层次，不可太过分散，否则会显得凌乱。

2）构图中的节奏和韵律。构图中形成的节奏和韵律在一定程度上也赋予了艺术造型别样的美感，是可以体现形态美的普通要素。

节奏是有规律性的重复，在艺术造型中，节奏体现为反复的形态和构造。若将图形（如连续的点和线等）按照等距格式反复排列，做空间位置的延伸和展开，就会产生节奏。

节奏具有吸引注意力和转移视线的作用，具体表现是将人的视线从一个形象转移到另一个形象上。

韵律是在节奏的基础上把更深层次的内容和形式以有规律的变化来表现出来。若图形（如直线）具有长短或粗细变化、稀疏和密集渐变等，可体现出不同的韵律变化。

以右图巧克力造型为例：巧克力造型中有若干根巧克力泥条，按照一定的距离排列组合，朝向上和向下方向延伸，带有一定规律的节奏感，吸引着人的视线；巧克力泥条的粗细、长短不同，组合排列的间隙也有稀疏和密集之分，则体现了一定的韵律变化。

构图时，要格外注重各元素之间布局所形成的节奏。食品艺术造型中的画面是由各式材料制作的多种元素构成，各元素之间都可能形成各自的节奏，若搭配得不恰当，在互相干扰的情况下，元素之间形成的节奏会产生抵消，画面会杂乱，毫无秩序。

（4）造型 食品艺术造型和传统的工艺美术有一定的不同，其整体造型应该是简洁和美观的，需要依靠原料的特性而制。此外，食品艺术造型的构思要明确，选取的材料要符合造型的实际所需。在构思造型时，色彩和图案也需要考虑到，若将两者合理地运用到造型中，可赋予造型丰富的形象感，从而达到和谐统一。

食品的造型根据产品的种类有所不同，反之，也可通过产品的造型快速辨别其所属类别。可借助刻压模或相关模具塑造出食品造型的基本形态，之后根据所需对其展开一系列的构图和创意设计，进行二次加工，使其富有艺术韵味。

制作者需勤学多思，善于捕捉和积累生活中的艺术美，将其转化为创作食品艺术造型的素材和灵感来源，后期借助不断进步的制作技巧，创作出简洁而富有创意的造型。

2. 雕塑工艺在食品艺术造型中的应用

技术是创造美的手段，在进行食品艺术造型的创作时，离不开工艺技术的支持。将雕塑工艺运用在食品艺术造型上，可使其具有一定的食用价值和观赏价值。

雕塑工艺分为"雕"和"塑"这两种。"雕"也叫雕刻，就是用刻的手法，将整块材料按照特定的工艺刻掉不用的部分，保留所需部分，最后制作成预期的造型样式。"塑"也叫塑造，就是用可塑性的材料进行造型的制作，或者在提前做好的雕刻模型上使用塑造的手法制作，如油塑的制作。在进行艺术造型制作时，雕刻和塑造可以单独使用，也可结合使用。

（1）雕刻工艺的应用

1）食品雕刻的种类。食品雕刻可分为圆雕、浮雕和镂空雕等。

圆雕就是立体雕刻，是在一整块原料上，使用不同的刀具和手法雕刻出造型。圆雕是立于空间中的实体形象，不需要依附在任何背景上，可以从四面进行欣赏。因此，在制作时，需要考虑其体积感、厚重感和造型从不同角度所呈现的效果。

浮雕就是平面雕刻，在原料平面上雕刻凸起的造型。浮雕是单面的半立体形象，只可以单面欣赏，具有很强的绘画性。

镂空雕主要突出作品镂空的特质，操作时，在原料的表皮上雕刻出所需形状，再将原料内部挖空即可。

2）食品雕刻的材料及应用。食品雕刻常用的材料有水果、巧克力、琼脂和冰块等。

使用水果和巧克力雕刻的制品侧重于食用和装饰，可将其放置在蛋糕甜点表面，起到点缀和增加口感的作用。

使用琼脂和冰块雕刻的制品侧重于装饰和展示，如冰雕，可用于冷餐会、宴会等场合展示，具有突出主题和烘托气氛的作用。此外，还可以将冰块雕成简易的盛装器皿的形状，用来放置冷菜、甜点或水果等，突出别样的效果。

3）食品雕刻操作要点。在食品雕刻中，要根据材料的特性进行制作。如在进行巧克力或冰块雕刻时，温度对两者的影响较大。以冰雕制作为例，制作者需在不超过15℃的环境下，短时间内快速完成产品制作，若温度过高、时间过长，极易融化，影响产品状态。如在进行水果雕刻时，水果需选用质地较硬的，方便塑形；再如在进行琼脂雕刻时，要注意下刀的力度要轻，因为其质地较软，极易碎裂。

（2）塑造工艺的应用
塑造工艺在西式面点中，常应用的艺术造型有糖艺造型、翻糖造型、巧克力造型和油塑等，它们的主要区别在于制作材料和工艺技法的不同。

1）糖艺造型。糖艺造型也叫糖塑，以砂糖或艾素糖等糖类为主要原材料，经过一系列的拉和吹等工艺手法制作而成。

糖艺造型具有晶莹剔透、色泽光亮和色彩丰富等特点，可用于蛋糕甜点的装饰、宴会展示或大型的西点比赛中，艺术效果极佳。

2）翻糖造型。翻糖造型是用翻糖膏和干佩斯等可塑性的材料制作而成。可单独制作出小造型，应用到蛋糕甜点的装饰上；也可和蛋糕胚搭配使用，制成翻糖大造型，应用于节日庆典或西点比赛中。

3）巧克力造型。巧克力造型主要以巧克力为原材料制作而成。制作时要注意温度的掌握，并且材料内部不可进入水分，否则会影响巧克力的状态。常用于宴会展示和大型比赛中。

4）油塑。油塑也叫黄油雕，是一种食品雕塑，是以特制的黄油（人造黄油）为原料制作而成，该种黄油熔点高，软硬度适中，具有较强的可塑性。油塑常用于大型宴会和食品展台中，提高宴会的档次，营造出高雅的气氛。

在进行油塑制作时，可在提前制作好的支架或雕刻模型（如泡沫雕成的初坯）上涂抹黄油，再进行细节的塑造即可。

西式面点师（技师、高级技师）

春意盎然巧克力造型

原料配方

黑巧克力	适量		绿色油溶性色素	适量
白巧克力	适量		橙色油溶性色素	适量
红色油溶性色素	适量		白色油溶性色素	适量
可可脂	适量		黑色巧克力泥	适量
黄色油溶性色素	适量			

制作过程

1）在可可脂中加入适量油溶性色素，用均质机混合均匀，分别制成红色、黄色、绿色、橙色和白色可可脂，放入瓶中，保温备用。

2）先在KT板上画出造型轮廓（底座和支架），用刀沿着形状刻制，不要穿透KT板，将胶片纸裁切出合适大小，插入刻制的形状中，围出造型的基本形态，使用透明胶带粘住接口处，再使用KT板组合拼接成长方体盒子。

3）将黑色巧克力和白色巧克力熔化后进行注模，底座和支架模中注入黑巧克力，长方体盒子中注入白巧克力，轻轻晃动，至平整，静置冷却。

4）在魔术棒尖端淋上液体白色巧克力，倒扣在玻璃纸上，压出花瓣。

5）待花瓣凝固后，在根部喷上少许红色可可脂。

6）待红色可可脂冷却结晶（凝固），用刀将花瓣根部修细，备用。

7）将白色液体巧克力注入半球模具中，冷却凝固后脱模。将两个半球拼接成球体，再将一个半球和球体拼接在一起，制成花托。将修整好的花瓣略微垂直且向内倾斜地粘在花托中心，一共粘三瓣，从顶部看呈三角形，制成第一层花瓣。

8）将花瓣粘在上一层两片花瓣之间，每层3瓣。

9）在粘第四层时，每层花瓣数量在6瓣左右。依次向外粘时，根据所需，逐层增加花瓣的数量，直至将花拼圆拼大，制成巧克力花。

10）将"步骤3"中制作的白色长方体巧克力板脱模，用刀修理平整，再将橙色可可脂均匀地刷在白巧克力板上。

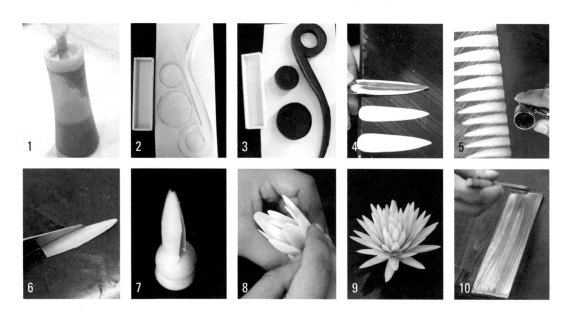

11）将胶片纸放在KT板上，先刷上黄色可可脂，待其结晶（凝固），再刷上绿色可可脂，待其结晶（凝固），最后刷上白色可可脂，冷却结晶（凝固）。

12）在其表面抹上液体黑色巧克力，重复抹制几层（最后是一面黄绿色，一面黑色），至达到所需厚度，待其接近凝固，用刀划上间距不一的斜线，呈长三角形状，再对角弯曲，冷却定型后取下。

13）将黑色巧克力泥搓成弧度不一的细长条。

14）在半球模内弹上少许白色可可脂，待其结晶（凝固），再喷上红色可可脂。

15）待红色可可脂结晶（凝固），注入液体白巧克力至满，再晃动平整（最后半球表面为红色带有白色点，半球底面为白色），冷却后脱模，取一部分半球，两两拼接成球状，剩余半球备用。

16）底座和支架拼接：先将两个圆柱形底座粘在一起，再组装上曲线形支架。

17）在支架上刻出凹槽，作为粘花的口。

18）先将花组装在支架上，冷却凝固后，再将步骤10中的橙色长板粘在支架底部圆圈内。

19）沿着花的根部，顺着支架的弧度粘上步骤13中的巧克力泥条。

20）沿着花的根部，将"步骤12"制作的黄绿色巧克力片顺着支架的弧度粘。最后在整体造型的空白处粘上红色圆球和半球点缀，完成造型组装。

质量标准　造型整体比例协调、色彩搭配和谐、花卉圆润，饱满且无排队现象、整体干燥、整洁。

抽象鸟巧克力造型

原料配方

黑巧克力	适量		绿色油溶性色素	适量
白巧克力	适量		橙色油溶性色素	适量
可可脂	适量		蓝色油溶性色素	适量
红色油溶性色素	适量		白色油溶性色素	适量
黄色油溶性色素	适量		黑色巧克力泥	适量

制作过程

1）在可可脂中加入适量油溶性色素，用均质机混合均匀，分别制成红色、黄色、绿色、橙色、蓝色和白色可可脂，放入瓶中，保温备用。

2）先在KT板上画出造型轮廓（底座、支架、身体和翅膀），用刀沿着其形状刻制，不要穿透KT板，将胶片纸裁切出合适大小，插入刻制的形状中，围出造型的基本形态，使用透明胶带粘好接口处，再将KT板组合拼接成长方体盒子，用来制作长方体配件。将黑色和白色巧克力熔化后进行注模（C形花纹身体和翅膀使用白巧克力，其他配件用黑巧克力）轻轻晃动，至平整，静置冷却。

3）将冷却后的巧克力脱模，去除胶片纸后，用刀修整光滑。

4）将整片胶片纸放在KT板上，表面刷上黄色可可脂，待其结晶（凝固），再刷上绿色可可脂。

5）待绿色可可脂结晶（凝固），在表面抹一层白色可可脂。

6）待白色可可脂结晶（凝固），在表面抹上液体黑巧克力，重复抹制几层（最后一面为黄绿色，另一面为黑色），至达到所需厚度即可。

7）待黑巧克力接近凝固时，用刀片划出三角形，将其弯曲，用圈模固定，冷却凝固后脱模，制成黄绿色巧克力片（另一面是黑色），备用。

8）将液体黑巧克力注入半球模具中，待其冷却后脱模，再把两个半球粘在一起，制成球体，在其底部粘上半球，制成花托。

9）将胶片纸对半裁开，呈长方形，放在KT板上，表面抹上适量厚度的液体黑巧克力，待其接近凝固时，用刀在表面划出三角形，再将其放入U形模具中，冷却定型后脱模，作为花瓣。

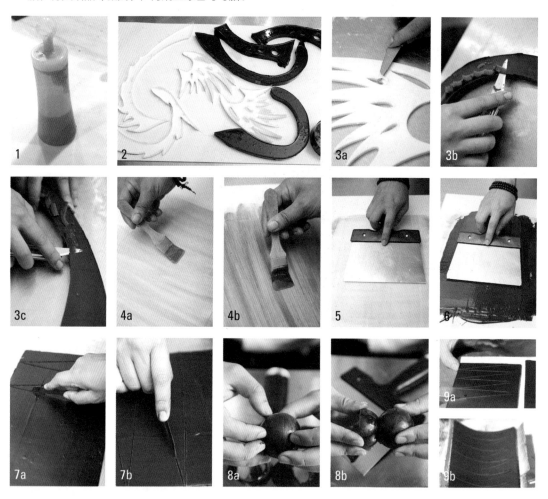

10）将花瓣均匀地粘在底座上，作为第一层，第
　　二层花瓣粘在上一层两片花瓣之间，接下来
　　按照同样的方法依次粘好，到外层，花瓣慢
　　慢打开，从侧面看呈半圆形，粘好的花层次
　　要清晰自然，一共做两朵。

11）在巧克力花卉部分喷上少许黄色可可脂。

12）待黄色可可脂结晶（凝固），再喷一层红色
　　可可脂，冷却凝固。

13）取一张胶片纸，放在KT板上，在胶片纸上刷
　　上黄色可可脂，待其结晶（凝固）时，再
　　刷上红色可可脂，最后在表面刷一层白色可
　　可脂。

14）待白色可可脂结晶（凝固）时，在表面抹上
　　液体黑巧克力，至所需厚度（最后一面为橙

色，另一面为黑色）。

15）用刀片依着模具划出所需形状，弯曲后，
　　用圈模固定，使其凝固定型，脱模后
　　备用。

16）将黑色巧克力泥搓成长条状，弯曲好所需
　　形状，再搓一条圆锥形的巧克力泥，作为
　　鸟嘴，冷却备用。

17）用刀将配件修整光滑，在大C形花纹、小C
　　形花纹身体配件和翅膀边缘处喷上黄色可
　　可脂，待其结晶（凝固），再喷上橙色可
　　可脂，最后在小C形花纹身体配件中心偏上
　　位置喷少许蓝色可可脂。

18）将C形花纹身体和C形身体支架组装在
　　一起。

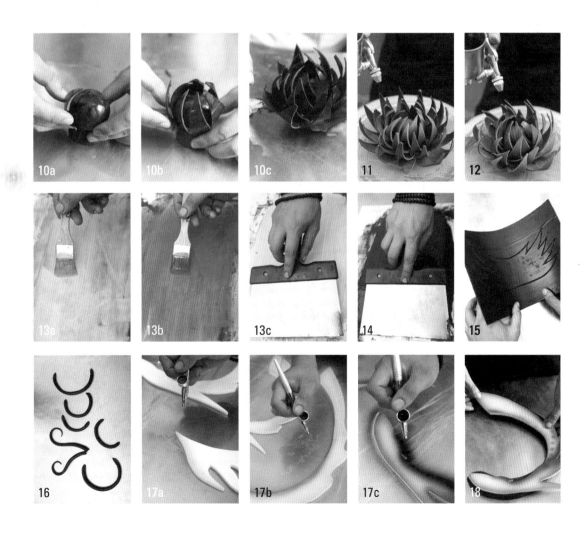

19）将圆柱形底座取出，用浓稠状的巧克力将下部支架（两个带孔的C形）依次拼接在底座上，用手去除溢出的巧克力，修理平整，等待其冷却凝固。

20）将修理好的长方体配件组装拼接在支架顶部。

21）将处理好的"步骤18"粘在长方体配件上。

22）将拼接好的一朵巧克力花卉粘在底部支架处，再将拼接处修整干净。

23）将第二朵花卉装在长方体配件和带孔C形支架交接处，拼接处修整干净。

24）将"步骤7"制作的黄绿色巧克力片和"步骤15"制作的橙色巧克力片粘在第二朵花卉后面（C形支架突出的位置）。

25）将翅膀形巧克力板粘在大C形身体支架两侧。

26）将搓好的巧克力泥条围绕下部支架粘好，并微调角度，再将"步骤7"制作的黄绿色巧克力片粘在花卉根部。

27）把制作好的巧克力泥鸟嘴粘在支架头部位置，微调角度，整体造型组装完毕。

质量标准 造型整体比例协调、色彩搭配和谐、花卉圆润，饱满且无排队现象、整体干燥、整洁。

白边黄色锯齿状花

原料配方

白巧克力 适量 黄色油溶性色素 适量

制作过程

1）将白巧克力均匀地平铺在大理石表面，用铲刀反复抹平，直至巧克力表面不粘手，再在巧克力边缘铲出一个圆弧形。

2）在圆弧形边缘用铲刀铲出小三角形。

3）在巧克力边缘描画上黄色色素。

4）右手拿铲刀，左手食指轻放在铲刀上，食指略微伸出一点放在巧克力表面，铲刀与巧克力面保持约15度角。

5）将铲刀放低，双手配合好，向上直推铲出花形，在巧克力柔软的状态下，将其略微弯曲定型即可。

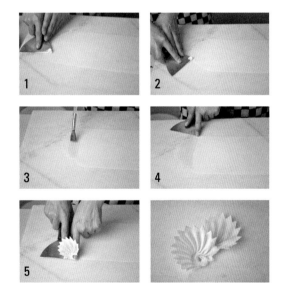

质量标准 形状完整，边缘无毛边，颜色自然，厚薄均匀。

寿桃形装饰件

原料配方

白巧克力　　　　　适量　　┊　　红色油溶性色素　　适量　　┊　　绿色喷粉　　　　　适量

制作过程

1）将白巧克力均匀地平铺在大理石表面，用铲刀反复抹平，直至巧克力表面不粘手，在巧克力边缘铲两个小三角形和一个大括号形。

2）用毛笔沾上红色色素，在括号形巧克力表面描画出细线条，用手将颜色涂抹晕染开。

3）在三角形巧克力表面喷上绿色喷粉，用手将整体颜色涂抹晕染开。

4）右手拿铲刀，左手食指轻放在铲刀上，食指略微伸出一点放在巧克力表面，铲刀与巧克力面保持约15度角。

5）将铲刀放低，双手配合好，向上直推铲出花形，在巧克力柔软的状态下，将其略微弯曲定型，形成立体的寿桃形。

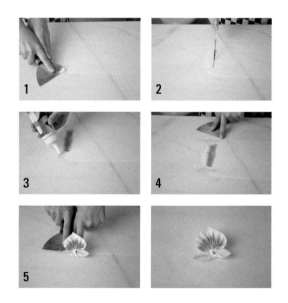

质量标准　　形状完整，边缘无毛边，颜色自然，厚薄均匀。

复习思考题

1. 巧克力造型中的配件主要有哪些?

2. 巧克力配件制作的常用技法有哪些?

3. 巧克力造型中配件的作用分别是什么?

4. 巧克力造型中的配件制作方法是什么?

5. 巧克力造型的组合方法是什么?

6. 在进行巧克力造型组合时,有哪些注意事项?

7. 喷、描、涂的装饰方法是什么?

8. 使用喷、描、涂的装饰方法时,有哪些注意事项?

9. 巧克力泥是如何制作的?

10. 巧克力捏塑的常用工具有哪些?

11. 巧克力捏塑的常用技法是什么?

12. 巧克力捏塑的注意事项有哪些?

13. 艺术造型中的食品美感由哪些元素组成?

14. 食品雕刻有哪几种类型?

项目 2

糖艺制作

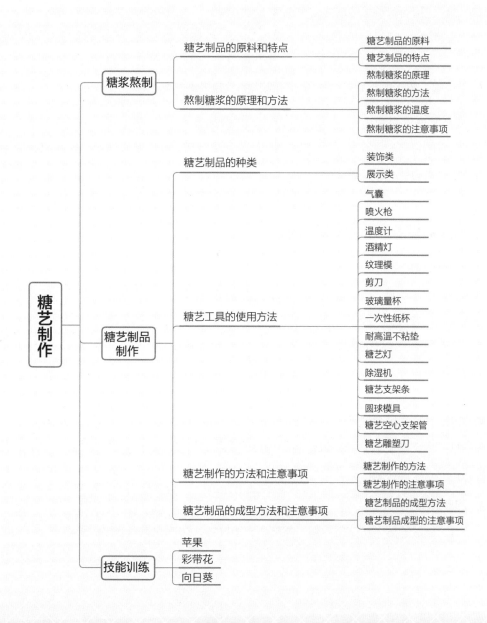

糖艺制作
- 糖浆熬制
  - 糖艺制品的原料和特点
    - 糖艺制品的原料
    - 糖艺制品的特点
  - 熬制糖浆的原理和方法
    - 熬制糖浆的原理
    - 熬制糖浆的方法
    - 熬制糖浆的温度
    - 熬制糖浆的注意事项
- 糖艺制品制作
  - 糖艺制品的种类
    - 装饰类
    - 展示类
  - 糖艺工具的使用方法
    - 气囊
    - 喷火枪
    - 温度计
    - 酒精灯
    - 纹理模
    - 剪刀
    - 玻璃量杯
    - 一次性纸杯
    - 耐高温不粘垫
    - 糖艺灯
    - 除湿机
    - 糖艺支架条
    - 圆球模具
    - 糖艺空心支架管
    - 糖艺雕塑刀
  - 糖艺制作的方法和注意事项
    - 糖艺制作的方法
    - 糖艺制作的注意事项
  - 糖艺制品的成型方法和注意事项
    - 糖艺制品的成型方法
    - 糖艺制品成型的注意事项
- 技能训练
  - 苹果
  - 彩带花
  - 向日葵

2.1 糖浆熬制

在制作糖艺制品时，要将糖进行熬制，再以拉、吹、淋等手法进行加工处理，使其具有观赏性和可食用性。糖艺是大型西点比赛中必有的项目，体现着制作者的高超技术。

2.1.1 糖艺制品的原料和特点

1. 糖艺制品的原料

糖艺制品的原料有糖（砂糖或艾素糖等）和色素等。这里主要对艾素糖做具体介绍。

（1）**艾素糖** 该种糖的甜度较低，吸湿性弱，抗还原能力强，是制作糖艺制品的理想原料。

（2）**色素** 常用的色素可以选择水油两用的，赋予糖艺制品多样的色彩。

2. 糖艺制品的特点

糖艺制品的色彩较为丰富，质感晶莹剔透、色泽光亮，三维效果清晰，在西点行业中，是具有奢华效果的展示品和装饰品。

2.1.2 熬制糖浆的原理和方法

1. 熬制糖浆的原理

糖溶于水中形成糖溶液，糖和水组成的饱和溶液在加热时，随着水分蒸发，糖液中的糖量超过水量，形成过饱和溶液（高浓度的糖浆），将其搅拌或静置，糖会发生结晶，从溶液中析出，这种现象称为糖的返砂。

将糖液熬至沸腾后，会发生糖的转化，具体表现为蔗糖分子水解为果糖和葡萄糖，这两种产物合称为转化糖，此时的糖溶液叫转化糖浆。转化糖不易结晶，因此，糖转化的程度影响着糖的返砂，转化程度越高，结晶的蔗糖就越少，结晶作用越低，反之，则结晶作用越高。

在进行糖液的熬煮时，需将其加热到一定的温度，制成达到所需转化程度的糖浆，进而抑制糖的结晶，使制作的产品细腻光亮。

2. 熬制糖浆的方法

制作糖艺制品的第一步就是熬糖，熬糖状态的好坏，对成品具有重要的影响。

熬糖的方法有两种，分别是不加水熬煮和加水熬煮。在进行熬煮时，糖可以分次或一次添加，两者的不同之处是熬糖的速度，同等分量下，一次性加糖比分次加糖熬煮的时间要久一些。若熬糖量较少，分次或一次加糖均可；若熬糖量较多，则建议分次加糖熬煮。

（1）**不加水熬煮法**　直接将糖倒入锅中进行加热，至所需温度即可。一般操作方法如下：

1）在锅中加入少许糖，以中小火加热，期间可以用勺子或木铲翻动，但注意翻动的次数不要太多。

2）在锅内的糖未完全熔化之前，第二次加入糖进行熬煮。

3）待第二次糖熔化得差不多时，第三次加入糖，继续熬煮。

4）同样的方法，继续加入下一次糖，直至所准备的糖全部放进去。

5）后期边熬煮、边用温度计测量糖温，火力调节成小火，注意不要熬煮过度，熬制到所需温度即可。

6）离火，熬制完成。

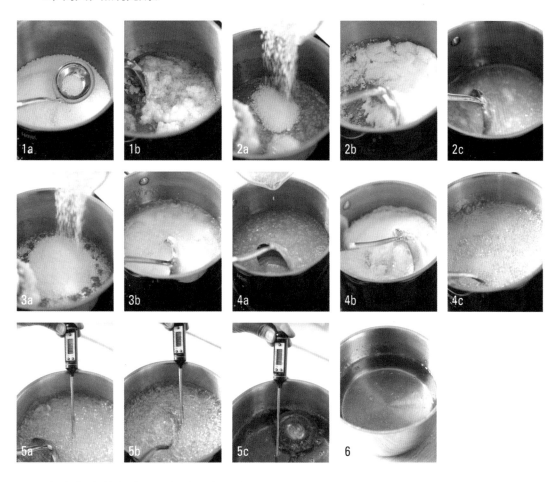

（2）**加水熬煮法**　操作时，将水放入锅中，加入糖后加热熬煮至所需温度。一般操作方法如下：

1）将适量水倒入锅中，水的用量可以浸湿糖即可。

2）先加入一部分糖，小火加热。

3）待锅内的糖溶化后再分次加入剩余的糖，至所需的糖全部溶化，改为中火熬制。

4）熬到所需温度后，离火，稍微降温后将糖液倒在不粘垫上，备用。

3. 熬制糖浆的温度

在制作糖艺制品时，糖液的熬煮温度因人而异，一般会将其熬煮至180℃左右，这样拉出的糖体更亮，保存的时间更长。但是该温度的糖体对操作者的技术要求极高，如果是初学者，建议将糖液的温度熬煮至175℃左右，便于初期的适应和操作。

为了达到更好的制作效果，不同类型的糖艺制品制作时，其熬煮温度也有一定的区别。以下是不同熬煮温度的糖液和与之相对应的糖艺制品制作示例，可供参考。

熬煮温度	糖艺制品示例
165~170℃	彩带
170~175℃	拉丝、拉片和吹糖
180~185℃	支架、倒模

4. 熬制糖浆的注意事项

1）熬煮糖浆时，最好选用复合底锅，确保锅底受热均匀，避免糖浆烧煳。

2）锅内加入的糖量要适量，不可太多，否则后期糖颗粒完全溶化后，在升温阶段时，糖液上涌溢出锅外，很危险。

3）熬糖时，若锅壁粘有糖颗粒，可以使用勺子或刷子等工具沿着锅壁进行清理。

4）在测量糖液的温度前，要将糖液稍微搅拌，使其温度一致。温度计在测量温度时，不要接触锅底，以免影响测量的准确性。

5）使用完的熬糖锅在清洗时，可以直接在锅内放入大量水，将糖完全溶化后再清洁，方便快捷。

2.2 糖艺制品制作

2.2.1 糖艺制品的种类

将糖艺制品按照用途来分，大致可分为两类，分别是装饰类和展示类。

1. 装饰类

该类糖艺制品主要有单件和小造型两种，侧重于产品装饰。单件的制品，如糖条、彩带等，形状单一，制作简便；小造型是由多种单件糖艺制品组合而成，形状多样，有一定的立体感。该类制品常应用于西点的装饰和摆盘上，别具一格。

糖条

彩带

小造型

大型造型

2. 展示类

该类糖艺制品主要是大型造型，侧重于展示欣赏。该糖艺造型制品经过一定的设计和搭配组合而成，体积较大，制作耗时长，操作难度大。可用于比赛、大型宴会的展示等。

2.2.2 糖艺工具的使用方法

在进行糖艺制品的制作时，常用的糖艺工器有气囊、喷火枪、温度计、酒精灯、纹理模、剪刀、玻璃量杯、一次性纸杯、耐高温不粘垫、糖艺灯、除湿机、糖艺支架条、圆球模具、糖艺空心支架管和糖艺雕塑刀等。

1. 气囊

气囊是用来吹糖的工具，主要的组成部件是铜管和气囊。

使用方法是将铜管加热后，将糖球包裹在铜管一端，然后用手捏气囊使其进气，从而把糖球吹起来，需要一边吹一边塑形。

气囊

使用前要对气囊进行密闭性检测，具体操作是一手堵住铜管口，一手捏气囊，若手指感受到明显的气流阻力，则密闭性较好，可以正常使用；反之则漏气，影响操作，不建议使用。

2. 喷火枪

喷火枪是糖艺制品的主要加热工具，使用频率较高，可直接作用于糖体表面。使用时，按下开关键喷出火焰即可，注意操作安全。

喷火枪

3. 温度计

温度计主要用于熬糖时测量糖浆的温度。使用时，直接将其浸入糖浆中测温即可。

温度计

4. 酒精灯

酒精灯是糖艺制作的另一种加热工具，可用来加热操作工具或糖体，同时起到消毒的作用。使用时，需要点燃灯芯，关火时，直接将灯帽盖在上面即可，注意操作安全。

酒精灯

5. 纹理模

纹理模表面带有纹理，具有耐高温的特点。应用于糖艺制作时，可使制品具有清晰的纹路，呈现的效果更加生动逼真。使用时，可以将液体糖直接浇淋在纹理模上，冷却后脱模即可；也可将质地较软的糖体放在纹理模中，压制出纹路。

纹理模

6. 剪刀

主要对糖体进行剪裁，达到想要的长度或厚度等。

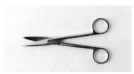

剪刀

7. 玻璃量杯

应用于糖艺制作的玻璃量杯应质地厚实和耐高温。

玻璃量杯主要用来盛装熬好的糖液，可以用作调色容器，也可以充当倾倒糖液的中间器具（能很好地控制糖液的出量）。因其耐高温的特性，盛装糖体后可放于微波炉中加热，方便快捷。

玻璃量杯

8. 一次性纸杯

一次性纸杯（须选择耐高温的）的用途和玻璃量杯有共同之处，均可用来装熬制好的透明糖，后期可以根据所需进行调色，并且可以加热，方便快捷，解决了调制多种颜色时，没有过多盛装器具的问题。

一次性纸杯（耐高温的）

9. 耐高温不粘垫

耐高温不粘垫材质多为食品级硅胶，具有耐高温、防粘和易清洗的特点。此外，其底部具有密集的防滑纹理，吸附力强，可以吸附在各种操作台上。使用时，糖体主要是放在耐高温不粘垫上操作的。

耐高温不粘垫

10. 糖艺灯

糖艺灯主要由灯头和操作台面等组成，能给糖体加热和保温。

常用的糖艺灯灯头有 1~2 个，灯头上有散热孔，可以降低灯管周围的温度，延长使用寿命；操作台面主要用来放置糖体或进行糖艺制作。使用时，可以旋转温度调节旋钮，控制灯头的温度，操作方便。

糖艺灯

11. 除湿机

除湿机又叫抽湿机，能将潮湿的空气抽入机内，将其处理干燥后排出机外，如此循环使室内保持合适湿度。糖艺的操作湿度在 30%~40%，对于气候较潮湿的地区，想要制作出光亮的拉糖制品，除湿机是非常有必要的。使用时，需将其放在空气流通的地方，若放在死角，通风不畅，会影响除湿效果。

除湿机

12. 糖艺支架条

糖艺支架条材质为硅橡胶，具有耐高温、抗老化和柔韧性好的特点，有良好的生理稳定性和回弹性，且不易变形。支架条表面光滑，边缘整齐，柔软且可塑性强，可随意改变造型，常用于支架和底座的制作。使用时，依据所需，可单根使用，也可多根随意搭配，组合弯曲出不同形状，再注入糖液即可。

糖艺支架条

13. 圆球模具

圆球模具由两个半圆组成，材质为硅胶，具有耐高温、抗拉伸和抗老化的特点，常用于球形糖艺制品制作。

使用时，需要将两个半圆对齐组合成球形，并且使用胶带粘紧。表面带有孔的半圆朝上，直接将糖液沿着孔洞注入即可。

圆球模具

14. 糖艺空心支架管

糖艺空心支架管也叫高温软管，材质为食品级硅胶，形状为空心的圆柱形，有粗细之分，具有一定的长度。其颜色多为透明，具有耐高温的特点，常应用于支架或其他配件的制作。

使用时，用剪刀将软管剪出合适的长度。用夹子将一端夹紧，作为底部，沿着软管另一端慢慢倾倒糖液，至所需高度，再用夹子夹紧，静置冷却。可根据所需给软管定型，待其冷却变硬后，使用刀片纵向划开软管，轻轻脱模即可。

15. 糖艺雕塑刀

糖艺雕塑刀的材质有不锈钢和亚克力，主要用于糖艺制品的塑形。市面上常以套为单位进行售卖，一套有 4~6 个，每一个工具的形状不同，用法也不同，要根据实际制作所需进行选取。如做人物或动物，在压圆形的眼眶时，需使用头部为圆头的工具；若要在糖体上压出纹路，需使用头部为三角形（或扇形）且可以进行切制的工具；若需在糖体上戳小孔，则可以使用头部较尖的工具。

2.2.3 糖艺制作的方法和注意事项

1. 糖艺制作的方法

制作糖艺时，常用的方法有拉糖、吹糖、淋糖、压、翻折、卷、剪、切、滴、描、裱挤、戳、划、搓、包、沾、折叠和上色等。

（1）**拉糖** 可分为初始拉糖和后期拉糖两个阶段，两者的侧重点不同。

初始拉糖阶段是将柔软透明的糖体用手多次反复拉制与折叠，充入气体，气体在糖体中被挤压，产生折射，使糖体呈现一定的光泽感，同时起到降温的作用，侧重于糖体的光泽度。

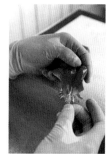

初始拉糖 　　　　　　后期拉糖

后期拉糖阶段是通过拉制的手法制作糖艺制品，常用于彩带、花瓣和糖丝等制作中，侧重于糖体的塑形。

（2）**吹糖** 吹糖是用手挤压气囊，将气体鼓入温度均匀且质地柔软的糖体中，糖体产生膨胀，再用手对其进行艺术造型的技法。该技法常用于气球、草莓、人偶和动物等制品的制作。

（3）**淋糖** 又称为流糖，就是将熬煮好的糖液倒入模具中，多用于一些造型类的支架和底座的制作。

吹糖 　　　　　　　　淋糖

（4）**压** 用工具（刀具或压模）在糖体表面压制出纹路。

（5）**翻折** 使用双手将糖体不断地翻动折叠，使其表面更加光亮。

（6）**卷** 通过卷的方式，将糖体弯折成所需样式。

（7）**剪** 使用剪刀等工具将糖体断开，该技法的操作频率较高，不仅可以剪断糖体，还可以塑形，如人物或动物的眉毛制作。

（8）切　使用刀具将糖体切断，多用于质地较薄的配件中，如彩带后期的切制。

（9）滴　将糖体加热，熔化的糖液滴在配件或高温垫上，常用于眼球、圆形小配件等制作。

（10）描　使用食用色素笔在配件上描画出花纹，丰富配件样式。

（11）裱挤　将糖液装入裱花袋内，再裱挤出所需形状，操作灵活。

（12）戳　使用长条形的工具（如糖艺雕刀）将糖体戳出所需形状。

（13）划　使用工具在糖体表面轻轻划制（不切断），形成纹路，常用于动物毛发制作。

（14）搓　使用搓的手法将糖体搓成所需样式，如小球或长条状。

（15）包　将一种颜色的糖体用另一种颜色的糖体包裹住，再进行后续塑形操作，达到特殊的效果。

（16）沾　将配件表面沾上一层液体糖，赋予其特定的颜色或光泽感。

（17）折叠　将糖体折叠，不仅使糖体更亮，还具有一定的纹路。

（18）上色　糖体上色是糖艺制作中重要的一环。常用的上色方法有两种，分别是直接调色和喷枪上色。

压	翻折	卷	剪	切
滴	描	裱挤		戳
划	搓	包	沾	折叠

1）直接调色。在糖体中添加色素，搅拌均匀即可，上色一般在熬糖时和熬糖后这两个时间段进行。

① 熬糖时调色。在糖熬煮后期直接加入色素，搅拌均匀后，再次加热至所需温度，形成带色糖液。

② 熬糖后调色。将熬煮好的糖液倒在硅胶垫上，待其稍微降温至柔软的状态，加入色素进行调制，揉搓均匀后，形成带色糖体。

熬糖时调色　　　　　　熬糖后调色

如果需要很多种颜色的糖体，可将熬好的糖液根据所需用量倒入可用微波炉加热的容器中（如玻璃量杯），之后再进行调色，搅拌均匀后，放入微波炉中加热至所需状态即可。使用该种方法调色，效率极高，常用于颜色需求较多的糖艺制品的制作中。

2）喷枪上色。喷枪上色的操作难度较高，稍有不慎，不仅会影响糖艺制品的整洁度，还可能使其出现返砂的现象。由于上色使用的色素是液体的，内部

多种颜色的调制

含有水分，但糖艺制品不可直接和大量水接触，所以使用喷枪上色时，应当具体问题具体对待。

① 将色素喷涂在透亮的制品上时（由未经过折叠充气的糖体制作），要控制好喷涂的量，尽量少喷。

② 若是将色素喷涂在由折叠充气的糖体制成的制品上，喷涂的量也要适当。若需要进行大量的色素喷涂，制品需要满足以下两个条件：

一是制品的温度需保持在 40~50℃，因为制品的温度可以使喷涂在表面的色素水分在短时间内进行一定的蒸发，降低返砂的概率；二是制品本身的颜色最好为深色系，喷涂的量尽可能多一些，后期的糖体表面会形成一层色素膜，具有独特的风格。

2. 糖艺制作的注意事项

1）在进行拉糖操作时，注意拉制的次数不可过多，否则糖体会变硬，颜色变得暗淡。

2）在拉制糖体的过程中，温度会逐渐降低，初始拉糖时，注意不要对着冷风吹，以免表皮因为降温过快而凝固，在后续的拉制中产生硬块颗粒。

3）最好用剪刀将初始拉制好的糖体剪成小块状，放在耐高温不粘垫上，再将其压平整备用，方便后续操作。

4）在糖艺制作过程中，糖灯下放置小块的糖体进行加热和保温时，糖体的数量不宜过多，以自己能掌握的数量来定，确保处理好的糖体在一定时间内使用完毕，否则糖体会逐渐老化，失去光泽，影响糖体状态。

5）吹糖时，确保使用的糖体软硬度均匀，这样后期鼓起的糖体厚薄度也会均匀一致。

前期吹糖时，要慢慢充入气体，使糖体慢慢鼓起，不可一次性吹入太多气体，否则糖体迅速撑开，容易变形，并且后期也不易塑形，增加了操作难度。

6）在糖液直接上色时，要少量多次地添加色素，以免糖液颜色状态不佳。若添加的色素为液体的，并且添加的量过多，需要将糖液放在微波炉中加热，蒸发掉内部多余的水分。

7）在拼接糖体时，要等到上次的拼接部位完全冷却且粘紧后，再继续粘，以免糖体掉落破碎。

2.2.4　糖艺制品的成型方法和注意事项

1. 糖艺制品的成型方法

糖艺制品常用的成型方法有吹、拉、捏等，成型主要是在塑形操作和冷却降温的共同作用下进行的。

糖体通过一定的制作手法（如吹、拉和捏等）进行塑形时，由于糖体比较柔软，在未完全冷却定型前会变形，所以要一边塑形，一边冷却降温，直至制品完全变硬定型。

糖制品的冷却方式为室内自然冷却降温，也可借助风扇进行吹制降温，依据糖制品的质地和具体操作条件而定。若糖制品的质地较厚，且急于定型，如吹制大型球体时，可以借助风扇降温；若糖制品的质地较薄，如彩带的拉制，则自然降温最佳。

2. 糖艺制品成型的注意事项

1）操作时，要时刻注意糖体的状态，不停调整所需形状，至糖体完全冷却变硬即可。

2）在进行拉的操作时，若是制作质地比较薄的制品，如彩带，注意不要在出风口处操作，尤其要避开空调直吹，否则还未完全塑形，糖体就变硬定型，影响整体状态。

西式面点师（技师、高级技师）

苹果

原料配方

液体糖	适量
红色水溶性色素	适量
棕色水溶性色素	适量
绿色水溶性色素	适量

制作过程

1）将熬好的液体糖分别调制成红色、棕色和绿色。待其降温至质地柔软时，依次拉制与折叠，充入空气，呈现出光泽感，再将其隔开放置在糖灯下保温。将红色糖体取出，翻折出一个光亮面。

2）用右手大拇指和食指旋转红色糖体，捏出光滑的球形，并用剪刀取下。

3）将球形糖体切口处用右手拇指和食指旋转捏出碗状，注意不可向外翻，碗状底部要比口壁处略厚。

4）用右手的虎口将碗口旋握，逐步向内收小口径，以便于后期和气囊衔接。

5）将气囊铜管头部用火枪略微加热，再与糖体收口处衔接，用手捏严，注意只包裹铜管头部1~2厘米，然后慢慢充气，至变圆。

6）调整苹果的形状，上部直径要略大于底部，并将底部收紧，收出大致形状后，用雕塑刀尖端部分在苹果的顶部压出凹陷。

7）待苹果表面略微定型，用火枪加热底部，再用剪刀旋转剪制，将其慢慢取下，最后用火枪稍微加热底部切口，并用圆球刀压出底部的凹槽。

8）取适量棕色糖体，拉出长条状，剪出一部分，制成苹果梗。

9）将苹果梗稍微加热，粘在苹果上。

10）以同样的方法，制作出绿色的苹果。

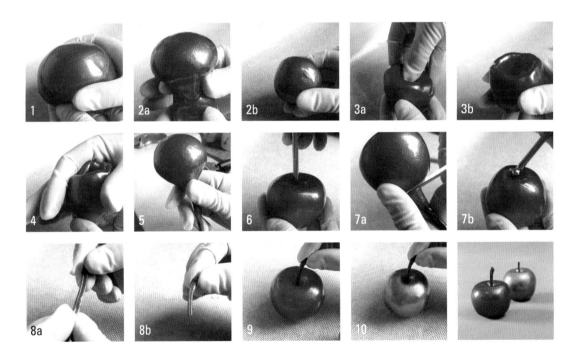

制作关键

1）可以在透明糖体中加入适量可食用金粉，增加别样的质感和光泽。

2）气囊铜管头部伸入碗状糖体内部时，不要太深，以免糖体堵住铜管口，不易进气，影响操作。

3）使用气囊向内鼓气时，手要不停地对糖体塑形，直至完全定型，防止操作时变形。

4）在压制苹果的凹陷时，要趁糖体处于软硬适中的状态时进行，若糖体太软，容易变形；若太硬，则糖体容易破碎。

质量标准 整体圆润光滑、厚度均匀、颜色光亮、比例协调、苹果形体准确无偏差。

彩带花

原料配方

液体糖	适量	蓝灰色水溶性色素	适量	浅蓝色水溶性色素	适量
绿色水溶性色素	适量	蓝色水溶性色素	适量	黑色水溶性色素	适量

制作过程

1）将熬好的液体糖分别调制成绿色、蓝灰色（蓝色和少量黑色混合）、蓝色、浅蓝色和黑色，待其降温至质地柔软时，依次拉制与折叠，充入空气，呈现出光泽感，再将其隔开放置在糖灯下保温。

2）制作时要放在糖灯下的耐高温不粘垫上操作。用双手将五种颜色的糖体分别搓成柱状，先拉制成长条状，再用剪刀剪出所需长度（确保每种颜色的糖体长度一致），最后将五种糖体紧密地拼接在一起。

3）先用双手将糖条略微拉长，放在不粘垫上，用剪刀从中间剪开，分成两部分，将这两部分糖体拼接，增加糖体宽度和色条数量。

4）重复"步骤3"的操作，直至糖体表面色条的数量达到所需，最后将糖体慢慢拉长。

5）将拉长的糖体放在干净的桌面上，先用剪刀去除两端多余的部分，再将美工刀加热，将糖条直切成长方形。

6）将一部分长方形糖条放在糖灯下稍微加热，待其变软，先将糖体两端慢慢对折在一起，再用手将对折的头部由两边向中间捏制成角状，用作彩带花的花瓣，放置在干燥整洁的地方，备用。

7）将彩带花瓣根部沾少许透明糖。

8）将5个彩带花瓣拼接在一起，呈圆形，作为彩带花的第一层。

9）将第二层花瓣沾透明糖，放在第一层两个花瓣之间，稍微翘起，粘好，该层共计5个花瓣，整体要呈圆形并且花瓣要错开。

10）将一个彩带花瓣垂直粘在中心处即可。

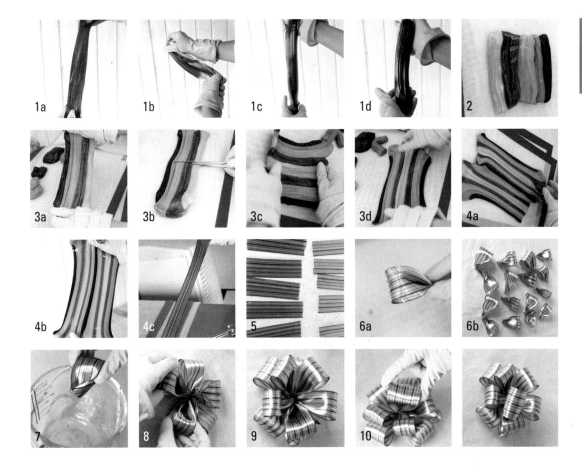

1a 1b 1c 1d 2

3a 3b 3c 3d 4a

4b 4c 5 6a 6b

7 8 9 10

制作关键　1）在拉制糖体时，用力要均匀，确保糖体的粗细一致。

2）多种颜色糖体的拼接顺序可根据所需进行调整。

3）在后期彩带拉长时，可分为一人操作和两人操作两种方式。若拉制彩带的糖量过少，后期拉制的彩带长度在一人展开双臂的长度之内，一个人便可轻松操作；若是拉制彩带的糖量过多，后期拉制的彩带长度超过一人展开双臂的长度，需要两人操作才能完成。

①一人操作。操作者只需双手拿着糖体两端，慢慢向两边拉制展开至所需长度即可。

②两人操作。两人在操作时，一人为操作者，另一人为协助者。

协助者需拿糖体的一端，站在原地不动。操作者一手拿着糖体另一端，另一只手放在糖体上来回抹制，使彩带的厚薄均匀，确保不会在拉制的过程中发生变形。随着糖体的逐渐拉长，操作者要慢慢向后退，直至彩带拉制完成。

质量标准　彩带厚薄均匀、颜色光亮、花纹分明、表面光滑无断裂、整体花型圆润饱满。

向日葵

西式面点师（技师、高级技师）

原料配方

液体糖	适量
绿色水溶性色素	适量
棕色水溶性色素	适量
黄色水溶性色素	适量

制作过程

1）将熬好的液体糖分别调制成绿色、棕色和黄色，待其降温至质地柔软时，依次拉制与折叠，充入空气，呈现出光泽感，再隔开放在糖灯下保温。取出适量棕色糖体，按照吹球的技法，制作出球体，用手稍微压平表面，制作出向日葵的花盘，冷却定型。

2）取出适量绿色糖体，翻折出光亮面，压扁，用双手的拇指和食指捏住压扁的边缘，向两侧拉制成扇形，再拉出水滴形状，用手指在中间偏下部分捏紧，上部呈弧形开口状。

3）将其拉长，用剪刀剪出若干花蕊，重复以上的步骤，继续制作绿色和棕色花蕊，至所需数量，大小要有变化。

4）将绿色花蕊开口向内，在花盘中间由内至外粘

约4层。

5）继续粘棕色花蕊，约2层，最外一层花蕊的开口向外，从内圈到外圈做出由绿色到棕色的过渡效果。

6）将黄色糖体拉亮，反复拉制和叠加，形成花纹，再拉制成向日葵的花瓣，呈长条水滴形，重复同样的步骤，继续拉制花瓣，至所需数量。

7）将制作好的花瓣粘在花盘的边缘，粘两层即可。

8）取适量绿色糖体，按制作向日葵花瓣的方法，拉制出叶子，在花盘最外围粘约两圈，最后使用绿色糖体拉制出长条状花秆，粘在花盘底部即可。

制作关键　每层花蕊、花瓣的大小要保持一致。

质量标准　颜色光亮、花卉整体圆润饱满、花瓣厚薄均匀、花瓣拼接无排队现象。

复习思考题

1. 制作糖艺制品的原料有哪些？

2. 糖艺制品的特点是什么？

3. 熬制糖浆的原理是什么？

4. 熬制糖浆有哪些方法？

5. 熬制糖浆时的注意事项有哪些？

6. 糖艺制品有哪些种类？

7. 制作糖艺制品的工具有哪些？

8. 制作糖艺制品有哪些方法？

9. 在进行糖艺制品制作时需要注意什么？

10. 糖艺制品成型方法有哪些？

11. 糖艺制品成型时有哪些注意事项？

项目 3

甜品制作

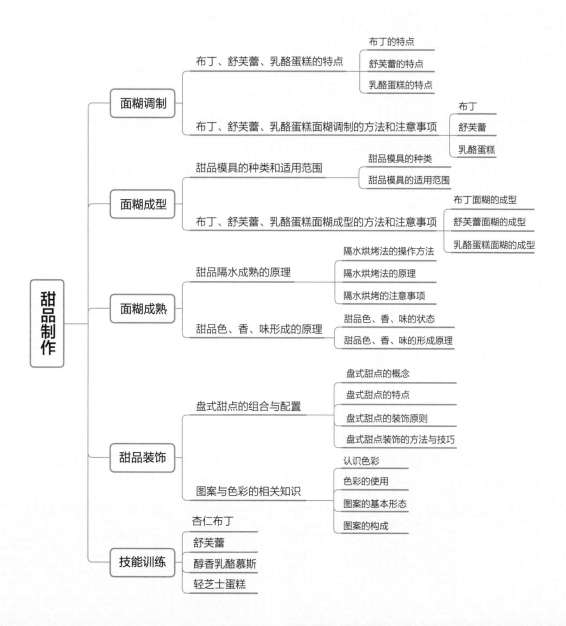

- 甜品制作
  - 面糊调制
    - 布丁、舒芙蕾、乳酪蛋糕的特点
      - 布丁的特点
      - 舒芙蕾的特点
      - 乳酪蛋糕的特点
    - 布丁、舒芙蕾、乳酪蛋糕面糊调制的方法和注意事项
      - 布丁
      - 舒芙蕾
      - 乳酪蛋糕
  - 面糊成型
    - 甜品模具的种类和适用范围
      - 甜品模具的种类
      - 甜品模具的适用范围
    - 布丁、舒芙蕾、乳酪蛋糕面糊成型的方法和注意事项
      - 布丁面糊的成型
      - 舒芙蕾面糊的成型
      - 乳酪蛋糕面糊的成型
  - 面糊成熟
    - 甜品隔水成熟的原理
      - 隔水烘烤法的操作方法
      - 隔水烘烤法的原理
      - 隔水烘烤的注意事项
    - 甜品色、香、味形成的原理
      - 甜品色、香、味的状态
      - 甜品色、香、味的形成原理
  - 甜品装饰
    - 盘式甜点的组合与配置
      - 盘式甜点的概念
      - 盘式甜点的特点
      - 盘式甜点的装饰原则
      - 盘式甜点装饰的方法与技巧
    - 图案与色彩的相关知识
      - 认识色彩
      - 色彩的使用
      - 图案的基本形态
      - 图案的构成
  - 技能训练
    - 杏仁布丁
    - 舒芙蕾
    - 醇香乳酪慕斯
    - 轻芝士蛋糕

3.1　面糊调制

3.1.1　布丁、舒芙蕾、乳酪蛋糕的特点

1. 布丁的特点

（1）**布丁的常用原料**　制作布丁的常用原料有牛奶、鸡蛋、糖类、淡奶油、巧克力等，一般不添加乳品的布丁称为清冻，添加乳品的布丁通常称为乳冻。

（2）**布丁的制作工艺**　布丁可以用冷藏定型、蒸气定型、烘烤定型等方法制作，冷藏定型需要依靠凝固剂来帮助成型，一般冷藏温度在 0~4℃。蒸汽定型可以通过水蒸气加热使蛋白质受热变性而定型。烘烤定型是通过烤箱加热工使蛋白质变性而定型。

2. 舒芙蕾的特点

（1）**舒芙蕾的常用原料**　制作舒芙蕾常用的原料有鸡蛋、牛奶、糖类、淀粉等。舒芙蕾有冷制和热制两大类，冷制舒芙蕾还需要加明胶等凝固剂。

（2）**舒芙蕾的制作工艺**　舒芙蕾的制作方法是将鸡蛋的蛋清和蛋黄分离，充分打发蛋清，再与其他材料混合，经过冷制或蒸制或烘烤至成型。

烤、蒸类型的舒芙蕾受热会膨胀，出炉后极易发生下塌现象，需要尽快食用。

3. 乳酪蛋糕的特点

（1）**乳酪蛋糕的常用原料**　乳酪蛋糕又称奶酪蛋糕，主要分为轻乳酪蛋糕、重乳酪蛋糕。

1）轻乳酪蛋糕。轻乳酪蛋糕起源于日本，又称日式轻乳酪蛋糕，常用原材料有乳酪、酸奶、鸡蛋、糖类、淡奶油、低筋面粉等。

2）重乳酪蛋糕。相比轻乳酪蛋糕来说，重乳酪蛋糕中的乳酪用量要大得多，其他常用材料两者相仿。

（2）**乳酪蛋糕的制作工艺**

1）轻乳酪蛋糕。轻乳酪蛋糕的一般制作工艺是将打发蛋白与乳酪面糊拌匀，入模具中进行烘烤，烘烤方式有直接烘烤法和隔水烘烤法。其中隔水烘烤法制作的轻乳酪蛋糕具有更柔软、滋润的口感，同时表面不易开裂，形成的色泽更好看。

2）重乳酪蛋糕。重乳酪蛋糕的乳酪用量很大，为了更好地融合，一般是其他酱料混合完全后再逐步与乳酪混合均匀。

（3）**乳酪蛋糕的成型方法**　乳酪蛋糕的成熟方法有两种，一类是热制，另一类是冷制。

1）热制方法。这类乳酪蛋糕在烘烤过程中，常采用隔水烘烤法，烘烤完成后，不能直接脱模，需要先放冰箱内冷藏后再进行脱模工序。

2）冷制方法。冷制乳酪蛋糕是利用凝固剂将乳酪酱料凝固成型的，可以依托模具或以塔派、饼干、蛋糕作为底部支撑成型，无须烘烤，冷藏至完全定型后即可。

3.1.2 布丁、舒芙蕾、乳酪蛋糕面糊调制的方法和注意事项

1. 布丁

1）布丁面糊的调制温度不宜过高。

2）如果需要制作焦糖布丁，使用糖浆时一定要趁热加入定型，否则糖浆冷却后极易凝固。

3）调制布丁面糊时不能放太多牛奶，否则蛋白比例太少会很难凝固。

4）调制布丁面糊时应少量多次加入蛋液，防止发生油水分离现象。

2. 舒芙蕾

1）在调制舒芙蕾面糊的过程中，要控制面糊的稠度，若面糊过稀，会影响成品的成型效果；过稠会影响成品的膨胀效果。

2）在制作冷制舒芙蕾时，要注意明胶或其他凝固剂的使用方法和用量。

3. 乳酪蛋糕

1）乳酪日常储存在冰箱中，质地比较硬，调制时需要先将乳酪放在室温下回温，或适当隔水加热使其质地变软。隔水加热时的温度不宜超过80℃，否则会影响蛋白质性质，造成成品品质不佳。

2）各种酱料与乳酪混合时，要注意搅拌力度和搅拌时长，避免搅拌过度酱料质地变得粗糙。

3）加入粉类要注意过筛，避免反复搅拌，否则面糊起筋导致成品质感发硬。

3.2 面糊成型

3.2.1 甜品模具的种类和适用范围

1. 甜品模具的种类

甜品模具种类繁多，按材质可以分为金属模具、陶瓷模具、硅胶模具、塑料模具等，也有按照用途来分的，如布丁模具等。

对于不同的烘烤方式，可以采用不同的模具，如对于需要隔水烘烤的轻乳酪蛋糕，可以使用活底模具，这样后期方便脱模，可以最大程度保护产品的外形。

2. 甜品模具的适用范围

（1）**适合冷加工的甜品模具**　适合冷加工的甜品模具有硅胶模具、塑料模具、金属模具等。硅胶模具质地较软，脱模方便。塑料模具质地较硬，常用于无须脱模的冷制甜品。金属模具的适用范围较大，冷热皆可。

（2）**适合热加工的甜品模具**　适合热加工的甜品模具主要有金属模具和陶瓷模具两类。

1）金属模具。常用的金属模具是铝合金材质的。铝合金模具的导热性能好且较轻巧，一般为了避免金属污染，模具制造商会在金属模具上做阳极处理或硬膜处理。制作热制乳酪蛋糕时一般采用金属模具。

不粘模具是指在金属模具表面增加不粘涂层的一类模具，以铝合金模具居多。不粘模具能够轻松脱模，可以减少食物在模具表面的黏附和油脂的吸附，具有强度高、不易变形、耐高温、耐腐蚀、易清洗的特点，其导热性能优于陶瓷模具。

2）陶瓷模具。陶瓷模具的传热均匀，具有良好的保温效果，适用于盛装烘烤时间较长的甜品，制作舒芙蕾时常采用陶瓷模具。

3.2.2　布丁、舒芙蕾、乳酪蛋糕面糊成型的方法和注意事项

1. 布丁面糊的成型

（1）**模具的选用**　布丁成型模具一般体积都较小，入模后可分散在烤盘中，放入烤箱进行烘烤。布丁烘烤多采用水浴法烘烤，所以要注意模具的底部密封，如果是活底模具，可以先在底部包上锡纸。

（2）**成型方法**

1）热制布丁。

①布丁面糊混合完成后，注入模具中至八分满即可。特殊类型的布丁可能会多一些步骤，如焦糖布丁。

②焦糖布丁需要先在模具底部注入一层焦糖，再注入面糊。

2）冷制布丁。布丁面糊混合完成后，注入模具内，表面抹平入冰箱。产品要有一定的厚度，太薄的话不易脱模成型。

2. 舒芙蕾面糊的成型

（1）**模具的选用**　制作舒芙蕾一般使用陶瓷模具，白色瓷器最佳，彩色陶瓷器皿的釉面可能会在高温烘烤条件下发生变化而产生有害物质。在使用过程中应注意安全，避免器皿之间发生碰撞，造成损坏。

（2）**模具处理方法**

1）冷制舒芙蕾的模具处理。

① 准备制作舒芙蕾的模具。

② 用塑料围边或双层油纸贴合着围在模具内侧，要高于模具，因成品高于模具 3~5 厘米。

2）热制舒芙蕾的模具处理。

① 准备制作舒芙蕾的模具。

② 将黄油涂抹在模具的内壁和底部，撒上适量细砂糖后，再倒扣去除多余的细砂糖。

（3）**舒芙蕾面糊的灌模方法**

1）冷制舒芙蕾的灌模方法。

① 将舒芙蕾面糊注入模具内（可以用裱花袋），挤入模具中，高度与内层塑料围边或者双层油纸高度相平。

② 再用抹刀将表面抹平整。

2）热制舒芙蕾的灌模方法。一般将热制舒芙蕾面糊用裱花袋挤入模具中至八分满即可，过程中要确保模具内侧边缘干净。

3. 乳酪蛋糕面糊的成型

（1）**模具的选用**　用于乳酪蛋糕面糊成型的模具一般选用金属模具，可以是无底的圈模，也可以是带底的模具。使用无底圈模时，可以用锡纸将底部完全包裹住，防止乳酪蛋糕面糊溢出。

（2）**成型方法**

1）准备模具。检查模具是否干净，底部是否密封完好，必要时包上锡纸。

2）准备搭配材料。如果乳酪蛋糕需要搭配其他材料，需要做好准备。如乳酪蛋糕常和饼干底坯搭配，将饼干碾压成碎末，再将其与液态黄油混合、拌匀，最后将其铺在模具底部压实。

3）注入乳酪蛋糕面糊。将乳酪蛋糕面糊倒入模具中，一般至八分满即可，并用小型曲柄抹刀将表面抹平。

3.3　面糊成熟

3.3.1　甜品隔水成熟的原理

1. 隔水烘烤法的操作方法

隔水烘烤法是指将模具浸在盛有水的烤盘中，甜品面糊在烤炉中同时处于烘烤、蒸煮的状态，又称蒸烤法、水浴法。其一般流程如下：

1）设定烘烤温度，将烤箱预热至指定温度。

2）将盛有相应甜品面糊的模具放入烤盘中，在烤盘中注入适量的热水。

3）将烤盘放入烤箱中，进行烘烤。

4）烘烤完成后，取出成品，冷却，再进行脱模。

2. 隔水烘烤法的原理

用隔水烘烤法烘烤甜品，甜品受到的热量来自烤箱内空气的对流热、水的对流热、水的传导热、烤箱热辐射等，在多种热量来源中，水的传导热和对流热有别于一般烘烤，其可以加大炉内的湿度，使产品表面不易干裂，同时保持产品内部湿润柔软，形成较软嫩的口感。

3. 隔水烘烤的注意事项

1）隔水烘烤的甜品放入和取出烤箱时，要保持平稳，防止模具倾倒，注意操作安全。

2）烤盘中用的水高度最好不超过模具高度的 1/2。

3）隔水烘烤的产品比较嫩，出炉后可以适时冷藏再进行脱模。

3.3.2　甜品色、香、味形成的原理

1. 甜品色、香、味的状态

（1）色的状态　色指甜品的颜色，以原料成熟后的自然色为主，主要有焦糖色、巧克力色、糖粉色及各种水果颜色等。

（2）香的状态　香指甜品的香气，是甜品经烘烤成熟后产生的香气，也包括甜品材料自带的、未消散的香气。

（3）味的状态　味指甜品的味道，主要是原料自身的味道，有原始味道，也有原料经过各种加工之后呈现的味道变化。

2. 甜品色、香、味的形成原理

甜品的色、香、味形成来自两方面，一是原料自身形成的，二是由加热产生的非酶褐变反应而形成的。

非酶褐变是指不需要酶的作用而产生的褐变，主要有焦糖化反应和美拉德反应两类。

焦糖化是指在食品加工过程中，在高温的条件下促使含糖产品产生的褐变，反应条件是高温、高糖浓度。焦糖化是指糖类在受热到一定程度时，分子开始瓦解分离而产生的化学反应。

美拉德反应，又称羰氨反应，指含有氨基的化合物（氨基酸和蛋白质）与含有羰基的化合物（还原糖类）之间产生褐变的化学反应。

两种非酶褐变对甜品制作有非常大的影响，甜品外表的色泽与其有关，同时在反应过程中也会产生香味，对口味也有非常大的影响。

3.4 甜品装饰

3.4.1 盘式甜点的组合与配置

1. 盘式甜点的概念

在甜品装饰领域中，器具选择多用于盘式甜点。西点师通过不同的组合方式和制作方法将食材做出各种形状、结构和味道，最后在盘子中综合呈现出一个整体的样式，即盘式甜点。

盘式甜点并不是单一的美食甜点艺术，而是和各个领域相结合的一种实用艺术。

盘式甜点的技术创新需要对相关领域都很熟悉，最大限度地挖掘材料的潜力，开发应用的相关技术和工艺，并展现出来。创新来自食物的变化，变化来自历史发展、各地的饮食习惯、民族文化融合等多方面。各个方面的任何改变，都会引起盘式艺术对应的结构和形式改变，从而引发新的创意。

2. 盘式甜点的特点

（1）量"小"　目前，盘式甜点多出现在餐厅甜点和下午茶中，也多用于艺术甜点的展示。一般情况下，它对应单人食用，量非常小，节省材料、避免单人无法吃完而造成浪费，同时因为小，所以盘式甜点相对于同环境下的大蛋糕而言，对应的成本和消费较低，在视觉上，它也可以起到微妙的消费心理的助推和抚慰作用。

（2）味"多"　盘式甜点虽然量小，但包含的内容非常多。它需要多种食材提供不同的质感和色彩，来表现画面需要的主题。盘式甜点可以有多个主体加多层装饰，或者单个主体加多层装饰，盘子中的甜点元素越多，所包含的甜点口味也就越多。

（3）艺术和谐　甜点制作有几个非常重要的关键词，即味道、装饰、动机、方式与实践，这几个词语是并列关系，相互协助又相互制约，最终完成这几个动作，就是一个完整的甜点产品。而盘式甜点与其他甜点相比，在装饰上需要更为艺术的设计理念和方式。当产品摆放在食用者眼前时，第一感觉便是由视觉产生的，由此引发的联想是盘式甜点带给人们的艺术感，同时，它又是一个食品，它必须有食用性和实用性，所以它需要呈现出和谐的综合体验。

3. 盘式甜点的装饰原则

（1）**可食用性原则**　制作盘式甜点是食品文化的一种重要表现形式，是一个创造美的过程。在装饰过程中，对甜品色、形的审美感受只是以视觉感受为基础的第一感觉，而香气、味道和质感才是甜品中更重要的感觉，所以，甜品装饰离不开可食用性原则。盘式甜点中的材料必须都是可食用的，用材不能脱离安全、营养、可口的食用要求。

（2）**实用性原则**　装饰物是为甜品本身服务的，装饰是甜品的附属物，而不是主体，所以不能喧宾夺主，要避免为了装饰而装饰的唯美主义倾向。

（3）**简约性原则**　装饰的内容和表现形式以简便的方式传达为宜，要少而精。

（4）**鲜明性原则**　鲜明性指要以形象、具体的感性形式来衬托和呈现甜品的美感。在装饰甜品时，要善于利用盘饰材料及器皿特点来表现食物的美，设计出独特的、生动的、具体的结构和图案。

（5）**协调性原则**　盘式甜点与装饰材料、装饰器皿要搭配和谐，一方面装饰材料包括器皿本身都应该具有协调性，另一方面装饰材料和器皿要与甜品主体协调，使整体成为一个完整的成品。

4. 盘式甜点装饰的方法与技巧

（1）**工具、模具的塑形**　为了使产品达到某种特殊的效果，很多时候需要借助具有固定形状的模具来制作甜品，塑造成一定的形状，如布丁模具、舒芙蕾模具等。

（2）**食材多角度的塑造**　选择何种食材并做成何种模样，是依据产品自身的特性来定的。如说要制作带有热闹气氛的蛋糕，先考虑颜色，再联想何种食物有这种颜色，这种食材要做出什么样式，并需要搭配什么。在制作流程中，食材一直都处在最重要的位置。食材本身的特性对于甜品制作有着非常重要的功能导向作用。

1）食材的色彩联想。

颜色	象征意义	食材联想	色调
红	温暖、热情、兴奋、爱、幸福、活力……	覆盆子、草莓、红樱桃	暖
粉	爱情、柔和、甘甜、可爱、浪漫……	桃子、樱桃、调色食物	暖

颜色	象征意义	食材联想	色调
橙	温暖、喜悦、丰收、开朗、鲜明……	橙子、橘子、芒果、胡萝卜	暖
黄	明亮、豪华、健康、希望、幽默……	香蕉、柠檬、柚子、木瓜	暖
棕	稳重、朴素、安定、古典、坚实……	巧克力、咖啡、带皮坚果	暖
绿	青春、轻盈、和平、自然、新鲜……	抹茶、薄荷叶、猕猴桃、茎叶	冷
蓝	冷静、清爽、海洋、广阔、永恒……	调色食物	冷
紫	浪漫、神秘、悲伤、高贵、孤独……	蓝莓	冷
白	明亮、高尚、纯洁、正义、简约……	梨子、白巧克力、淡奶油	中性
黑	严肃、坚毅、厚重、正式、压抑……	黑巧克力、可可粉	中性

2）食材的天然形状。食材的天然形状可以给产品带来创作灵感，改变其形状，可以创作出更多的创意性作品。多数盘式甜点需要依托模具来制作，精确地表达出主题。

常用天然食材包括水果、蔬菜、茎叶、花朵、坚果等。这类产品可用于盘式甜点的装饰，依据自身的大小、形状、颜色来选择。

①常用花瓣：玫瑰花瓣、菊花、康乃馨、三色堇、樱花等。

②常用水果：草莓、蓝莓、柠檬、樱桃、猕猴桃、覆盆子、苹果、橙子、芒果、百香果、牛油果、黄桃、石榴等。

③常用茎叶：薄荷叶、罗勒叶、酸模叶、甜菜苗、香椿苗、豌豆苗等。

④常用坚果：核桃（带皮）、黄豆粉、开心果、扁桃仁、碧根果、榛子、杏仁等。

（3）成品或半成品

1）奶油。奶油易打发，具有良好的稳定性和可塑性，可以调成各种与食材搭配的颜色。奶香浓郁、洁白轻盈、质地细腻、口感绵密、入口即化。

2）酱汁、沙司。流动性很强，也有一定的可塑性。颜色各异，并且亮度比较高。常见的果酱有草莓果酱、蓝莓果酱、菠萝果酱、苹果果酱、橙子果酱等。

3）蛋白霜产品。蛋清与糖或其他材料经过混合打发，形成打发物，再用裱花嘴挤出多种样式，进行低温烘烤，成型后可用于制作各种装饰。

4）巧克力装饰件。巧克力的口感丝滑，入口即化，香浓醇厚，深受大众欢迎。巧克力可塑性极佳，与水果、奶油相比储存时间更长更稳定，可以做淋面和各种不同形状的装饰配件，比如树叶、花瓣、丝带、扇子、镂空、各种动物卡通造型等。

5）各类甜品。依托模具，经过冷藏、冷冻之后，可以做出任意形状，如布丁、舒芙蕾等。

（4）**盘式甜点的器皿**　一般根据甜点的颜色和形状选择盛装的器皿，常用的器皿有陶瓷器皿、玻璃器皿等，样式有多层、单层，也有根据特定需求订制的器皿。

3.4.2　图案与色彩的相关知识

在同一个盘子内，可以摆放多种食材，每种食材可以采用多种摆放形式。每种呈现都是盘式甜点传达的一个元素，呈现出食材的色彩和造型。

1. 认识色彩

人类依靠五官从外部获取信息，其中视觉获取的信息十分突出，而色彩对视觉的影响是非常强大的。色彩有三个属性：色相、明度和纯度。

（1）**色相**　色相是指物理学或心理学上区别红、蓝、黄等色感的要素之一，我们平时所说的颜色更多指色相。色相大体上可以分为暖色系、冷色系和中间色系。中间色系包括紫色系和绿色系，它们大都不能单独营造冷暖的现象。暖色系以黄色系、橙色系和红色系为主，能体现活跃、兴奋的气氛；冷色系以绿色系、蓝色系、紫色系为主，体现稳重、淡雅和安逸的静态形象。

（2）**明度**　明度指色彩的明亮程度，其中明度最高的是白色、明度最低的是黑色。

（3）**纯度**　纯度是色彩的鲜艳程度，同一色相中纯度最高的色彩称为"纯色"，在其中加入其他色彩元素，则纯度降低，纯度最低的色彩是灰色。

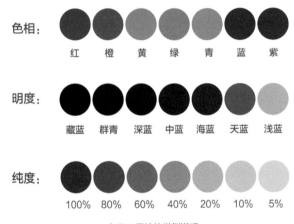

色彩三属性的举例说明

（4）**色调**　色调指色彩的浓淡、强弱程度，是通过色彩的明度和纯度综合表现色彩状态的概念。色调的灵活运用可以传达出作品的某种氛围和心情。

2. 色彩的使用

1）两种以上颜色搭配后，由于色相差别而形成的颜色对比效果称为色相对比。

2）两种以上颜色搭配后，由于明度不同而形成的颜色对比效果称为明度对比，是决定颜色方案清晰或朦胧、柔和或强烈的关键。

3）两种以上颜色搭配后，由于纯度不同而形成的颜色对比效果称为纯度对比，是决定颜色方案华丽或朴素、粗俗或含蓄的关键。

4）多种颜色搭配后，由于色相、明度、纯度等有差别，所产生的总体效果称为综合对比，属于多属性对比，这类对比复杂且丰富。

3．图案的基本形态

盘式甜点中的组合产品可以有很多，每一种都可以有自己的基本形态，这种基本形态可以由点、线、面等因素构成，最终呈现的完整作品可以一个基本形构成，也可以通过分离和组合，将基本形态组合成新的组织架构。

（1）点　点的形状和大小都不一样，具备以下几个特点。

1）单个点会吸引人的视线，产生强调的作用。

2）多个点会使视线来回跳跃，分散点对视觉的冲击力量。

3）点的视觉强度与面积不成正比，太大或太小都会弱化人对点的感受。

4）点在中心位置会给人安定的感觉，在边缘则会产生挣脱界面的感觉。

5）很多的点间距很近、连续排列会给人线的感受，即点产生线化或面化。

点在中心位置，有连接的作用

点在边缘无规则分布，有溢出画面的感觉

（2）线　线有多种线形，曲线、直线、斜线等；线是最具情绪化和表现力的视觉元素，力量和感情的变化都可以通过线表达出来。

1）线有很强的心理暗示功能，直线能表达出静，曲线能表达出动，线有挣脱画面的感觉，有很强烈的延伸的感觉。

2）线具有导向和界限的功能性。可以用来区分空间和区域，给出一个明确的边界。

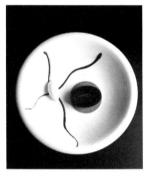

平面中的线，有延伸的效果

立体中的线，有拉大空间的效果

3）多线组合的视觉效果不但取决于每条线，也取决于线的组织方式。

线把盘子分割开，使两部分产生对比的效果

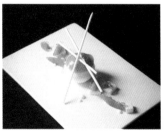

多线立体组合，增大视觉乐趣性

（3）面　视觉上任何点的扩大和聚集、线的宽度增加或围合都可以形成面，面和面之间的关系大致可以分为以下几种。

1）分离。一个面与另一个面之间存在一定的空间。组合产品完全分离，形成对应或补充的关系。

2）相接。一个面的边缘与另一个面的边缘相接，这样既保留了原形体的形象，又组合成新的形象。

3）重合。一个面覆盖在另一个面的上面，使它们产生前后关系，形成层次感。

高低对应，中间留白突出层次感　　圆环形巧克力在视觉上也会给人"面"的感觉，连接起两种甜品　　底面胚底与中心慕斯重合叠加，上部装饰巧克力片也与慕斯有重合部分，整体是平面与立体面的综合体现

4. 图案的构成

食材的色彩与制作手法结合来体现点、线、面的平面或立体的设计，是盘式甜点画面构成的基本制作流程和方法，每一种食材的颜色、形状及质地等都是画面的组成元素，由此产生的画面是食材色彩和形态的综合体现。盘式甜点虽然分量较小，但是内容非常多，怎么将如此多的内容整合在一个画面中，使之产生和谐之美，是盘式甜点的摆盘艺术。

（1）特异摆盘

构成：强调性的特异组成，特异性包括形状、位置、色彩、质地等，主体产品或辅助产品有别于画面中的其他产品，利用外形的各因素变化拉开图形之间的差距，形成强烈的视觉变化。

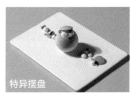

特异摆盘

案例解说：大小特异，主体产品形体上是最大化的，并且没有渐变，非常引人注目。

（2）同类摆盘

构成：类似产品的组合搭配，产品不完全一样，但有共同的因素，但每个产品又有不同的展示效果，组合起来使画面产生统一感，画面协调又富有变化。

同类摆盘

案例解说：黄色的柱形慕斯由同一种模具制作出来，外形一样，

但是摆放方式不一样，整体造型接近花枝，主题慕斯是花朵。花枝的造型是在差异中追求统一感，十分和谐。

（3）规律性摆盘

构成：形态产生连续的有规律性的变化组合，产生节奏和渐变，给人非常生动的流动感。

案例解说：该盘式甜点中体现渐变的除了五个中心产品外，底部的三角形背景处理也是对渐变的一个应和。从白色奶油（最左侧）至梨子球（中间 3 个），再到主题慕斯（最右侧），形状是由小及大的，在渐变的同时，为产品增添了律动性。

规律性摆盘

（4）对比摆盘

构成：和色彩对比类似，产品的大小、疏密、形状、空间等都可以当作对比因素。

案例解说：该盘式甜点中有两个比较突出的对比，一是主产品与两个小圆球之间的大小对比，二是线条两边小圆球的颜色对比。大小对比突出层次和空间感，色彩对比使画面冲击更加缓和，使主产品与白色的底盘的连接产生递进的效果。

对比摆盘

（5）重复摆盘

构成：用完全相同的视觉元素来组织成一个画面，给人整齐、秩序化的感觉，富有整体感。

案例解说：该盘式甜点中使用了同样造型和颜色的主题慕斯组成三个联排，用纯度和明度都降低的同色彩巧克力条做成背景，就像圆柱形慕斯的阴影，似树林中秋天落日下的红叶与树影，以小见大。

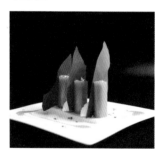
重复摆盘

（6）发射形摆盘

构成：发射也是一种重复，不过表现形式比较特殊，它是元素围绕一个点或多个点向内散开或向外散开的一种表现。在视觉上具有明显的开放感，空间感也很强。

案例解说：该作品的发射效果主要来自于盘子，中心处摆放堆叠的甜品，也有渐渐向外散去的迹象，产品组成与盘子边缘有空白部位，有留白的想象空间。

发射形摆盘

西式面点师（技师、高级技师）

杏仁布丁

原料配方

杏仁片	100 克		杏仁利口酒	适量
牛奶	800 克		手指饼干	8 片
白砂糖①	150 克		白砂糖②	50 克
香草荚	1 根		薄荷叶	适量
鸡蛋	3 个			

制作过程

1）用机器把杏仁片打碎成粉，倒在锅里，加入牛奶、白砂糖①、香草荚，加热煮出香味。

2）离火，稍稍降温，边搅拌、边加入鸡蛋液，混合搅拌均匀后加入杏仁利口酒，继续搅拌均匀。

3）用过滤网过滤掉杂质。

4）另取锅，将白砂糖②倒入锅里煮成焦糖，把焦糖倒在模具底部，铺上手指饼干。

5）把"步骤3"的浆料倒入模具中。

6）用水浴法烘烤，以170℃烘烤25分钟。

7）出炉后，完全冷却，再把布丁切成小块，用焦糖液和薄荷装饰。

舒芙蕾

原料配方

蛋黄	28 克	无盐黄油	15 克
绵白糖①	5 克	君度酒	15 克
低筋面粉	8 克	蛋清	55 克
牛奶	135 克	绵白糖②	35 克
香草粉	1.5 克	糖粉	适量

准备（材料另取）

1）烤杯内刷一层奶油，均匀地撒上细砂糖，再将多余的细砂糖倒出（有助于焙烤中的面糊均匀地往上膨胀，成品出炉后即呈现平整不歪斜的漂亮外观）。

2）无盐黄油放在室温下回温软化。

制作过程

1）先将牛奶和君度酒放在容器中，混合拌匀。

2）加入5克绵白糖①，搅拌至糖溶化。

3）加入蛋黄，搅拌均匀。

4）加入过筛的低筋面粉和香草粉，充分拌匀。

5）加热，边煮、边用打蛋器快速搅拌至浓稠状即熄火，趁热加入无盐黄油拌匀，备用。

6）将蛋清和绵白糖②混合打发，至提起打蛋器，蛋白霜后不会滴落，出现柔软的小弯钩。

7）取约1/3的打发蛋白加入"步骤5"中，轻轻搅拌，再和剩余的打发蛋白混合拌匀。

8）将"步骤7"装入裱花袋中，挤入烤杯至八分满左右。

9）烤箱预热后，烤盘加水淹至烤杯约0.5厘米高，以上火200℃、下火180℃烘烤10~12分钟，至表面上色后，下火不变，再烤10~15分钟。出炉后可根据需要在表面筛上适量的糖粉即可。

醇香乳酪慕斯

原料配方

奶油奶酪	70 克	绵白糖	10 克
酸奶	10 克	吉利丁	2 克
牛奶	15 克	打发淡奶油	100 克
蛋黄	15 克		

装饰

芒果薄片	适量
糖片	适量
冷冻黑莓	适量
红加仑	适量

制作过程

1）将牛奶放入盆中，隔水加热。

2）加入泡软的吉利丁片，使之完全溶解。

3）将蛋黄与绵白糖混合，搅拌均匀。

4）搅拌好的蛋黄加入牛奶中，混合搅拌加热至 80℃左右，停火。冷却至40℃左右。

5）奶油奶酪与酸奶一起混合拌匀。

6）将"步骤4"与奶酪混合物混合，搅拌均匀。

7）加入打发好的淡奶油混合搅拌均匀。

8）注入模具中，入冷冻柜中。

9）冻好的慕斯从冷柜中取出后，用火枪在模具边缘均匀加热。

10）模具边缘受热后，向上取出模具。

11）慕斯放入甜品盘中，表面贴上不规则的芒果薄片、糖片、冷冻黑莓和红加仑做装饰。

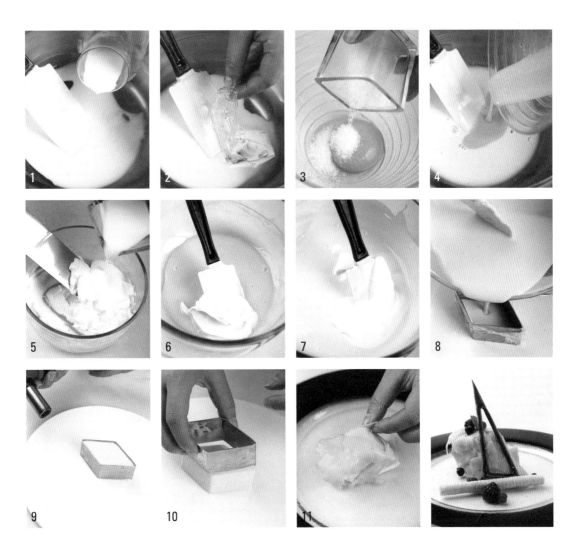

轻芝士蛋糕

原料配方

奶油奶酪	165 克	蛋黄	6 个	蛋清	5 个
淡奶油	165 克	低筋面粉	54 克	绵白糖	100 克
无盐黄油	60 克	玉米淀粉	35 克	塔塔粉	3 克
牛奶	20 克	柠檬汁	20 克		

制作过程

1）先将奶油奶酪和淡奶油混合，隔水加热搅拌软化。

2）加入无盐黄油，搅拌均匀。

3）分次加入牛奶和蛋黄，搅拌均匀。

4）将低筋面粉和玉米淀粉混合，过筛，加入"步骤3"中，混合拌匀。

5）最后加入柠檬汁，拌匀待用。

6）将蛋清、绵白糖和塔塔粉混合，打发至蛋白霜能形成弯钩状。

7）取1/3的打发蛋白霜至"步骤5"中，翻拌均匀，再和剩余的打发蛋白混合拌匀。

8）倒入模具中，震平。

9）入炉，以上下火170℃，隔水烘烤，约烤40分钟。（注：隔水加热的水温在60℃~80℃为宜，隔水烘烤的水位不能低于模具的1/3高度），取出。

10）待凉，放入冰箱中冻至不软不硬，脱模，切块。

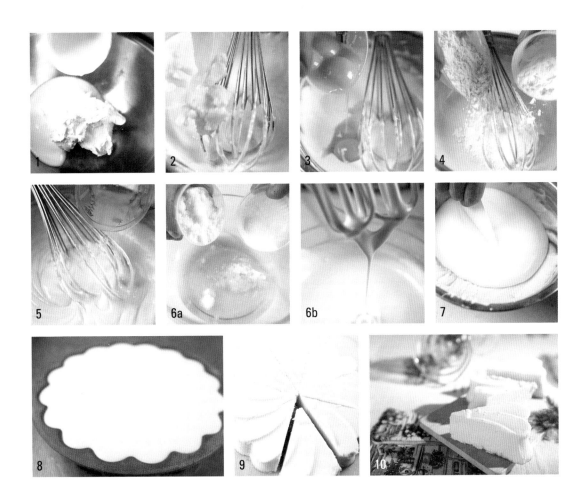

复习思考题

1. 不添加乳品的布丁一般称作什么？

2. 适合冷加工的甜品模具有哪些种类？

3. 适合热加工的甜品模具有哪些种类？

4. 隔水烘烤法的原理是什么？

5. 什么是盘式甜点？

6. 盘式甜点的装饰原则有哪些？

7. 色彩的三个属性是什么？

项目 4

厨房管理

厨房管理

- **人员管理与技术指导**
  - 西点厨房人员配备的相关知识
    - 西点厨房组织结构设置的原则
    - 岗位配备人数考量因素
  - 西点厨房人员岗位责任制度
    - 西点厨房生产组长的岗位职责
    - 西点厨房领班的岗位职责
    - 面包师、甜品师、蛋糕装饰师的岗位职责
  - 技术指导的方法与要求
    - 技术指导的作用与意义
    - 技术指导的方法
    - 技术指导的内容
    - 技术指导的要求

- **质量管理**
  - 质量管理的基础知识
    - 质量管理的相关概念
    - 法律与标准
    - 产品质量
  - 食品安全与管理的相关知识
    - 《中华人民共和国食品安全法》
    - 食品污染及预防
    - 食物中毒
    - 食品腐败变质及食品储存

- **成本管理**
  - 成本管理的相关知识
    - 成本与成本核算
    - 原料成本的构成与核算
    - 出材率的计算
    - 损耗率的计算
    - 净料成本的计算
  - 西点成本核算的方法
    - 产品成本的核算方法
    - 产品成本的核算步骤
    - 产品原料的成本计算

- **菜单设计**
  - 菜单设计的方法和要求
    - 菜单设计的要求
    - 菜单设计的方法
  - 膳食均衡的相关知识
    - 膳食均衡的意义
    - 营养素的功能
    - 合理膳食的基本原则
    - 根据膳食平衡的原则设计西点菜单的注意事项

- **技能训练**
  - 以蛋糕甜品为主的西点菜单设计
  - 以生日蛋糕为主的西点菜单设计
  - 以面包为主的西点菜单设计
  - 综合类西点菜单设计

4.1 人员管理与技术指导

4.1.1 西点厨房人员配备的相关知识

1. 西点厨房组织结构设置的原则

（1）**垂直指挥原则** 垂直指挥是指每位员工（包括管理人员）原则上只接受一位上级的指挥，各级、各层次的管理者也只能按照级别、层次向本人所管辖的下属发布任务。一位被管理者只能听从一位管理者的指挥，向其汇报工作。

垂直指挥不意味着管理者只能有一个下属，而是专指上下级之间，上传下达都要按层次进行，不得越级，垂直指挥能形成一个有序的指挥链。

（2）**责权对等原则** 在设置组织结构时，考虑划清责任的同时，需要赋予对等的权力。责任是为了一定目标而履行的义务和承担的责任；权力则是人们在承担某一责任时，所拥有的相应的指挥权和决策权。

责权对等要求组织结构层次分明，责权范围清晰，能够有效地进行工作管理。坚决避免"集体承担、共同负责"，而实际上无人负责的现象。

（3）**管理幅度适当原则** 管理幅度是指一个管理者能够直接有效地指挥控制下属的人数。通常情况下，一个管理者的管理幅度以 3~6 人为宜。影响管理幅度的有如下几个因素。

1）层次因素。上层管理由于考虑问题的深度和广度不同，管理幅度要小一些；而基层管理人员与执行员工沟通和处理问题比较方便，管理幅度一般可达 10 人左右。

2）作业形式因素。厨房人员集中作业比分散作业的管理幅度要大一些。

3）能力因素。如果下属自律能力比较强，技术稳定熟练，且综合素质比较高，那么幅度可以适度调大；反之，幅度就要小一些。

（4）**职能相称原则** 组织结构设计完成后，需要考虑人员能力上的配备问题。在配备厨房组织结构人员时，应遵循知人善任、选贤任能、用人所长、人尽其才的原则。同时，要注意人员的年龄、知识、专业技能、职称等结构的合理性。

（5）**精干与效率原则** 精干是指在满足生产、管理需求的前提下，把组织结构中的人员数量降到最低。组织结构人员的多少应该与厨房的生产功能、经营效益、管理模式相结合，并与管理幅度相适应。精干的目的在于强调完善分开协作，讲求效率。一般在厨房组织结构设置中，应追求较短的指挥链，减少管理层次。

2. 岗位配备人数考量因素

合理配备厨房人员数量和人员安排，是提高劳动生产效率、降低人工成本的途径之一，也是满足厨房日常生产需求的前提之一。

厨房每个岗位需要的人数，通常是根据生产情况来确定的，需要综合考虑企业或店面的规模、经营档次、用餐位置、餐位数量、设备等因素，最终确定最佳岗位人数，既没有人力的浪费，也能满足生产需求。

（1）**厨房生产量**　企业或店面经营规模大的话，对应的厨房生产量也比较大，这样岗位人数变多，岗位分得更细致。通常情况下也会有不同岗位班次的安排，如两班制或多班制。

（2）**经营档次**　店面的经营档次越高，其消费水平相对也就越高，产品的质量标准和生产制作要求就越高，对应的技术分工就越细，所需人数也就相对多一点。

（3）**店面营业时间长短**　店面营业时间的长短对生产人员配备有较大影响。如果店面是24 小时营业，且兼有外卖服务的话，对应的产品数量很多，厨房配备人数也就越多，或者安排一定的班次来轮岗。

（4）**店面经营产品的品类**　店面经营的产品与厨房生产水平和风格特色有直接关系，如果店面经营品类多且复杂，那么厨房配备人数及岗位就越多；反之，如果产品单一，那么人员配备就越少。

（5）**店面经营产品的难易程度**　一般情况下店面经营产品中的技术类别比较多或产品完成需要的步骤比较多，再或者技术难度比较大、用时比较长，那么人员配备也就越多，技术岗位的层次也就越多。

（6）**厨房布局与设施设备的完善程度**　西式面点中的部分技术可以由机器替代完成，如压面机、切片机、成型机等，这类设施设备可以减少或减轻员工的工作量，进一步节省人力成本；同样，厨房科学的布局也有利于节省员工走动的时间，有利于工作效率的提高。

4.1.2　西点厨房人员岗位责任制度

西点厨房主要负责各式面包、饼团、甜品、蛋糕装饰等的制作。

1. 西点厨房生产组长的岗位职责

1）制订西点厨房内的生产计划，下达出产任务、数量、规格等，管理西点类产品的相关生产全过程。

2）对生产过程进行监督管理，负责整体的产品出品质量。

3）严格执行国家颁布的相关卫生法，确定食品卫生安全与清洁，确定顾客的饮食安全。

4）确定工作场所环境的生产安全，保证员工的健康问题。

5）与人事等相关部门定期组织员工考核与员工技术测评。

6）与研发等相关部门定期对店内产品进行更新与技术指导。

7）能够合理有效地调配西点厨房的人力、物力、财力等，懂得调动下级的工作积极性，善于同有关部门进行沟通与协作。

8）熟悉国家相关食品卫生法、消防安全管理条例。

9）了解企业有关的规章制度。

10）能够协助上级领导处理各种重大的突发事故。

2. 西点厨房领班的岗位职责

1）在生产组长的领导下，全面负责西点厨房的工作。

2）对西点厨房内的人员进行管理。

3）负责饼房的执行运作，确保完成厨师长下达的出产任务、数量、规格等，并对出产产品进行检查、核验。

4）对下属员工的工作进行督导，及时解决员工工作时的突发问题，帮助下属员工提高工作能力。

5）妥善处理相关顾客的投诉；妥善处理相关顾客的特殊要求。

3. 面包师、甜品师、蛋糕装饰师的岗位职责

1）按照所定食谱精心加工、制作相关产品。

2）注意个人卫生，保持清洁工作。

3）了解并掌握设备及工具的使用、清洁、保养等工作。

4）了解并掌握工作环境内的消防设施及其他安全设备的使用。

5）熟练掌握相关业务及技术，并不断提升自己的业务水平。

6）能够教授及培训新员工。

4.1.3 技术指导的方法与要求

1. 技术指导的作用与意义

技术指导对提升企业效益有重要的作用，可以提高人员的技术水平，降低成本费用，解决生产方面的技术问题。相关管理人员需要了解该领域的管理知识，并配合企业或公司相关方面的监督实施，助力企业有计划地实现生产目标。

2. 技术指导的方法

（1）熟悉并掌握部门技术岗位职责　技术指导首先需要对本部门的操作人员及技术人员制订岗位职责、进行技术分析、安排技术培训等有关工作，这是一项重要的管理工作，能有效提高技术人员的技术水平。

（2）**建立专业技术人员资料信息文本**　专业技术人员资料信息文本包括技术人员的职业技术等级情况、技术特长、获奖情况等，是掌握和加强对技术人员管理的基础资料。

（3）**合理安排技术指导方向**　技术指导还需对操作人员及技术人员所掌握的技术进行分析归类，这样更有利于工作的合理安排，能更有效地提高劳动生产率。根据分析与归类，确定每一道工序的岗位特点及要求，选择切合实际又高效的指导方法，让每一位操作人员和技术人员都能精准把握各自的职责，不断提高部门的整体素质和技术水平。

建立技术资料的管理档案，包括产品规格、产品的工艺流程与操作规程、产品标准、技术档案（技术指定记录、修改记录、产品获奖情况等）、市场调查分析、新产品开发研究资料等，以资料相关内容为基础，进行分类、归档保管，作为技术指导方向确定的基础，可以更快速且完整地分析本部门的技术情况，为部门研发、培训等提供文本支持。

（4）**合理安排指导方法与内容**　通过内部交流或集中培训，可以让技术人员更好地为企业、为人民服务，提高生产人员的整体技术水平，使操作人员和技术人员在原有技术的水平上快速提升。指导实施需要上一级部门合理安排指导的方法和内容，在尽量少生产的情况下，积极发挥组织性和创造性，同时，在这个过程中也需加强职业道德教育、清洁卫生教育等方面的指导。

（5）**考核制度**　对技术人员的考核需要以劳动态度、实践工作中体现的技术水平和职业道德为基础，考核有利于技术人员更好地提升技术水平，不仅利于个人发展，同时也利于企业的经济效益与发展。

3．技术指导的内容

（1）**职业道德**　职业道德指从事一定职业的人们在职业活动中应该遵循的，依靠社会舆论、传统习惯和内心信念来维持的行为规范的总和。

职业道德是社会道德体系的重要组成部分，它既有社会道德的一般作用，又有自身特殊的作用。它既涉及每个从业人员的工作风格，是每个从业人员生活态度、价值观念的外在表现形式，又是职业团体甚至一个行业整体人员素养的集中表现。

职业道德的基本职能是调节职能，调节从业人员与服务对象之间、从业人员之间、从业人员与职业之间的关系。

（2）**专业理论**　西式面点师专业理论知识内容非常丰富，通过技术指导能让员工进一步理解和掌握专业理论知识，补充对技术的理解，提高技能操作水平。

（3）**专业操作技能**　西式面点师专业相关的操作技能。

4．技术指导的要求

（1）**激发学员的积极思维**　在指导过程中，指导老师要开发学员的学习动机，培养学员的学习兴趣，培养学员的主观能动性，不断激发和提高学员分析问题和解决问题的能力。

（2）**因地适宜的选择指导方法** 在指导过程中，要强调学员积极主动参与教学活动，建立一种平等合作的伙伴关系，针对不同的场景和指导内容，选择适宜的指导方法，最终目的是充分调动每一位学员的主动性、积极性和创造性。

（3）**注重指导老师和学员之间的交流** 在指导过程中，要避免"填鸭式"的注入式教学，要适当鼓励学员积极思考、提出问题，培养学员的创新精神。

（4）**善于总结** 总结不只关于学员，指导老师也需要进行总结。学员要根据技术指导的全过程进行回顾反思，整理思路，总结心得体会和收获，以及对指导中的新工艺和新方法的思考。

指导老师要根据指导全过程进行全面总结，包括教学方法和教学内容及学员管理等，总结成功和不足的地方，以用作下次教学的参考。

4.2 质量管理

4.2.1 质量管理的基础知识

1. 质量管理的相关概念

（1）**质量** 质量是指产品或服务提供者提供给消费者的产品或服务，在一定程度上和一定时间内满足消费者需求的程度。

（2）**质量管理** 质量管理是指确定质量方针、目标和职责，并通过质量体系中的质量策划、质量控制、质量保证和质量改进来实现所有管理职能的全部活动。

（3）**质量保证** 质量保证是质量管理的一部分，是指为使人们确信产品或服务能满足质量要求而在质量管理体系中实施并根据需要进行证实的全部有计划和有系统的活动。质量保证一般适用于有合同的场合，其主要目的是使消费者确信产品或服务能满足规定的质量要求。

（4）**质量管理体系** 质量管理体系是指在质量方面指挥和控制企业的管理体系。质量管理体系是企业内部建立的、为实现质量目标所必需的、系统的质量管理模式，是企业的一项战略决策。它将资源与过程结合，以过程管理方法进行系统管理，根据企业特点选用若干体系要素加以组合。与管理活动、资源提供、产品实现及测量、分析和改进活动相关的过程组成了质量管理体系，可以理解为涵盖了从确定需求、设计、生产、检验、销售到交付全过程的策划、实施、监控、纠正与改进活动的要求，一般以文件的形式呈现，成为企业内部质量管理工作的系统性要求。

2. 法律与标准

（1）《中华人民共和国产品质量法》 《中华人民共和国产品质量法》是为了加强对产品质量的监督管理、提高产品质量水平、明确产品质量责任、保护消费者的合法权益、维护社会经济秩序而制定的。

（2）ISO 质量管理体系 ISO 是国际标准化组织（International Organization for Standardization）的英文缩写。该组织负责制定和发布非电工类的国际标准。该组织发布的标准均冠以"ISO"字头。

ISO 质量管理体系是用于证实企业具有提供满足质量要求的合法产品的能力，目的在于提高消费者满意度。随着商品生产规模的不断扩大和日益国际化，为提高产品的信誉，减少重复检验，削弱和消除贸易技术壁垒，维护生产者、经营者、消费者的各方权益，ISO 质量管理体系成为各国对产品和企业进行质量评价和监督的依据。

凡是通过 ISO 质量管理体系认证的企业，其在各项管理系统整合上已达到了国际标准，能够持续稳定地向消费者提供符合要求的合格产品。站在消费者的角度，通过 ISO 质量管理体系认证的企业能够以消费者为中心，满足消费者所需，让消费者满意。

3. 产品质量

质量管理通过质量计划、服务规范和服务质量控制等手段对企业的设施质量、产品质量、劳动质量等进行监督、检查、控制。部门负责者必须掌握品种的质量要求，能分析品种质量缺陷的原因并及时纠正，对本部门的产品质量能进行检查与控制，保证成品质量稳定。

产品质量主要指加工后的食品符合产品标准和规范规定的程度。

产品质量的优劣程度直接决定了企业的经济效益，是企业的生命，其应贯穿整个产品的生产、销售、卫生、服务等各个方面的管理工作中。而且企业在进行产品质量管理时，需依靠全体员工，充分调动员工的参与性和积极性，依托现代化科学技术，致力于提高产品质量，主动适应市场和满足顾客的需要。

（1）产品质量控制 产品质量一般可以通过以下几个环节进行控制和管理。

1）生产流程中的质量管理。

① 原料的控制。对原料的控制包括对原料进货、验收、储存等环节的控制与管理。

② 工序流程的控制。每一个品种（大类）都要控制每一道环节的操作规范、质量标准。

③ 可设立质量监督检察员，负责监督检查流程中的产品质量。

2）在关键环节的重要位置设置质量控制点。

3）利用现代化的科学管理对质量加以严格控制。

① 建立标准化的产品规格档案。

② 规定每一品种（大类）量化的操作规范。

③利用现代化信息管理，建立产品质量信息反馈制度。

（2）**产品质量分析**　产品质量分析就是对产品的质量水平从各个方面进行评价与判断，找出影响产品质量的主要因素，继而提出改进建议和措施，并指导有效实施的工作过程。一般企业可以从以下几个方面进行产品质量分析。

1）产品质量水平分析。产品质量水平分析通常从三个方面进行，即质量标准分析、本企业质量达标程度分析及质量水平行业比较分析。

2）产品质量稳定性分析。产品质量分布是否在合理的范围呈现正态分布，是判别产品质量稳定性的依据。判别是否符合正态分布的方法中，直方图法是比较简便的方法之一。

3）顾客满意度分析。顾客满意度是一种心理活动，它用来测量一家企业在满足或超过顾客购买产品的期望方面所达到的程度。顾客满意度的构成要素是直接要素（商品、服务）、间接要素（企业形象）。顾客满意度低会给企业带来不良后果，甚至威胁到企业的生存。

4.2.2　食品安全与管理的相关知识

1. 《中华人民共和国食品安全法》

（1）**实施日期**　《中华人民共和国食品安全法》（以下简称《食品安全法》）由第十一届全国人民代表大会常务委员会第七次会议于 2009 年 2 月 28 日通过，自 2009 年 6 月 1 日起施行。

（2）**实施的重要意义**　《食品安全法》将我国长期以来实行的、行之有效的食品卫生工作方针、政策，用法律的形式确定下来，使之成为全社会的食品卫生安全保障的行为准则，从而使我国的食品卫生工作置于国家和广大人民群众监督之下，标志着我国食品卫生工作进入法制管理轨道。

《食品安全法》的颁布，是全国人民生活中的一件大事，也是建设社会主义物质文明和精神文明的一件大事，具有重要的现实意义和深远的历史意义。

《食品安全法》规定食品生产经营者应当依照法律、法规和食品安全标准从事生产经营活动。

（3）**基本内容**　《食品安全法》共十章，2021 年修正。其基本内容为：

1）对我国政府应当履行《食品安全法》规定的职责进行了规定。

2）对食品安全风险监测工作的机构、工作人员的职责进行了规定。

3）规定了食品安全国家标准审评委员会由国务院卫生行政部门负责组织。

4）规定设定食品生产企业，应当预先核准企业名称，依照《食品安全法》的规定取得食品生产许可后，方可办理工商登记。

5）规定了食品检验、食品进出口检验的办法。

6）规定了食品安全事故处置、监督管理的办法及法律责任。

2. 食品污染及预防

（1）**食品污染的含义** 食品污染是指食品从食品原料种植、捕捞到加工、储存、运输、销售及食用整个过程的各个环节，混入有害物质或病菌超过规定的标准。

造成食品污染的物质称为污染物。

（2）**食品污染的种类** 食品污染源十分广泛，主要包括生物性污染、化学性污染和放射性污染。

1）生物性污染。生物性污染主要包括细菌污染、霉菌及其霉素污染、寄生虫及虫卵污染、昆虫及有害动物污染。

制品中常见的有害微生物主要有细菌和霉菌。反映食品卫生质量的微生物指标主要是菌落总数、大肠菌群和致病菌。菌落总数是食品的一般卫生指标，大肠菌群是食品污染指标。主要的致病菌有沙门氏菌、葡萄球菌、副溶血性弧菌等。

2）化学性污染。化学性污染主要包括化学农药污染、工业"三废"污染、不符合要求的食品添加剂污染、不符合要求的食品容器及包装污染。

3）放射性污染。食物中的放射性物质一方面来源于宇宙射线，另一方面来源于地球上的放射性。土壤、空气、岩石、水域中均含有放射性核素。另外，食物中的放射性物质还可能来源于人为的放射性核素，这种现象称为食品的放射性污染。放射性污染还可能来自核爆炸、核设施及意外事故。

（3）**食品污染的危害** 随着研究食品污染因素的性质和作用及检测其在食品中的含量水平的需要，为控制食品卫生质量、保证食品卫生安全，通常用"食品毒理学"来评价食品污染危害。通过"食品毒理学"评价，食品污染会造成以下后果。

1）食品腐败变质。引起食品腐败变质的主要原因除了食品本身的原因外，生物学污染及环境因素是根本原因。

2）造成食物中毒。食品受到污染后，在一定条件下，对人体可能产生毒性，这些毒性引起生物体功能或生理上的改变，使人出现疾病状态，由此产生急性疾病称为食物中毒。

3）人体致畸、致癌、致突变。自然界中的某些物质，包括食物中添加的化学物质，可通过母体作用使胚胎畸形。某些化学、物理、生物学因素能引发人类的恶行肿瘤，常见的食物中的致癌物有黄曲霉毒素等。从食品卫生学角度来看，人体的基因突变是食物毒性作用的一种表现。

3. 食物中毒

（1）**食物中毒的含义** 食用各种被有毒有害物质污染的食品后发生的急性疾病，称为食物中毒。

（2）**食物中毒的种类** 食物中毒一般分为细菌性食物中毒和非细菌性食物中毒。

1）细菌性食物中毒。食物中的细菌在适宜条件下大量生长繁殖，形成一定量的毒素，由此引起的食物中毒即为细菌性食物中毒。

常见的引发食物中毒的细菌主要有沙门氏菌、蜡样芽孢杆菌、副溶血性弧菌、病原性大肠杆菌中毒等食物中毒。

细菌性食物中毒具有潜伏期短、短时间内可能有大量病人同时发病、有相同的致病源、人与人之间不直接传染等特征。

2）非细菌性食物中毒。非细菌性食物中毒指除细菌性食物中毒因素以外的其他因素引起的食物中毒。可能引起非细菌性食物中毒的物质种类很多，主要包括化学农药、工业"三废"中的有害物质、甲醇、组胺、油脂酸败物、亚硝酸盐、有毒动（植）物、毒菌及其毒素等。

常见的非细菌性食物中毒及引起中毒的因素如下：

① 农药中毒：有机磷。

② 组胺中毒：储存不当的金枪鱼、沙丁鱼等青皮红肉鱼。

③ 有毒动物中毒：河豚鱼的血液、内脏、卵巢等组织内含有大量毒素，毒性很强，肌肉处多数无毒。

④ 亚硝酸盐中毒：腐烂的蔬菜、过度腌制的咸肉等。

⑤ 有毒植物中毒：四季豆中的皂素、土豆中的龙葵素等。

4. 食品腐败变质及食品储存

（1）食品腐败变质的概念　食品腐败变质指食品在一定环境因素影响下，由于微生物的作用而引起食品成分和感官性状发生改变，并失去食用价值的一种变化。

（2）食品腐败变质的原因

1）微生物的作用。微生物的污染是导致食品发生腐败变质的根源。如果某一食品被微生物污染，一旦条件适宜，就会引起该食品腐败变质。能引起食品发生腐败变质的微生物种类很多，主要有细菌、酵母和霉菌。

2）食品的环境条件。从某种意义上讲，环境因素也是引起食品变质非常重要的因素之一，比如温度、湿度等。

3）食品的化学物质作用。食品腐败变质的过程，实质上是食物中的蛋白质、脂肪、碳水化合物等的分解变化的过程。

（3）食品储存方法　食品储存是为了防止食物腐败变质，延长其食用期限，使食品能长期保存所采取的加工处理措施。常用的方法有低温储存、高温储存、脱水储存、真空储存、腌制储存、化学储存等。

1）低温储存。冷藏是储存食品的一种方法，但这种方法不会杀死微生物，仅仅能抑制它们的繁殖。冷藏温度越低，食品保存时间越长。冷藏室温度一般应控制在 1~7℃，在短时间内可以阻止食品糜烂。

食品在使用前可以以深度冷冻的方法储存。多数冷冻食品在 -17℃条件下可以储存 1 年，在 -28℃条件下可以储存 2 年。

2）高温储存。食品经高温（高于 100℃）处理能大量杀灭微生物，并破坏食品中的酶，达到食品储存的目的。

3）脱水储存。脱水储存是通过除去食品中的水分，达到阻止霉菌、发酵菌和细菌生长的目的。比如利用太阳光晒干水果，达到储存的目的。

现代更多使用各种设备来控制包装食品的温度、湿度，达到干燥食品的目的。

4）真空储存。利用真空环境来储存食品，延长食品保存期限。

5）化学储存。在食品生产和储运过程中，适当采用化学制品来提高食品的耐藏性，尽可能保持食品的原有品质，即防止食品发生变质、延长食品的保质期。用于储存食品、防止食品变质的物质统称为食品保藏剂，其中较为常见的有防腐剂、杀菌剂、抗氧化剂等。

4.3　成本管理

4.3.1　成本管理的相关知识

1. 成本与成本核算

（1）**成本的含义**　成本是商品经济的价值范畴，是商品价值的组成部分。企业为进行生产经营活动，必须耗费一定的资源（人力、物力和财力），其所耗费资源的货币表现称为成本。成本包含原料、燃料、固定资产折旧、工资等费用。

食品餐饮成本的构成包括产品的原料费用及其他经营费用，其中员工工资、能源费用等消耗很难按各种菜点的实际消耗进行精确计算，所以，在餐饮行业核定菜点的销售价格时，只将原料成本作为成本要素，而将加工制作中的经营费用、利润、税金合并在一起，统称为"毛利"。

食品的销售价格 = 原料成本 + 毛利；毛利 = 经营费用 + 利润 + 税金。

（2）**成本核算的意义**　加强成本管理是降低生产经营费用、扩大生产经营规模的重要条件，有利于促进西点企业改善生产经营管理现状，提高利润及效益。成本核算可精确计算各个单位产品的成本，为合理确定产品的销售价格做参考。

成本核算可以揭示单位成本提高或降低的原因，指出降低成本的有效途径，实行全面的成本管理可以降低成本水平。

2. 原料成本的构成与核算

（1）**原料成本的构成**　食品餐饮行业的原料成本包含主料成本、配料成本及调料成本。

西点类产品往往由一系列或一组制品组成，其产品原料总成本可以看作各个制品原料成本的总和。

两种原料成本计算方式在实际工作中都有应用，单个产品的计算量比较大，总原料成本统一计算方式较为普遍。

（2）**原料成本的核算方法**　定期对原料的进出成本进行核算，计算单位时间内领用原料的成本。一般采用永续盘存法和实地盘存法。

1）永续盘存法。永续盘存法是指按生产实际领用的原料数额计算并结转已销产品总成本的一种方法，常用的方法有先进先出法、加权平均法等。

2）实地盘存法。此方法是按照实际盘存原料的数额，倒求单位时间内已销产品所消耗原料成本的一种方法。采用此方法后，在平时领用原料时可以不办理领料等核算手续，也不用进行领料的账务处理，在单位时间的末尾通过盘点库存原料和已领未用原料计算出原料的实际结存额，即"以存计耗"倒求成本。如果企业以一个月为一个单位时间，计算如下：

本月已销产品的总成本 = 月初原料的结算金额 + 本月原料的购进金额 − 月末原料的盘存金额。

3. 出材率的计算

（1）**出材率的含义**　出材率是表示原材料利用程度的指标，是指原材料在加工后可用部分的重量与加工前的全部原材料总重量的比率，其可以直观地看出原料加工前后的重量变化。西点制作中，常用的词语还有净料率、熟品率、生料率、涨发率、拆卸率等，这类词语同样指原料加工前后重量变化的比率，可统称为出材率。其计算公式如下：

$$出材率（\%）= 加工后可用原料的重量 / 加工前原料的重量 \times 100\%$$

（2）**影响出材率的因素**

1）对于同一品种、同一规格、同一重量的原料，如加工者的技术水平不同，出材率也会不同。

2）对于同一品种、同一规格、同一重量的原料，如加工环境差别比较大，即便加工者技术水平相当，出材率也可能受到影响。

3）对于不同规格和质量的原料，即使加工者技术水平相当，且加工环境相同，出材率也会受到一定的影响。

（3）出材率的应用

1）预测原料加工后的重量　在某个工序环节中，如已知该工序中的出材率，那么就可以计算出下一次原料加工后的重量，即原料加工后重量＝加工前全部原料重量＊出材率。

示例

　　某种原料重量为 1 千克，已知加工出材率为 80%，请计算出经过一般加工后的原料重量。

　　解：加工后的原料重量 =1×80%=0.8（千克）

　　答：此原料经加工应得到 0.8 千克的原料重量。

2）计算原材料加工前的重量　在某个工序环节中，已知该工序中的出材率和净料重量，那么可以推算出这个工序使用的原材料总重量，即加工前原材料的总重量＝加工后原材料重量／出材率（净料率）。

示例

　　已知某个点心的重量是 80 克，该点心制作的净料率是 80%，那么如果需要制作 10 个点心，需要准备多少原材料（主料）？

　　解：原材料重量 =80／80%×10=1000（克）

　　答：制作 10 份该点心需使用 1000 克的原料重量（主料）。

4. 损耗率的计算

（1）损耗率的含义　损耗率与出材率是相对应的关系，指在加工处理中损耗的原料重量与加工前原料总重量的比率。其计算公式如下：

$$损耗率（%）＝加工后原料损耗重量／加工前原料的重量 ×100%$$

（2）损耗率与出材率的关系　损耗率与出材率之和为百分之百，可用如下公式表示：

$$出材率＋损耗率 =100%$$

5. 净料成本的计算

（1）净料的含义　净料指直接配制产品的原料，包含经加工配置为成品的原料和购进的半成品原料。

（2）净料成本的计算方式　净料的使用方式不同，其成本计算方式也有不同。

1）直接使用类型。不需要加工，可以直接用于成品制作的原材料，即没有损耗成本，所以其进价成本就是净料成本。

2）需要加工后再使用。原材料经过加工后，重量会发生一定的变化，其进价成本不变，在重量变化的情况下，其单位成本就会发生一定的变化。在该种情况下的净料计算公式如下：

$$净料单位成本 = 加工前原料进货总价／加工后原料重量$$

（3）净料成本计算的应用

> **示例**
>
> 蛋糕店中购买草莓 1000 克，进货总价 10 元，经过加工后得到使用原料 800 克，求净料单位成本。
>
> **解：** 净料单位成本，即加工后原料的单位成本 =
>
> 　　加工前原料进货总价 / 加工后原料重量 =10/0.8=12.5（元 / 千克）
>
> **答：** 净料单位成本为每千克 12.5 元。

4.3.2　西点成本核算的方法

1．产品成本的核算方法

产品成本核算指把一定时期内企业生产过程中所发生的费用，按其性质和发生地点分类归集、汇总、核算，计算出这一时期内生产费用总额，并按适当方法分别计算出各种产品的实际成本、单位成本等。

无论何种企业或何种类型的产品，最终都必须按照产品品种算出产品成本，按产品品种计算成本是产品成本计算最基本的要求，即品种法是最基本的成本核算方法。品种归类可以按实际情况灵活进行。

2．产品成本的核算步骤

1）确定成本核算对象。按产品的品种或批次确定成本核算对象。

2）确定成本核算项目。确定直接材料、直接人工、制造费用等。

3）确定成本核算期。按月或按生产周期确定成本计算周期。

4）生产费用审核。

5）生产费用的归集和分配。

6）计算完工产品和在生产尚未完工产品的成本。

3．产品原料的成本计算

产品的原料总成本是各个单组产品成本的总和。

（1）单组产品的原料成本　除了基本的原料成本外，在制作产品的过程中，还会有各种配料和调料成本等。其计算公式如下：

　　　　　单组产品的原料成本 = 主料成本 + 配料成本 + 调料成本

（2）单位产品原料的总成本　制作一个产品可能需要多组原料来进行，其计算公式如下：

　　　　　产品原料的总成本 =A 组产品原料成本 +B 组产品原料成本 +

　　　　　　　　　　　C 组产品原料成本 +……+N 组产品原料成本

（3）**产品原料总成本的计算**　产品总成本指单位产品成本与数量的乘积之和。其计算公式如下：

$$产品总成本 =\sum（单位产品成本 × 数量）$$

示例

　　某系列产品有三组产品组成，其中 A 组产品原料成本为 10 元，无须加工直接组合；B 组产品进价为 10 元 / 千克，需使用 4 千克，已知出材率（净料率）为 80%；C 产品原料使用 0.5 千克，进价为 20 元 / 千克，请计算生产 10 个该系列产品需要的原料总成本。

　　解： A 组产品原料成本 =10（元）

　　　　B 组产品原料成本 =4 / 80%×10=50（元）

　　　　C 组产品原料成本 =20×0.5=10（元）

　　　　该系列产品的单位产品原料总成本 =10+50+10=70（元）

　　　　生产 10 个该系列产品原料总成本 =70×10=700（元）

　　答： 生产 10 个该系列产品需要的原料总成本为 700 元。

4.4　菜单设计

4.4.1　菜单设计的方法和要求

1. 菜单设计的要求

（1）**以顾客需求为导向**　菜单设计应以服务目标顾客为主要目的，顾客的需求不同，菜单的设计呈现是完全不同的。

（2）**突出特色**　菜单的设计来源于企业的经营策略，菜单的展示重点需要有店面的重点推销，突出自身的特色。

（3）**持续创新**　顾客的选择随着周边环境的变化而变化，所以菜单需要适时进行更新或改变，一成不变会缺乏吸引力，失去竞争力。

（4）**形式美观**　菜单是餐馆面对顾客的一种宣传工具，其样式、大小、色彩、纸张等都需要与店面陈设、布景、餐具和气氛等方面相协调，给店面整体形象加分。

（5）**能够发挥有效的宣传效果**　店面经营的主要目的是创造各层面的效益，菜单作为重要的营销工具需能够助力店面完成销售业绩，实现经济效益。

（6）**实事求是**　菜单作为一种"宣传广告"，其内容展现需要与店面实际情况相符合，不应过度夸大，也不应过度消耗整体生产水平，需要结合实际生产来制订菜单。

2．菜单设计的方法

对菜单进行设计和制作时，需要有条不紊地进行，切勿杂乱失去章法。

（1）菜单设计的基本流程

1）市场调研。根据原料的供应情况来设计是菜单设计的基础，在设计菜单之前，对相关产品及其食材进行调研，熟悉时令食材，挑选适宜食材及对应的产品。

2）准备参考资料。包括各式旧式菜单、产品档案、产品基本信息（材料信息、成本信息等）、销售资料等。

3）初步设计构思。将菜单内容初步勾画出来，再进行细节的填充，确定菜单上的各项因素及组合方式。

4）确定菜单结构。根据企业或店面的定位明确风味特色。

5）确定菜单中产品的品种及数量。

6）确定不同类型产品的主要原料及味型。

7）制订具体品种的规格和质量标准。

8）核算成本，确定销售价格，确保综合成本的控制及利润的实现。

9）确定产品的排列顺序。

10）菜单的装潢设计。在确定基本内容后，需要通过美术设计、装帧设计等方面对内容进行排版、包装。

11）根据确定的菜单内容，组织相关员工进行培训，确保生产及服务质量。

（2）菜单制作的重点　在菜单实际制作过程中，需要考虑以下几个重要细节。

1）菜单的制作材料。菜单制作材料是较为直观地展现在顾客眼前的细节产品，其质量好坏直接影响顾客对店面的第一印象。一般长期使用的菜单，可以选择经久耐磨的重磅涂膜纸张。菜单的展开方式有分页、活页等方式，根据店面形象进行优化选择。

2）菜单封面与封底设计。菜单的封面与封底是菜单的"门面"，其重要性不言而喻。在一定程度上，菜单的封面代表着餐厅的形象，其色彩、呈现内容、版式等细节都需要与餐厅形象相符，同时为了方便顾客记忆，应以简洁为主。封底一般是展示餐厅地址、电话号码、营业时间等营业信息。

3）菜单的文字设计。菜单上的文字内容是直接传递给顾客的，一般菜单上的文字有产品名称、产品价格、产品味型介绍、店面文化价值等内容展示，具体的文字详细程度、排列组合等细节需要结合实际情况来考虑，需要考虑文字内容对营销是否有助力作用，避免过多冗长的内容堆积在页面内，给顾客接受主要信息造成困难。

4）菜单的图片与色彩运用。菜单上的图片可进一步增加菜单的可读性，其他辅助信息也能增加菜单的艺术性和吸引力，是菜单进一步升级的重点。它们在与其他内容结合时，需要用排版技术来进行视觉优化，使页面整体协调统一。

4.4.2 膳食均衡的相关知识

1. 膳食均衡的意义

膳食均衡又称膳食平衡，是保证人体健康的重要因素，指选择多种食物经过适当搭配做出营养均衡的膳食，满足人们对能量及各种营养素的需求。

2. 营养素的功能

食物中能保证身体生长发育、维持生理功能和供给人体所需能量的物质称为营养素，通常把糖类、脂类、蛋白质、维生素、无机盐（矿物质）和水称为人体必需的六大营养素，也有营养学家将膳食纤维列为第七类营养素。

（1）糖类的功能

1）糖类能供给能量，节约蛋白质。

2）糖类是构成机体的物质。

3）糖类能维持神经系统与解毒。

4）糖类是食品加工的重要原辅料。

（2）脂类的功能

1）脂类是人体重要的组成部分。

2）脂类能供给能量，保护机体。

3）脂类能提供人体必需的脂肪酸，促进脂溶性维生素的吸收。

4）脂类能增加饱腹感和改善食品的感官性状。

（3）蛋白质的功能

1）蛋白质是构成机体和生命的重要物质基础。

2）蛋白质能建造新组织和修补更新组织。

3）蛋白质能供给能量。

4）蛋白质能赋予食品重要的功能特性。

（4）维生素的功能

1）维生素能促进机体组织蛋白质的合成。

2）维生素能维护细胞组织的健康。

3）维生素能在一定程度上预防多种肿瘤的发生和发展。

（5）无机盐的功能

1）无机盐是机体的重要组成部分。

2）无机盐能维持细胞的渗透压与机体的酸碱平衡。

3）无机盐能保持神经、肌肉的兴奋性。

4）无机盐能改善食品的感官性状与营养价值。

（6）水的功能

人体内 60%~70% 是水，水也被称为人体的运输网，且水的需要量受年龄、体力活动、温度、膳食等因素的影响而变化。

1）水能保证人体血液循环的量。

2）水能保持各器官正常的新陈代谢。

3）水可以帮助输送营养，调节体温，排出废物。

（7）膳食纤维

1）膳食营养在一定程度上能够调节血糖、防止糖尿病。

2）膳食纤维能润肠通便、排毒，清理肠道垃圾。

3）膳食营养在一定程度上降低血浆胆固醇水平，防治高血压等。

4）膳食纤维具有控制体重的作用。

3. 合理膳食的基本原则

合理膳食指一日三餐所提供的营养必须满足人体的生长、发育和各种生理、体力活动的需要。如何从膳食中吃出健康是现代社会中较为关注的问题，为了"吃出健康"，必须合理膳食、科学膳食，做到合理膳食可以着重注意以下几点。

（1）**合理搭配**　在合理范围内进行膳食组合才能将食材功能发挥到最佳，也能维持食品安全健康。

1）主食与副食合理搭配。主食指大米、面食类，副食是一种泛指，指代除大米、面食以外的具有增强营养、刺激食欲、调节机体功能作用的饮食，包括菜肴、奶类、水果及一些休闲食品等。主食与副食各有所含的营养素，含量高低不一，为了保证人们得到所需的全部营养，并完成消化吸收，应将主食与副食进行合理组合与搭配。

2）粗粮与细粮合理搭配。粗粮泛指玉米、高粱、红薯、小米、荞麦、黄豆等杂粮；细粮则指一些较为精细的面粉、大米。从加工角度来说，细粮的消化吸收率优于粗粮，但粗粮的某些营养成分比细粮要多一些。

（2）**全面平衡**　健康的膳食需要各种饮食的全面平衡。

1）热量平衡。每日产热营养素摄入的比例一般是蛋白质、脂肪、糖类分别占总热量的10%~15%、20%~25%、60%~70%，脂肪产生的热量为其他两种营养素的两倍之多。若摄取的热量超过人体的需要，就会造成体内脂肪堆积。如果摄取的热量不足，则会导致营养不良。所以，若要达到热量平衡，蛋白质、脂肪与碳水化合物三种营养成分需按合理的比例进行摄取，一般是 1 : 1 : 4.5，每日早餐、午餐、晚餐的热量分别占总热量的 30%、40%、30%。

2）味道平衡。食物的酸、甜、苦、辣、咸味对身体的影响各不相同。一般酸味可增进食欲，增强肝功能，并促进钙、铁等矿物质与微量元素的吸收；甜味来自食物中的糖分，可解除肌肉紧张，增强肝功能；苦味食物富含氨基酸与维生素 B_{12}；辣味食物能刺激胃肠蠕动，提高淀粉酶的活性，并可促进血液循环和机体代谢；咸味食物可向人体供应钠、氯两种电解质，调节细胞与血液之间的渗透压及正常代谢。因此，对各种味道的食物均应不偏不废，保持平衡，才有利于身体健康。

3）颜色平衡。不同颜色的食物所含营养成分的侧重点不同。比如白色食物，以大米、面粉等为代表，富含淀粉、维生素及纤维素，但缺乏人体必需的氨基酸；黄色食物以黄豆、花生等为代表，特点是蛋白质含量相当高而脂肪较少；绿色食物以蔬菜、水果为代表，是人体获取维生素的主要来源。所以，巧妙搭配各色食物，取长补短，营养成分种类齐全，才能达到营养均衡。

（3）进食合理　每日餐食安排得是否科学合理，与人体健康关联性比较大。

1）早餐要吃好。早餐吃好，是指早餐应该吃一些营养价值高、少而精的食品。

2）午餐要吃饱。午餐一定要吃饱，并且要保证食物的质与量。

3）晚餐要吃少。晚餐吃得过饱，血中的糖、氨基酸、脂肪酸浓度就会增高，多余的热量会转化成脂肪，使人发胖。同时，不能被消化吸收的蛋白质在肠道细菌的作用下，会产生有害物质。

4. 根据膳食平衡的原则设计西点菜单的注意事项

（1）注意营养互补　膳食平衡的一个重要内容就是多种食物的营养互补，任何单一的食物都不能满足人体所需。合理的营养搭配需要不同结构、不同性状、不同品种的食物搭配食用。

（2）特定职业人群的营养搭配　从事不同职业的人群，所处环境不同，日常饮食需求可能会有很大差异。比如在高温环境下工作的人员，人体代谢迅速，易出现无机盐、水溶性维生素的缺失，在饮食中需要格外关注。

（3）特定生理阶段人群的营养搭配　在特定的生理阶段，身体所需的营养素和食物特性都有别于普通阶段。比如学前儿童，这个阶段儿童身体发育迅速，需要各种营养物质，但肠胃功能尚未发育成熟，消化能力不强，需要营养丰富且加工精细的膳食；老年人因为各种器官都有不同程度的衰退，也要注意饮食的合理搭配。

（4）特殊病理状态人群的营养搭配　对于处于特殊病理状态的人群，需要根据医生建议合理搭配饮食，比如糖尿病患者应控糖，同时还要控制脂肪和胆固醇的摄入量。

以蛋糕甜品为主的西点菜单设计

系列	产品名称	单位／规格	价格／元
季节性推荐：踏青（以春天为例）	大福	颗	4
	软糖	罐	23
	牛轧糖	16 颗／盒	30
	麻薯（芒果、草莓等口味）	个／70 克	15
	核桃酥	盒／50 克	10
	三明治（鸡肉、鸡蛋、培根等口味）	个	15
动物奶油	双层夹心：水果、布丁、脆麦片、黑糖、果酱、芋泥等风格或主题类型，6~8 款	个／6 寸⊖	218
		个／8 寸	278
慕斯蛋糕	巧克力或水果口味，约 4 款	个／6 寸	290
		个／8 寸	370
下午茶	蛋糕卷，4~6 款（咖啡、葡萄、草莓、抹茶红豆、肉松、虎皮卷等口味）	条	10
	蜂蜜蛋糕	盒／6 片	25
	奶酪饼干	盒／65 克	10
	咖啡	杯	15
	红茶	杯	10

⊖　寸指英寸，1 寸（英寸）=2.54 厘米。

以生日蛋糕为主的西点菜单设计

系列	产品名称	单位 / 规格	价格 / 元
奶油蛋糕	黑森林	个 /5 寸	129
	奶油水果		129
	基础款	个 /6 寸	148
	单层水果 / 异形 / 装饰		158
	多层水果 / 异形 / 装饰		168
	专属节日类型		198
	在 6 寸的基础上，衍生出各类形状、装饰物蛋糕类型，可增加形状造型、多类型装饰方法	个 /8 寸	148
			158
			168
			178
			188
			198
			208
			218
	基础款	个 /10 寸	228
	多层水果 / 异形 / 装饰		238
	专属节日类型		258
	多层水果 / 异形 / 装饰	个 /12 寸	268
	专属节日类型		278
慕斯蛋糕	巧克力	个 /2 磅⊖	198
	水果慕斯	个 /2 磅	168
		个 /3 磅	208
		个 /4 磅	238
提拉米苏		个 /2 磅	178
		个 /3 磅	228
		个 /4 磅	268

⊖ 1 磅 =0.45 千克。

以面包为主的西点菜单设计

系列	产品名称	单位/规格	价格/元
欧式面包	全麦面包	个	28
	法式酸面包	个	65
	蔓越莓夏巴塔	个	20
	核桃夏巴塔	个	20
	无花果裸麦面包	个	16
	肉桂卷	个	18
	杂粮面包	个	15
	小法棍	个	12
	核桃全麦面包	个	12
丹麦面包	苹果丹麦面包	个	10
	巧克力丹麦面包	个	15
	香橙丹麦面包	个	12
	迷你可颂面包	个	8
	杏仁可颂	个	19
	羊角可颂	个	14
贝果	坚果贝果	个	18
三明治	培根三明治	个	20
甜品	抹茶磅蛋糕	个	28
	柠檬巴斯克	个	28
	泡芙	个	28
	司康	个	12
	布朗尼	个	22
饮品	伯爵茶	杯	17
	拿铁	杯	17
	美式	杯	10
	澳式白	杯	14
	热巧克力	杯	28
	柠檬红茶	杯	17

综合类西点菜单设计

系列	产品名称	单位 / 规格	价格 / 元
吐司系列	蔓越莓吐司	袋 /250 克	14
	白吐司	袋 /250 克	11
	藜麦吐司	袋 /220 克	14
	葡萄吐司	袋 /250 克	14
	全麦吐司	袋 /220 克	12
现烤面包	布里	个	15
	脏脏包	个	15
	芝士包	个	12
	汉堡	个	14
	法棍片	个	5
	凯萨	个	10
	芝士面包片	片	10
	牛奶面包	个	11
	全麦坚果面包	个	13
	手撕包	个	12
	花式热狗面包	个	9
	菠萝可颂	个	10
	奶酥可颂	个	10
	热狗可颂	个	10
迷你蛋糕	红丝绒	个 /75 克	19
	酸奶蛋糕	个 /60 克	22
	巧克力奶酪	个 /60 克	18
	水果挞	个 /80 克	20
	乳酪蛋糕	个 /80 克	15
	奶油蛋糕	个 /90 克	18
	提拉米苏	个 /50 克	17
动物奶油	双层夹心：水果、布丁、脆麦片、黑糖、果酱、芋泥等风格或主题类型，6~8 款	个 /6 寸	168
		个 /8 寸	188
慕斯蛋糕	巧克力或水果口味，约 4 款	个 /6 寸	218
		个 /8 寸	258

系列	产品名称	单位/规格	价格/元
咖啡	拿铁	杯	20
	卡布奇诺	杯	18
	焦糖玛奇朵	杯	18
	美式咖啡	杯	13
	摩卡咖啡	杯	18
	澳式白	杯	20
奶茶	珍珠奶茶	杯	11
	布丁奶茶	杯	11
	乌龙鲜奶茶	杯	15
茶饮	蜂蜜柚子茶	杯	15
	橙汁	杯	14
	绿茶	杯	8

复习思考题

1. 西点厨房组织结构设置有哪些原则？

2. 西点厨房领班的岗位职责有哪些？

3. 什么是质量管理？

4. "ISO"是什么？

5. 产品质量一般通过哪几个环节进行控制和管理？

6. 食品腐败变质的概念是什么？

7. 导致食品腐败变质的原因有哪些？

8. 食品销售价格与哪些因素有关？

9. 原料成本的构成与哪些因素有关？

10. 菜单设计有哪些基本流程？

第二部分
高级技师

项目 5

装饰蛋糕制作

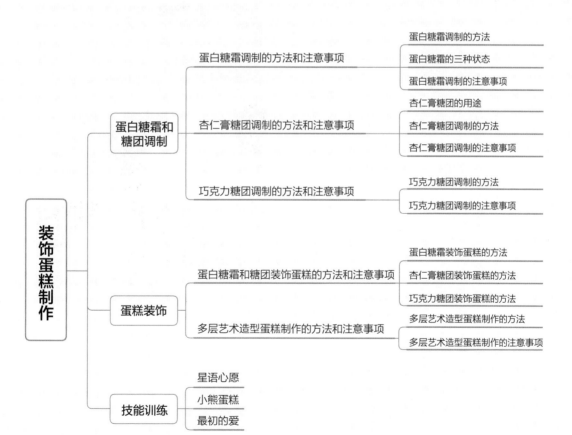

5.1　蛋白糖霜和糖团调制

5.1.1　蛋白糖霜调制的方法和注意事项

蛋白糖霜也叫蛋白膏，是用蛋白粉、糖粉和水混合搅打而成，表面呈乳白色，质地光滑，具有一定黏性，稀稠度可调节，风干后质地较硬。常用于糖霜饼干、姜饼屋和翻糖蛋糕等的制作。

1. 蛋白糖霜调制的方法

蛋白糖霜在调制时，主要通过混合搅打的方式进行。

原料配方

蛋白粉	30克
糖粉	450克
水	70克

制作过程

1）将蛋白粉和糖粉（过筛）混合，用橡皮刮刀混合均匀。

2）将两者的混合物放入搅拌机中。

3）边搅拌边加水，慢速搅拌均匀。

4）用中速搅打至出现尖角的状态，然后低速慢慢搅打，消除内部大气泡，使质地更加细腻。

2. 蛋白糖霜的三种状态

调制好的蛋白糖霜根据用途不同，可以加入适量的水或糖粉进行质地调节。水和糖粉的使用量根据蛋白糖霜的实际状态调整，若质地较稠，可少量多次加入水；若质地较稀，可加入适量糖粉。调节后的蛋白糖霜有硬质、中性和软质这三种状态。

（1）硬质蛋白糖霜

1）调制方法。将基础的蛋白糖霜和过筛的糖粉（多量）混合拌匀，用工具挑起糖霜，呈尖峰状。

2）特点。该种状态的蛋白糖霜含水量较少，制品风干速度较快，塑形能力最强。

3）适用范围。适用于吊线、立体类裱花等。常用的立体类裱花有花卉、叶子、动物和人物等。

硬质蛋白糖霜

（2）中性蛋白糖霜

1）调制方法。将基础的蛋白糖霜和过筛的糖粉（少量）混合拌匀，用工具挑起糖霜，短时间内会和盆内的蛋白糖霜融合在一起。

2）特点。该种状态的蛋白糖霜含水量在三者中居中，糖粉含量较少，风干速度居中，塑形能力居中。

3）适用范围。适用于小面积的铺面、蛋糕抹面、刺绣和刷绣等。

中性蛋白糖霜

（3）软质蛋白糖霜

1）调制方法。将基础的蛋白糖霜、水和糖粉混合，搅拌均匀，用工具挑起糖霜，能很快与盆中的蛋白糖霜融合在一起，并且无凸起。

2）特点。该种状态的蛋白糖霜含水量最大，流动性最强，风干速度最慢，塑形能力较弱。

软质蛋白糖霜

3）适用范围。适用于大面积的铺面和填充。

3. 蛋白糖霜调制的注意事项

1）搅拌桶和打蛋器表面要确保干净整洁，无油无水。

2）搅打蛋白糖霜时，建议使用扁状搅拌器（又称扇形搅拌器、扁桨）进行搅打，方便搅拌，同时避免裹入太多气泡，影响产品状态。

3）调制完成的蛋白糖霜需立刻密封保存，以防变干。

4）在调节蛋白糖霜的状态时，应根据需要塑形的制品，掌握好蛋白糖霜的软硬度，若太软，制品容易摊开，不易塑形；若太硬，则不易操作，并且制品会粗糙，表面无光泽。

5）蛋白糖霜制作的装饰品不同，其状态要求也不同，制作前要充分了解。

6）制作好的蛋白糖霜制品应当放在通风干燥的地方，待其完全晾干后，再进行后续装饰。

7）在使用蛋白糖霜的时候，盛装蛋白糖霜的容器口需要用湿毛巾覆盖，防止内部水分蒸发，进而变干，影响后续操作。

5.1.2 杏仁膏糖团调制的方法和注意事项

杏仁膏糖团又称杏仁糖膏、杏仁糖和杏仁糖衣等，主要由杏仁粉和糖粉混合制成，可以自制，也可以直接购买成品。

1. 杏仁膏糖团的用途

1）可用作蛋糕包面，起保护蛋糕的作用。

2）可用作装饰原料。将杏仁膏糖团通过捏制或压制等方式制成配件，即可进行后续装饰。

3）可用作西点中馅料和外皮的制作。

2. 杏仁膏糖团调制的方法

原料配方

杏仁粉	80克
糖粉	60克
葡萄糖浆	40克
纯净水	10克
杏仁香精	适量（可不加）

制作过程

1）将杏仁粉过筛，和糖粉一起倒入盆中混合，用细网筛再次过筛。

2）将葡萄糖浆和纯净水放入碗中，用微波炉或隔水加热，使两者融合，冷却备用，制成糖水。

3）将糖水倒入粉类混合物中，滴入杏仁香精，用橡皮刮刀混合拌匀，放入厚实的保鲜袋中，隔袋揉成团即可。

3. 杏仁膏糖团调制的注意事项

1）糖水的用量可根据杏仁膏糖团所需的软硬度进行调节。

2）揉搓成团时，注意时间不要太久，否则会出油。

3）杏仁膏糖团调色时，因为其颜色偏黄，可以先用白色色素调出一个基础色，再使用其他色素，效果更佳。

4）杏仁膏糖团要保存在干燥密封的环境中，避免阳光直射。

5.1.3　巧克力糖团调制的方法和注意事项

巧克力糖团是由翻糖膏和巧克力泥按照一定的比例混合揉匀制成。具有一定的可塑性，韧性极佳，表面细腻有光泽，操作时，不易快速风干。

1．巧克力糖团调制的方法

（1）翻糖膏制作

原料配方

明胶粉	9克
冷水	57克
柠檬汁	适量
玉米糖浆	168克
甘油	14克
糖粉	680克
泰勒粉（cmc）	2克

制作过程

1）将明胶粉加冷水浸泡至吸水膨胀，隔热水熔化成透明液体。

2）加入柠檬汁、玉米糖浆和甘油，搅拌均匀，再次隔水加热，熔化成液体，并且内部无颗粒。

3）将糖粉过筛入盆中，加入泰勒粉（cmc），倒入熔化的液体混合物，先用勺子或木铲混合拌匀，再用手揉成团状，然后放操作台上，边揉边分次加入少量糖粉（配方外），揉至光滑细腻。

4）将翻糖膏用保鲜膜包裹住，密封保存。

（2）巧克力泥制作

原料配方

白巧克力	600克
糖水	100克（白砂糖30克，水/牛奶70克）
麦芽糖	150克
玉米淀粉	适量

制作过程

1）将白巧克力切碎，放入盆中隔水加热至完全熔化，稍微降温。

2）将白砂糖倒入水中，混合搅拌至完全溶化，制成糖水。

3）将糖水倒入麦芽糖中，隔水加热至完全溶化，稍微降温。

4）待麦芽糖水和液体巧克力温度相近时，边搅拌边将麦芽糖水倒入液体巧克力中，混合搅拌均匀，制成巧克力泥。

5）在盘内撒上玉米淀粉，倒上巧克力泥，自然冷却。

6）待其稍微凝固，用毛刷去除表面多余的玉米淀粉，用手揉成团状，包裹保鲜膜，冷藏保存。

（3）**巧克力糖团制作**　将巧克力泥和翻糖膏分别软化，根据所需选取合适的比例，混合拌匀，制成团状。

巧克力泥和翻糖膏的比例不同，软硬度及适用的范围也不同，下表为常用配比。

巧克力泥	翻糖膏	软硬度	用途
300 克	300 克	质地中等	适用于糖衣制作
300 克	200 克	质地较软	适用于糖衣制作
200 克	300 克	质地较硬	适用于糖衣制作、人偶塑形

2. 巧克力糖团调制的注意事项

1）制作巧克力泥时，配方中糖水的水可用牛奶代替，会更好地提升产品的风味。

2）软化巧克力泥时，不要过度加热和揉搓，以免内部的可可脂熔化出油，影响产品状态。

3）巧克力泥和翻糖膏混合时，可以撒点玉米淀粉，防粘。

4）制作好的巧克力糖团要密封保存。

5.2　蛋糕装饰

5.2.1　蛋白糖霜和糖团装饰蛋糕的方法和注意事项

1. 蛋白糖霜装饰蛋糕的方法

（1）**蛋白糖霜装饰蛋糕的常用技法**　蛋白糖霜装饰蛋糕的常用技法有涂抹、裱挤、填充、吊线和刷绣等。这些技法可单独使用，也可组合使用。

1）涂抹。涂抹就是在蛋糕表面覆盖适量蛋白糖霜，用工具涂抹均匀，使表面平滑。

2）裱挤。裱挤就是将蛋白糖霜放入裱花袋中，配合裱花嘴挤出所需样式，如花卉、花边、人物和动物等。

3）填充。填充就是将软质（或中性）蛋白糖霜进行一定面积的铺面或填充各种图案。

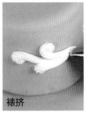

涂抹　　　　　裱挤　　　　　填充

4）吊线。吊线就是将蛋白糖霜通过裱挤和拉制，形成粗细不一的线条。吊线可以分为平面吊线和立体吊线。

5）刷绣。刷绣就是用毛刷将蛋白糖霜刷出纹路，制成所需样式。一般是先挤出大形轮廓，再用毛刷由边缘向内部进行刷制。

吊线　　　　　　　　刷绣

（2）**蛋白糖霜的调色技巧**　在调节好的蛋白糖霜中少量多次地加入色素，搅拌均匀。

（3）蛋白糖霜装饰蛋糕的注意事项

蛋白糖霜调色 a　　　蛋白糖霜调色 b　　　蛋白糖霜调色 c

1）使用蛋白糖霜装饰蛋糕时，要等其凝固，再进行后续操作。

2）使用吊线装饰时，吊出来的线条需圆润饱满。

3）调制深色的蛋白糖霜时，最好选用色膏，其含水量较少，对蛋白糖霜的状态影响较小。

4）调好色的蛋白糖霜最好静置一下，排出内部大气泡再使用。

2．杏仁膏糖团装饰蛋糕的方法

（1）杏仁膏糖团装饰蛋糕的常用技法　杏仁膏糖团装饰蛋糕的常用技法有揉搓、压、切、挑、填充、划、擀和包等。

1）揉搓。揉搓就是将材料揉至光滑或进行塑形。塑形常用于人物或动物的身体、眉毛、眼白、耳朵和头发等的操作。

2）压。压就是用工具压制出形状或纹路等，常用于鼻子、眼睛、衣服纹路和花型的压制等。

3）切。切就是用工具（美工刀、笔刀和塑形工具）切制出所需形状或修理毛边。常用于制作人物或动物的头发、衣纹、开嘴巴或去除配件多余材料等。

4）挑。挑就是用工具以拨动的方式进行塑形，一般用于嘴巴和眼眶等的制作。

5）填充。填充就是将材料填入塑形好的框中，常用于眼睛或嘴巴等的制作。

6）划。划就是用工具划出所需样式。常用于毛发纹路、衣服或被子褶皱等的制作。

7）擀。擀就是用擀面杖将材料擀至厚薄均匀，后续可进行覆面和样式切制。

8）包。包就是将擀制好的材料覆盖包裹在蛋糕上（或者在花卉制作时，用于花瓣的包制）。

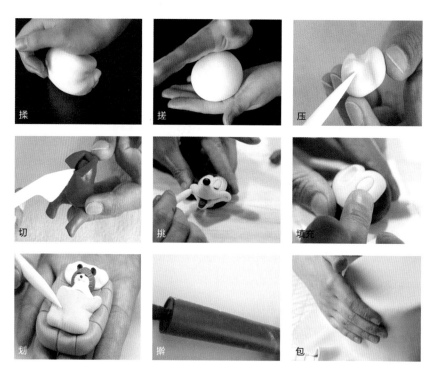

（2）杏仁膏糖团装饰蛋糕的操作流程　杏仁膏糖团装饰蛋糕常用的操作流程如下：

1）将杏仁膏糖团调制成所需颜色。

2）将其进行擀制和包面，若是制作多层蛋糕，可先将蛋糕组合在一起。

3）制作出主要的装饰件，如人偶、动物、花卉和物件等。

4）最后对蛋糕进行装饰。

（3）杏仁膏糖团装饰蛋糕的注意事项

1）杏仁膏糖团在调色时，要控制好色素的用量。

2）在操作时，可以使用适量糖粉防粘，但要注意用量不要过多。

3）制作好的装饰件最好密封保存，放置在干燥避光的位置。

4）擀制的杏仁膏糖团的厚薄要均匀一致。

5）使用模具压制糖皮时，要保持边缘光滑无毛边。

6）若是使用硅胶模具进行装饰件的填充制作，需要在模具内部涂抹少量油脂，起到防粘的作用。

7）制作人偶和动物时，要注意比例。

3. 巧克力糖团装饰蛋糕的方法

（1）巧克力糖团装饰蛋糕的操作流程　用巧克力糖团装饰蛋糕时，可以参考杏仁膏糖团装饰蛋糕的操作技法和流程，二者有一定的相似之处。

（2）巧克力糖团装饰蛋糕的注意事项

1）巧克力糖团调色时，色素使用的量要适当。

2）制作好的巧克力糖团制品要放在通风干燥的地方。

5.2.2　多层艺术造型蛋糕制作的方法和注意事项

1. 多层艺术造型蛋糕制作的方法

多层艺术造型蛋糕就是将两层及以上的蛋糕坯进行组合装饰，可以赋予蛋糕独特的外表，增加风味，提升营养价值。常用于生日宴会、婚礼和纪念日等场合。

（1）多层艺术造型蛋糕呈现方式　多层艺术造型蛋糕常用的呈现方式有三种，第一种是蛋糕之间直接层叠，第二种是使用支架支撑层叠，第三种是各层之间独立组合，其中第二种、第三种需要用到蛋糕架。

蛋糕架对蛋糕具有支撑作用，常用的蛋糕架材质有铝合金、不锈钢和有机玻璃等，其中铝合金架的应用较多，可根据所需进行选取。

（2）多层艺术造型蛋糕坯常用形状　蛋糕坯的形状具有一定的特征和意义，可根据主题和风格进行变换。常见的蛋糕坯形状有圆形、方形、花瓣形、枕形和心形等。

1）圆形蛋糕：简约优雅。

2）方形蛋糕：现代时尚。

3）花瓣形蛋糕：创新。

4）枕形蛋糕：奢华。

5）心形蛋糕：年轻、轻快。

（3）多层艺术造型蛋糕常用蛋糕坯种类　蛋糕坯可选用戚风蛋糕、海绵蛋糕和油脂蛋糕等。若蛋糕的层数较多，最好选用承重力比较强的蛋糕坯，如海绵蛋糕或重油蛋糕，避免出现塌陷。

（4）多层艺术造型蛋糕的构图

1）构图方法。

① 点、线、面、体要齐全。制作大型多层蛋糕时，点、线、面、体可通过装饰材料体现。点是最基础的，具有一定的动感；线则是立体的线，起增强空间感的作用；面多以具有几何形状的材料来呈现，如巧克力片、水果片等；体则比面大且厚重，可以使蛋糕的整体构图更加饱满。

② 色彩渐变法构图。可使用一层蛋糕一种颜色交替制作，如黄色和白色、紫色和蓝色等。

③ 顶层蛋糕构图。最顶层蛋糕的装饰构图可和其他层蛋糕面有所不同。由于视觉给人的错觉影响，顶层蛋糕坯看起来会比其他层蛋糕坯高。顶层蛋糕侧面最好使用横向构图，使蛋糕具有横向拉伸的视觉；顶面最好用比蛋糕体高度略高的装饰物件，起到拉高整体的作用。

2）构图要点。

① 颜色搭配要合理，整体造型要和谐统一，图案要有一致性。

② 蛋糕顶面最好放体积较高的配件，提升空间感。

（5）多层艺术造型蛋糕的风格　常用的多层艺术造型蛋糕的风格有现代风格、罗曼蒂克风格、优雅风格、迷人风格、清爽风格、成熟风格、自然风格和可爱风格等。

1）现代风格。

① 整体印象。该种蛋糕给人时尚、新锐、冷峻且大气、技术含量高和未来感的感觉。

② 关键词。时尚的、敏锐的、科技的、激进的。

③ 典型图案。直线感强烈、形状明确、具有一定的抽象性。

2）罗曼蒂克风格。

① 整体印象。该种蛋糕给人可爱的感觉，更具非现实和童话般的色彩。

② 关键词。轻盈的、梦幻的、甜美的、精巧的、轻松的、少女的、童话般的、纯真的。

③ 典型图案。曲线形轮廓、量感偏轻的图案，比如花朵和曲线等装饰。

3）优雅风格。

① 整体印象。该种蛋糕给人柔美、细腻和精致的感觉。

② 关键词。细腻的、律动的、温婉的、飘逸的、优雅的。

③ 典型图案。曲线形的图案、量感偏轻，带有流线感、漩涡感，如花和草等图案。

4）迷人风格。

① 整体印象。该种蛋糕给人华丽、热情的感觉。

② 关键词。艳丽的、柔软的、典雅的、成熟的。

③ 典型图案。曲线感、呈现华丽感的图案，如体积较大的圆点、硕大的花朵等。

5）清爽风格。

① 整体印象。该种蛋糕整体呈现出年轻、活力的感觉。

② 关键词。简单的、清爽的、率真的。

③ 典型图案。以直线为主，简约且趣味性十足的图案。

6）成熟风格。

① 整体印象。该种蛋糕给人以简练、稳重、成熟和冷静之感。

② 关键词。理智的、严谨的、稳重的、威严的。

③ 典型图案。直线形轮廓、量感极强、硬朗且大气、排列有序且均匀的图案，如排列有序的条纹、方格、圆点等。

7）自然风格。

① 整体印象。该种蛋糕给人以温和、天然的感觉。

② 关键词。淡雅的、自然的、民俗的、平淡的、有活力的。

③ 典型图案。带有直线特征、量感中等的图案。

8）可爱风格。

① 整体印象。该种蛋糕整体呈现出柔和、甜美的感觉，具有一定童话故事的氛围。

② 关键词。天真的、单纯的、轻巧的、顽皮的、童真的、可爱的。

③ 典型图案。圆形、曲线形轮廓、量感偏轻的图案。

2. 多层艺术造型蛋糕制作的注意事项

1）多层艺术造型蛋糕颜色搭配要合理，若颜色使用不当，整体效果较差，影响食欲。

2）多层艺术造型蛋糕在搭配组合时，蛋糕坯的大小最好具有一定的差距，形成错落且大气的感觉。

3）多层艺术造型蛋糕顶面构图立体感要强。

4）蛋糕装饰件的摆放位置要适当，要有高低变化，错落有致，这样会具有一定的空间设计感，注意位置不可太偏，否则会影响整体的呈现效果。

5）对于一些面积较大的蛋糕，最好使用高的且带有方向性的线、体和面等进行装饰。

6）蛋糕底部的装饰要合理。若底部蛋糕没有过多的装饰或不装饰，就会造成头重脚轻的感觉。

星语心愿

原料配方

蛋白糖霜	适量	翻糖膏	适量
蛋糕坯	3个	橙色色素	适量

制作过程

1）将蛋白糖霜调成硬质和软质两种状态，在纸上画出所需图案（大小不一），覆盖玻璃纸，用硬质蛋白糖霜沿着图案勾出轮廓线条，待其风干变硬。

2）将软质蛋白糖霜沿着图案线条进行内部填充，待其风干变硬，做出大小不一的花朵配件备用。

3）将翻糖膏加橙色色素调匀，分别包在蛋糕坯和底座上，将其组合堆叠在一起。取出风干的蛋白糖霜花朵配件，粘在蛋糕面上，配件和蛋糕面保留一定的距离。

4）用软质蛋白糖霜在蛋糕侧面裱挤出花型和圆点。

5）在蛋糕顶面粘上花朵配件。

6）在花朵配件和蛋糕面之间用硬质蛋白糖霜拉出线条，增加配件的立体感。

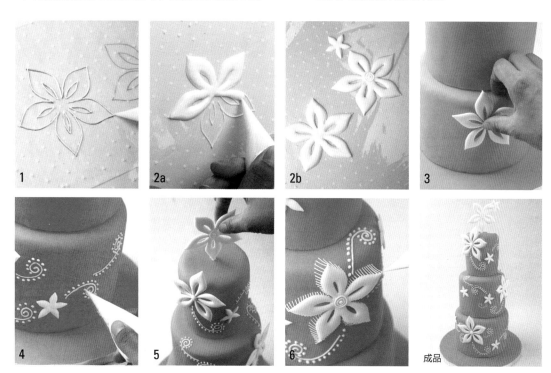

制作关键　1）要等到玻璃纸上的蛋白糖霜花朵配件完全风干后再取下，否则会破碎。

2）取蛋白糖霜花朵配件的时候，动作要轻，以免破碎。

3）最顶面的蛋白糖霜配件要在最后粘，以免破碎。

4）用于填充的蛋白糖霜质地不可过稀，否则流动性过强，会溢出线条轮廓外，影响造型。

质量标准　颜色搭配和谐统一、表面光滑、质地细腻、表面无较大气孔、整体图案饱满，摆放位置和谐不突兀、错落有致，布局合理。

小熊蛋糕

原料配方

杏仁膏糖团	适量	橙色色素	适量
白色色素	适量	黄色色素	适量
粉色色素	适量	蛋糕坯	3 个
棕色色素	适量	蛋白糖霜	适量
黑色色素	适量	红色色粉	适量

制作过程

1）将杏仁膏糖团分别调成白色、粉色、棕色、黑色、肉色（少许橙色加白色）和黄色；再将白色糖团擀薄，分别覆盖在蛋糕面上，切除多余的部分，用抹平器打磨光滑，最小的蛋糕侧面底部压出花纹，按照从大到小的次序组装在一起。

2）将粉色糖皮擀薄，裁切成长条状，分别粘在第二层、第三层蛋糕底部。

3）取长方形粉色糖皮，将其从两边向中间折叠，两端捏出褶皱，粘在第二层蛋糕上部侧面。

4）取长方形粉色糖皮，将其从底部开始，折叠出褶皱，组装在两个长条的接口处。

5）搓出3个粉色糖团大球，1个白色糖团小球，粘在"步骤4"接口处；将长条形粉色糖皮对

折，卷成螺旋玫瑰，粘在第二层蛋糕面上。将白色糖团搓成若干球形，粘在第二层蛋糕底部。

6）取适量粉色糖团，用手塑造成月亮的形状，在表面用星星模具压出形状，再将白色糖团搓成长条状，沿着月亮边缘粘好。

7）取适量棕色糖团，搓成球状，用刀形棒在球的中心处竖向划线。

8）取适量白色糖团搓成椭圆形，稍微压扁，粘在棕色球1/2偏下的位置，用工具在白色糖团上压出圆孔，用于后期填充鼻子。

9）用工具在头部中线两侧压挑出椭圆形，用作眼眶。

10）用刀片在中线处横向划几道较短的线。

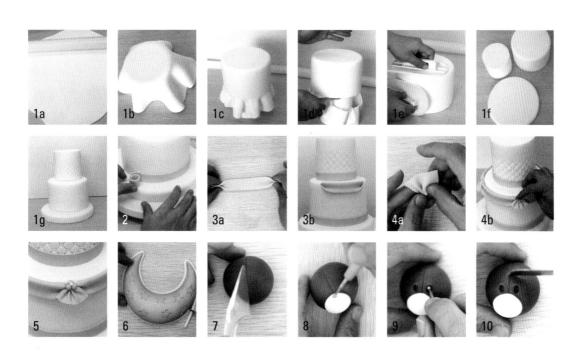

11）用工具在白色糖团上沿着圆孔中心处竖向划出线条（至白色糖团2/3的位置），再横向划出嘴巴的大形，挑出嘴唇。

12）取适量黑色糖团，揉搓成圆球形，分别粘在眼眶和鼻头处。

13）取适量棕色糖团，搓成圆球形，压扁，在中心处叠加稍微小的黑色圆球，压扁。

14）用刀具从中心处切开成半圆形，制成熊的耳朵。

15）将耳朵组装在头部两侧。

16）取适量棕色糖团，搓成水滴形身体，在身体中心处竖向划出线条，再横向划出纹路。取白色糖团擀薄，裁切出长方形，制成衣服，粘在身体底部。

17）取适量棕色糖团，搓成圆柱形，稍微压扁，

用工具压出大拇指，用同样方法做出另一条胳膊。

18）将棕色糖团搓成一端细一端粗的圆柱形，将肉色糖团搓成圆球形，压扁，粘在较粗的一端底部，制成腿，将胳膊和腿粘在身体上；用黑色色素笔画出眉毛；用画笔蘸取少量红色色粉，刷在脸上；在脸的两侧和眼睛处裱挤出蛋白糖霜，用作高光。用相同的技法制作其他小熊，一共做出3只棕色熊和1只黄色熊。

19）将白色糖团修成白云的样式，组装在蛋糕顶面，再组装上月亮和小熊（棕色熊身上躺着黄色小熊）。搓若干大小不一的白色小球，粘在月亮上，边缘用白色蛋白糖霜裱挤出小球点缀。最后在其他蛋糕层装饰上小熊即可。

制作关键　1）可以用蛋白糖霜当作黏合剂。

2）制作小熊时，要注意比例。

质量标准　颜色搭配和谐统一、表面光滑、质地细腻、表面无较大气孔、小熊比例和谐、小熊摆放位置和谐不突兀、错落有致，布局合理。

最初的爱

原料配方

巧克力糖团	适量	黄色色素	适量
蛋白糖霜	适量	棕色色素	适量
蛋糕坯	4 个	黄色色粉	适量
绿色色素	适量		

制作过程

1）将巧克力糖团擀成片状，包裹在蛋糕坯上，再组合在一起，共计四层；取巧克力糖团分别调成绿色、棕色。取绿色糖皮擀成约0.2厘米厚的片。

2）用圈模压出大小不一的圆环。

3）把圆环贴在包好的第一层和第三层蛋糕上。

4）取绿色糖皮，用滚轴压出曲线形长条。

5）将长条贴在第二层和第四层蛋糕上。

6）将巧克力糖团擀成薄片。

7）用花模压出花瓣。

8）将压好的花瓣放在海绵垫上，用牙签擀压至有弧度。

9）将两个擀好的花瓣重叠在一起，放在海绵垫上，用圆球捏塑棒压出凹状的花蕊。

10）在花蕊处喷上黄色色粉，将棕色糖团搓成圆球，放于花朵中间凹槽处。

11）在蛋白糖霜中加入黄色色素，调制均匀，在棕色圆球表面裱挤上小圆点，用同样的方法制作剩余的花卉（可根据所需增加花卉的种类），将它们组装在蛋糕上。

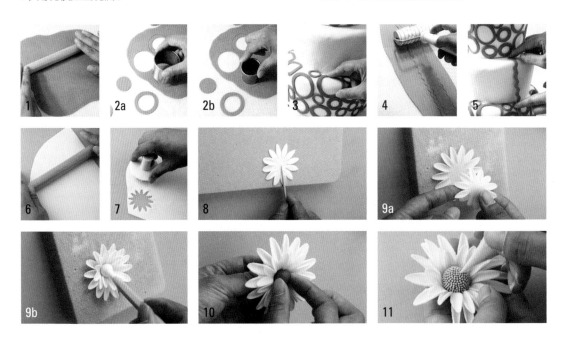

制作关键	1）擀制糖皮时，厚度要均匀一致。
	2）用圈模压制糖皮时，可以使用糖粉防粘。

质量标准	颜色搭配和谐统一、表面光滑无褶皱，整体造型花卉摆放位置和谐不突兀、错落有致，布局合理。

复习思考题

1. 怎么调制蛋白糖霜？

2. 蛋白糖霜有哪几种状态？分别有哪些用途？

3. 在调制蛋白糖霜时，有哪些注意事项？

4. 怎么调制杏仁膏糖团？

5. 杏仁膏糖团的用途有哪些？

6. 在调制杏仁膏糖团时，有哪些注意事项？

7. 怎么调制巧克力糖团？

8. 在调制巧克力糖团时要注意什么？

9. 蛋白糖霜、杏仁膏糖团、巧克力糖团装饰蛋糕的方法有哪些？

10. 蛋糕装饰时，有哪些注意事项？

11. 多层艺术造型蛋糕的呈现方式有哪些？

12. 多层艺术造型蛋糕的常用形状和蛋糕坯有哪些？

13. 多层艺术造型蛋糕的风格有哪些？

14. 制作多层艺术造型蛋糕时有哪些注意事项？

项目 6

糖艺造型制作

▼ ▼ ▼

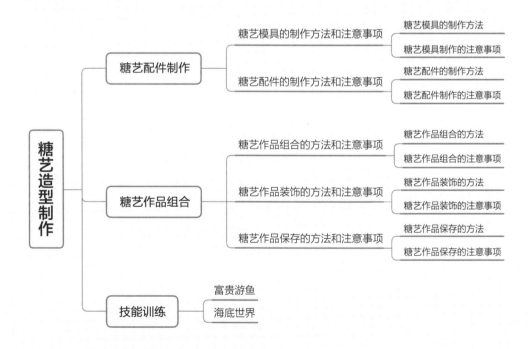

6.1 糖艺配件制作

糖艺造型制作的流程比一般的糖艺制品要复杂，技术难度更大，一般用于活动展示或大型的西点比赛项目。

一件好的糖艺造型作品应该是比例协调的，每个配件组合要有一定的关联性，且丝、片、点、面搭配要合理，表面要有光泽，主次要分明。在颜色方面，用色要协调统一，不杂乱。

6.1.1 糖艺模具的制作方法和注意事项

1. 糖艺模具的制作方法

在制作糖艺造型时，一些配件需要借助各式模具进行制作和定型。

常用的糖艺模具有硅胶、不锈钢和软玻璃等材质，硅胶和不锈钢模具大多可在市面直接购买；软玻璃制的模具需先购买软玻璃，再进行二次加工，制成所需形状，灵活性较强。以下主要介绍使用软玻璃和硅胶制作糖艺模具的方法。

（1）软玻璃模具制作

1）软玻璃的特点。软玻璃又叫 PVC 软质水晶板，材料本质上为 PVC 板材，具有表面光滑、耐高温、抗拉扯等特点。

2）软玻璃的选取。在用软玻璃制作模具时，建议选用质地较软，且具有较好记忆性的软玻璃，该种软玻璃折叠压制后，比较容易恢复原状，并且表面不会出现褶皱。

3）软玻璃的应用范围。不同厚度的软玻璃在糖艺造型制作中，应用的范围也不同。较厚的软玻璃支撑力较强，常用于糖量多、糖体较大的配件制作，不易变形；较薄的软玻璃常用于糖量少、糖体较小且较薄的配件制作，在后期糖体冷却脱模时，糖体不易破碎。

糖艺造型中部分配件制作所选用的软玻璃厚度见下表。

配件示例	软玻璃厚度
支架	0.5 厘米
叶子	0.3 厘米
水钻	0.2~0.3 厘米

4）软玻璃模具的制作方法。用软玻璃制作的糖艺模具主要有平面和立体两种类型。

平面软玻璃模具为单一的片状，制作方法简单，直接用刀具将软玻璃裁切成所需形状即可；立体软玻璃模具为若干片状的软玻璃组合拼接而成，立体感强。

① 平面软玻璃模具。制作平面软玻璃模具时，裁切完形状后，可根据所需在模具表面刻出花纹。常用于翅膀、叶子和鱼尾等片状配件的制作。一般操作方法如下。

a. 在质地较硬的纸板上画出形状样式，裁剪出模板。选取合适厚度的软玻璃，将模板放在表面进行比对，并用可食用记号笔在软玻璃上描出样式。

b. 用刀具将软玻璃沿着图形进行裁切，形成所需样式。

c. 若需要在裁切好的模具表面刻上纹路，需将刀倾斜 45 度角放在软玻璃上，左右两边各划一刀，使纹路形成一个较好的折射面，后期制作出来的糖体会更亮。放在干燥整洁的地方，备用。

② 立体软玻璃模具。制作立体软玻璃模具的流程较为复杂，常用于支架、底座等立体感较强的配件制作。一般操作方法如下。

a. 选取合适厚度的软玻璃，将制作好的样式模板放在软玻璃上比对，用刀具裁切出若干片所需样式。

b. 将其组合拼接在一起，用透明胶带粘紧，留出一个注入糖液的小口，放置在干燥整洁的地方，备用。

（2）硅胶模具制作

1）硅胶模具材料介绍。糖艺中的硅胶模具常选用两种类型的液体硅胶进行制作，分别是加成型硅胶和缩合型硅胶。

① 加成型硅胶也叫 AB 胶，是双组分加成型有机硅材料，是 A 和 B 两组硅胶按照特定的比例（A：B=1：1）混合而成，进而达到硬化的效果，混合物的质地较稀。

② 缩合型硅胶是在硅胶中加入一定比例的固化剂混合而成，操作时，将两者按照比例（硅胶：固化剂 =100：3）混合即可，两者的比例可根据所需进行调整，混合物的质地较浓稠。

2）硅胶模具的制作方法。硅胶模具在制作时，常用的方式有两种，分别是刷模和灌注。

① 刷模就是将调配好的硅胶材料少量多次地刷在需要翻模的产品或模型上，至达到所需厚度即可，使用的硅胶量较少，节约成本，特别适用于花纹复杂的产品或模型的复制。

② 灌注就是直接将调配好的硅胶注入处理好的产品或模型上即可。

硅胶的流动性对于制作方式的选取有一定的影响。加成型硅胶的流动性较强，使用灌注方式制作模具的频率较高，操作方便；缩合型硅胶流动性适中，采用刷模和灌注这两种制作方式均可，可依据个人所需选取。以缩合型硅胶为例，一般操作方法如下。

a. 将要复制的产品或模型处理光滑，表面喷上一层脱模剂（可选用凡士林或肥皂水等）。

b. 将缩合型硅胶按照比例混合拌匀，若条件允许，可放入真空机中抽真空，排出内部多余气泡。

c. 在产品或模型上涂刷（或灌注）硅胶，待其固化。

d. 取出固化后的模具，静置约 24 小时后可使用。

2. 糖艺模具制作的注意事项

1）裁切软玻璃时，要选较为锋利的刀具，操作时要将刀使劲向下按，以便一次性裁穿，方便快捷，且避免留有毛边，操作时要注意安全。

2）在进行立体软玻璃模具的拼接时，确保模具是完全粘紧的，否则后期在模具中注入糖液时，模具容易散开，进而导致糖液溢出，影响操作的同时，还可能造成人员烫伤。

3）做好的软玻璃模具要确保表面干燥整洁，以免影响后期糖体的光亮度。

4）制作硅胶模具时，前期处理硅胶的过程中，一定要搅拌均匀，否则模具极易发生部分不固化的现象。

5）处理好的硅胶抽真空的时间不要太久，否则硅胶会固化，变成块状，无法进行后续的灌注或涂刷，此时需要重新调制，造成材料浪费。

6）在正式制作硅胶模具前，要取少量硅胶进行实验，避免材料浪费。

7）若模具部分未固化的地方长时间不能固化，那么该模具就制作失败了，需要将硅胶材料清除干净，重新制模。

8）做好的硅胶模具要放在干燥的地方，可密封保存，注意不要和水接触，以免变质。

6.1.2　糖艺配件的制作方法和注意事项

1. 糖艺配件的制作方法

糖艺配件在制作时，根据工艺方式可分为模塑配件和拉塑配件。

（1）**模塑配件**　模塑配件主要依靠模具成型，适合大型的配件制作，如底座和支架，同时还解决了拉塑无法完成的异形配件制作的问题。模具可选用市售的，也可根据实际所需自制。模塑配件在制作时，多将糖液注入模具中，待其完全冷却后脱模即可。

<u>示例 1</u>

1）将圆球模具用胶带粘紧，在模具中倒入熬制好的糖液，静置冷却至完全变硬，轻轻脱模。

2）若球体表面有微小气泡，用火枪稍微烧至表面光亮即可。

<u>示例 2</u>

1）将处理好的糖液注入模具中，稍微静置。

2）待其外部形成所需厚度的糖壳时，倒扣，倒出内部多余的糖液。

3）可根据所需注入其他颜色的糖液，稍微静置。

4）待其再次形成所需厚度的糖壳，倒扣，倒出内部多余糖液，静置至完全冷却，脱模，制成空心的配件，放置在干燥整洁的地方。

（2）拉塑配件　拉塑配件就是用手工拉塑成型，主要的技法大致分为拉制和塑造，该种制作方式直接节省了处理模具的时间，同时形状不受模具的约束，灵活性较强。但该种方法的操作难度较高，极其考验制作者对糖体的柔软度、操作速度和塑形准确度的把控。

<u>示例 1</u>

1）取适量柔软的透明糖体，将其稍微拉制到所需长度。

2）按照所需将糖体任意旋转弯曲，处理成想要的形态。待糖体冷却变硬，放置在干燥整洁的地方，备用。

示例 2

1）取适量橙色糖体，整理成球形，用气囊吹出头部，冷却变硬后用剪刀取下。

2）取适量橙色糖体，吹出水滴状的身体，冷却变硬后用剪刀取下。

3）取适量白色糖体，搓成椭圆形，再稍微压扁，制成眼白。再取适量黑色糖体，先搓圆，再压扁，做出瞳孔，粘在眼白上，制成眼睛，同样的方法制作出另一只眼睛。将眼睛安装在做好的头部上。

4）取适量橙色糖体，翻折出一个光亮的面，稍微压扁，拉出两个眼皮，用剪刀取下，立刻盖在眼白处，拼接时眼皮遮盖住半个瞳孔。

5）取适量橙色糖体，翻折出一个光亮的面，再稍微压扁，拉出三角形状的耳朵，用剪刀剪下，共制作出两个，最后将耳朵紧靠在一起，粘在头顶上。

6）取适量黄色糖体，拉出长条状，尖部位置向内卷曲，制成胡须，一共制作两绺。将胡须紧挨眼睛下方进行拼接，以同样的方法安装另一绺胡须，再将头部和身体拼接在一起。

7）取适量粉色糖体，翻折出一个光亮的面，用剪刀沿着面剪出一个球体，制成鼻头，组装在两绺胡须之间。

8）取适量橙色糖体，搓成圆柱形，再分别弯曲成 L 和 C 形，做成四肢。取适量橙色糖体，制成水滴形，再压扁，用工具分别压出手指和脚趾，分别拼接在四肢上。

9）将四肢组装在身体上，再用橙色糖体制作出弧形的柱状尾巴，粘在身体上。

10）用黑色的可食用色素笔画出身体上的花纹即可。

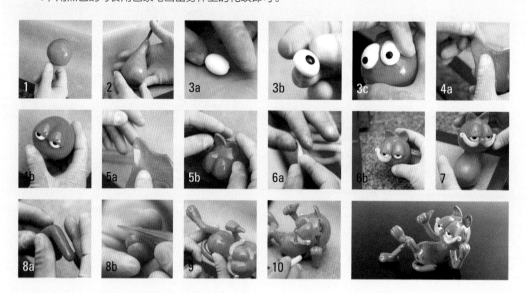

2. 糖艺配件制作的注意事项

1）糖艺配件制作时，全程要戴上手套操作，起到隔绝温度和保持糖体整洁的作用。

2）将糖液倒入软玻璃制的模具制作支架时，除了戴手套外，拿模具的手最好再垫一个有隔热效果的物体，用来隔绝温度，以免倾倒糖液时，容易烫伤手。

3）倾倒糖液注模时，注意不要混入过多空气，以免内部有气泡，影响产品状态。

4）制作空心糖艺配件时，一定要确保外部形成可以支撑的糖壳后，才能倒出内部多余的糖液。

5）配件脱模时，尤其是质地较薄的配件，力度要轻，否则会破碎，影响产品状态。

6）在进行拉塑配件的制作时，要注意糖体温度的把控。若温度过高，糖体过软，短时间内不易塑形；若温度过低，糖体还未塑形完毕就冷却变硬，不易操作。

7）制作好的配件要保证表面光滑干净，放置在干燥整洁的密闭空间中，并且配件之间要有一定的间隔，以免堆积后出现破碎、受潮且粘在一起的现象。

6.2 糖艺作品组合

6.2.1 糖艺作品组合的方法和注意事项

1. 糖艺作品组合的方法

糖艺作品组合时，常用的方法有火枪拼接法和透明糖体拼接法两种。

（1）**火枪拼接法（直接法）** 用火枪加热需要组合的糖体，使其熔化一部分，利用熔化的液体粘住其他糖体，完成组合。

（2）**透明糖体拼接法（媒介法）** 以质地较软的透明糖体为"媒介"进行制品的粘制。

火枪拼接法

该方法适用于质地较薄的糖艺制品，因为其本身不适宜再进行熔化，否则会碎裂，还可能破坏完整性。此外，还适用于大型底座和支架的组装，方便快捷。

无论使用哪一种拼接方法，在完成后，都需要将溢出来的多余糖体去除。去除溢出糖体的方法有以下两种，二者具有各自的优劣势，可根据所需进行选取。

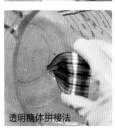

透明糖体拼接法

1）第一种方法是直接用手将多余的糖体抹除。优势是快速、简便；劣势是若糖体温度过高，会有烫伤手的风险，若糖体的温度过低，用手抹制时，会留有指纹，影响糖体的亮度和整洁度。

2）第二种是用橡皮刮刀将溢出的糖体快速刮除，使其达到平整无痕的状态（在没有刮刀的情况下，可以将软玻璃裁成小块，进行刮制）。优势是可避免第一种方法产生的劣势，产品的完成度更好；劣势是增加刮除糖体工具的清洗量。

（3）**糖艺作品组合操作示例**

1）先将底座和支架进行拼接，再去除接口处多余的糖体。组装时注意整体的重心要稳，期间用手扶着支架，直至完全冷却且不会歪斜。

2）将主体（青蛙和莲花）拼接在支架上，去除接口处多余的糖体，至主体完全粘牢即可进行下一步的拼接。

3）将剩余的配件按照顺序粘好，注意位置的摆放，粘牢即可，最后将整体造型修整干净，完成造型组装。

2. 糖艺作品组合的注意事项

1）使用透明糖体粘制时，糖体质地要适中，若流动性过强，温度过高，会损坏配件外形；若质地较硬，则还没粘好，糖体就变硬，影响效果。

2）前期拼接底座和支架时，确保重心要稳，整体要平衡。支架不可出现过度倾斜的状态，否则在粘后面的配件时，整体造型极易不稳固，严重时可能发生造型倒塌的现象。

3）组装时，要避免糖体受到极热或极冷的外界条件影响，否则糖体会破碎。极热就是糖体在短时间内迅速受热，温度上升，如用火枪在一个地方一直加热，糖体会因此破碎；极冷就是糖体在短时间内迅速降温，如将糖体面对比较冷的空调直吹，此时配件会因急速降温而碎裂，严重时，整个造型会倒塌破碎，造成时间、材料和精力的浪费。

4）拼接配件时，可以使用除尘罐吹制拼接口的糖体，加快降温的速度，然后再用风扇吹至完全降温，达到凝固的状态。

6.2.2 糖艺作品装饰的方法和注意事项

1. 糖艺作品装饰的方法

糖艺作品的装饰方法很多，对于大的糖艺造型，配件本身对整个作品就有点缀和装饰作用。喷色和涂色是糖艺作品制作中常用的装饰方法，二者兼具上色和装饰的双重作用。

（1）**喷色装饰** 用喷枪将色素喷涂在糖体上，可以在糖体上进行花纹的喷绘，形成所需样式，具有一定的绘画效果。

制作示例

1）用刀将软玻璃刻出蝴蝶翅膀的形状，再淋上浅黄色透明糖液，完全冷却后取出。

2）在白纸上画出蝴蝶翅膀的图案，并刻出样式，叠加在黄色透明翅膀上，喷上粉色，形成所需花纹。

3）将适量蓝色糖液倒在耐高温不粘垫上，呈水滴形和椭圆形。

4）待其冷却后，粘在翅膀上。

5）将翅膀组装在蝴蝶身体上即可。

（2）涂色装饰　利用工具将涂料（色素）涂抹在做好的糖体上。

制作示例

　　用勾线笔蘸取适量酒精和可食用铜粉的混合物，涂在制作好的配件上进行表面装饰，若涂制的次数和量较多，待其晾干，会有金属般的质感。

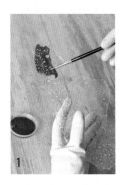

2. 糖艺作品装饰的注意事项

1）喷色时要少量多次喷涂，注意喷出的量和距离的掌握。

2）涂色时要注意涂制的手法、力度和幅度。对于质地较薄的配件，力度要轻，否则极易破碎。涂制时，要少量多次地进行，不要在一个地方反复涂制，否则糖体会因为受潮发黏。

3）涂色时，涂制的次数依据所需而定，可涂薄薄一层，也可以多涂几层。

6.2.3　糖艺作品保存的方法和注意事项

1.　糖艺作品保存的方法

糖艺作品保存时，侧重于温度和湿度的把控，保证光泽度和完整度。需要将其密封在干燥的空间中，并且内部要放入干燥剂；此外，还要避免阳光直射，保存的温度要控制在22℃左右，湿度保持在30%左右。

糖艺作品主要由糖制成，具有一定吸水性，若将其放置在潮湿的环境中，糖会吸收空气中的水分，随着时间的推移，表面会变黏、失去光泽。空气中湿度越大，失去光泽的速度就越快，严重时，作品上的糖会溶化，呈现流淌的状态，失去原有的形状。

此外，若是保存不当，糖艺作品还会发生返砂的现象，主要体现为糖艺作品组织中的糖类从无定型状态重新恢复为结晶状态，失去了糖原有的透明性和光滑性。返砂的主要原因是糖艺作品吸收空气中的水分，糖体表面呈现黏烊的状态，在周围相对湿度降低时，其表面的水分子获得重新扩散到空气中的机会，水分子的扩散导致表面失水的糖类分子进入过饱和状态，而重新排列形成晶体，一层细小而坚实的白色晶粒组成返砂的外层。

2.　糖艺作品保存的注意事项

用于保存作品的空间要大，温度和湿度要达到最佳。

富贵游鱼

原料配方

未调色透明糖液	适量
蓝色色素	适量
黄色色素	适量
绿色色素	适量
白色色素	适量
棕色色素	适量
黑色色素	适量
红色色素	适量

工具模具

硅胶球模具	1个
胶带	1卷
支架条	2根
剪刀	1把
鱼眼珠	2颗
纹路模具	1个
镊子	1个
美工刀	1把
火枪	1把
高温不粘垫	1块

操作准备

1）将熬煮好的未调色透明糖液分成若干份，一部分用于调色，一部分不调色，备用。

2）在若干份未调色透明糖液中分别加入不同比例的蓝色色素，调配出浅蓝色、蓝色和深蓝色的透明糖液；同理，再分别调配出浅黄色、黄色透明糖液；最后依次调配出黄绿色（黄色+绿色）、白色、棕色和黑色透明糖液。

3）取部分未调色的透明糖液，反复拉制折叠出光泽感，制成白色糖体。

制作过程

（1）水晶球

1）用胶带将硅胶球模具固定，粘紧，先将浅蓝色透明糖液倒入球模中，至模具八分满。

2）再缓缓倒入白色透明糖液，至模具九分满。

3）最后倒入少许深蓝色透明糖液，至满，静置冷却。

（2）底座和支架

将支架条放置在耐高温不粘垫上，弯曲成所需的形状，再倒入适量蓝色液体透明糖液至所需高度，静置冷却，用同样的方法制作另一根；另取支架条，放在耐高温不粘垫上，弯曲成圆形，大小比水晶球略大，再倒入适量棕色糖液至所需高度，静置冷却，脱模后制成圆柱形底座。

1.1

1.2

1.3

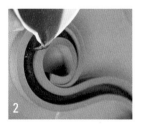

2

（3）鲤鱼

1）将黄色透明糖液反复拉制折叠至有光泽。取适量黄色糖体，折出光亮面，再用右手大拇指和食指旋转，捏出光滑的球形糖体，并用剪刀取下，将球形糖体切口处旋转捏出碗状，放入加热后的铜管，吹出梭形的鱼身。

2）取适量黄色糖体，利用拉的手法拉出鱼鳃，剪下，做出两片，贴在鱼头两侧。

3）将鱼鳃的部位稍微加热，用工具按压出凹陷，凹陷处粘贴上眼珠（眼珠为市面购买的成品，也可自制）。

4）取适量黄色糖体，剪出长短不一的糖条，沿着鱼眼由短到长粘好，两边各粘三条即可。

5）取适量黄色糖体，使用拉的手法，制成较大的片状，粘在鱼的头部，再用同样的方法做出两个小的片状，制成鱼嘴，先粘上嘴唇，弯曲出弧度。

6）再粘下嘴唇。

（4）鱼尾、鱼鳍和触须

1）将黄色透明糖液和黄色糖体分别拉制成片状，趁糖体软时，将二者交叠。

2）立刻用工具按压二者重合处，使其融合在一起。

3）将其放在纹路模具上，用工具压出纹路，做出两片，制成鱼尾。

4）以同样的方法制作出两片鱼鳍（胸鳍），再用黄色糖体，拉出两根条状触须，弯曲，放在干燥整洁的地方（如图所示，左边两片为鱼尾、中间两片为胸鳍、右边两根为触须）。

5）以同样的方法制作出背鳍。

6）将背鳍拼接在鱼背上。

7）将制作好的两片鱼尾拼接在一起，再组装在鱼的尾部。

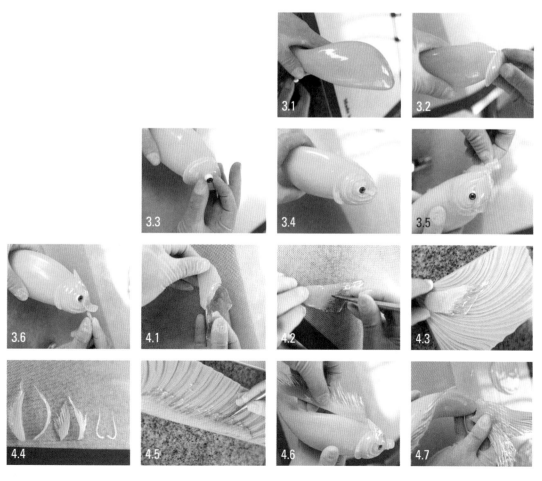

（5）鱼鳞

1）取适量黄色糖体，翻折出光亮面，压扁，用双手的拇指和食指捏住压扁的边缘，向两侧拉制成扇形，再拉出片状。

2）剪出，制成鱼鳞片，以同样的方法继续制作，至达到所需数量。

3）用镊子夹取鱼鳞片，在根部喷涂上红色色素。

4）将喷涂好的鱼鳞片放在干燥整洁的地方。

5）用镊子夹取鱼鳞片，从鱼的尾部开始向鱼头部粘，每层鳞片要错开（下一层的鱼鳞要粘在上一层两片鱼鳞的交界处），再用喷枪喷上红色色素进行过渡，让整体更加自然。

（6）鱼鳍、触须的拼接

将鱼鳍（胸鳍）的根部喷涂上红色色素，粘在鱼身上，再将触须粘在头部。

（7）花卉和叶子

1）取黄绿色糖液反复拉制折叠至有光泽。取适量黄绿色糖体，捏出莲蓬的形状（上宽下窄的圆柱形），用工具在表面戳出孔。

2）在周围粘上花蕊。

3）分别用黄色、淡黄色和白色透明糖液拉出花瓣，从内层到外层花瓣的颜色为黄色、淡黄色、白色，花瓣由内到外依次变大。

4）先将黄色花瓣沿着花蕊进行拼接，粘满一两圈。

5）将淡黄色和白色花瓣依次粘好，至花卉圆润和饱满。按照同样的方法制作其他花卉，要有大小之分。

6）用白色糖体做出花蕊，再将白色花瓣粘在花蕊上，制成花苞，顶部喷上少许黄色色素。再取适量黄绿色糖体，拉出黄绿色圆片，趁软，放入荷叶纹路模具中，压出纹路，制成叶子。

（8）泡泡和浪花

1）取适量淡蓝色糖体，处理成碗状，放入加热后的铜管，捏紧接口处，吹出大小不一的泡泡，待完全冷却变硬，用加热的美工刀取下即可。

2）取适量未调色透明糖液和白色糖体，将两者按压在一起。

3）将糖体不断折叠和拉制，做出水浪。

4）将水浪弯曲定型。

5）取出一块未调色透明糖液，用火枪烧制，使熔化的糖液依次滴落在高温不粘垫上，形成不规则的透明水花。

6）将水花粘在水浪边缘，制成浪花。

（9）组装

1）将水晶球脱模，用火枪将表面烧至光亮，再将其和圆柱形底座进行拼接。

2）将两根支架条脱模，重叠粘在一起，待二者完全粘紧，将其粘在水晶球上，冷却静置。

3）如图所示，将做好的鲤鱼粘在支架上，冷却静置。

4）将花卉依次进行拼接。

5）将叶子进行拼接。

6）将浪花粘在鲤鱼下部。

7）将泡泡粘在造型上，即可完成整体组装。

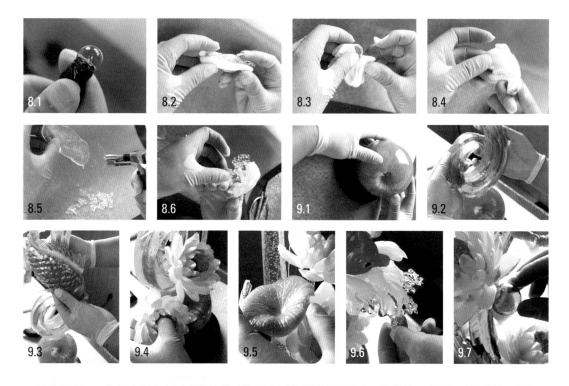

制作关键　1）用来制作水晶球的硅胶球模具内部要保持干燥整洁，注模前一定要用胶带缠紧，以免后期糖液溢出，影响成型。

2）制作鲤鱼时，使用多块糖体拼接的方式进行塑形，拼接后的糖体接口要处理光滑、干净，不可出现火枪烧煳的状态，保证外观干净整洁。

3）在对鱼鳞片喷色时，喷涂的色素要适量，不可过度，以免糖体发黏。

4）粘鱼鳞片时，用镊子夹取，力度要轻。

质量标准　造型整体比例协调、颜色光亮、色彩搭配和谐，花卉圆润、饱满且无排队现象，鲤鱼形态生动传神、浪花起伏自然流畅、整体造型干净整洁。

海底世界

原料配方

未调色透明糖液	适量
蓝色色素	适量
红色色素	适量
紫色色素	适量
白色糖体	适量

工具模具

不同直径空心支架管		纹路硅胶模具	1个
	若干个	高温不粘垫	1块
球形模具	1个	气囊	1个
半球模具（大、中、小）		剪刀	1把
	若干	糖灯	1盏
不锈钢慕斯圈模	1个	美工刀	1把

操作准备

1）将熬煮好的未调色透明糖液分成若干份，一部分用于调色，一部分不调色，备用。

2）在若干份未调色透明糖液中分别加入蓝色、红色和紫色色素，调配出所需颜色的糖液。

3）取部分未调色透明糖液，反复拉制折叠出光泽感，制成白色糖体。

4）将3种直径的空心支架管裁剪至所需长度。

制作过程

（1）支架和底座

1）取出最粗的空心支架管，底部夹上架子固定，先倒入蓝色透明糖液，至一半的位置。

2）再倒入未调色透明糖液，至所需的位置。

3）用夹子封口。

4）放在高温不粘垫上，略微弯曲至一定的弧度，冷却定型。

5）取出较粗的空心支架管，内部依次注入蓝色和未调色的透明糖液，用夹子封口，共制作2根。其中一根略微弯曲（弧度要和最粗的支架大致相同），另一根弯曲成椭圆形，冷却定型后脱模。在不锈钢慕斯圈模中倒入未调色透明糖液，呈圆柱形，冷却后脱模；在球形模具中倒入紫色透明糖液，静置冷却后脱模，作为底座。

（2）曲线条

1）将蓝色透明糖液和未调色透明糖液分别倒入细的空心支架管中，两种颜色各制作三四根，用夹子固定，静置冷却。

2）待其冷却变硬，用刀从支架管中间划开，再脱模。

3）将蓝色曲线条放在糖灯下加热，待稍微变软，用手将前端拉长，拔出尖状，再将糖体弯曲出

1.1 1.2 1.3 1.4

1.5 2.1 2.2 2.3

所需弧度即可。

4）将剩余的蓝色曲线条脱模后，用同样的方法塑形。

5）同理，将未调色透明曲线条脱模，用同样的方法塑形。

6）取适量蓝色和未调色透明糖液，分别拉成长条状，弯曲出弧度，有长短、粗细之分，制成其他形状的曲线条。

（3）泡泡

1）用手指将未调色透明糖液旋转捏出碗状，放入加热后的铜管，将接口处捏紧。

2）将糖体吹出一个球形。

3）待其完全冷却变硬，取下，用剪刀去除底部多余的糖体，制成泡泡。按照同样的方法制作出其他颜色和大小的泡泡。

（4）花

1）在半球模具中分别倒入红色透明糖液（大号）、紫色透明糖液（小号、中号）和未调色透明糖液（中号），静置冷却后脱模。将紫色和未调色半球分别两两拼接成球体，用火枪将表面烧至光亮。

2）将红色半球、未调色透明球和紫色半球依次粘在一起，制成花托。

3）将蓝色糖体搓成长条，略微拉长后折叠，再进行拉长和折叠，重复上述动作，至达到所需的宽度和纹路，最后用双手拉长，平放在高温不粘垫上，趁软，用剪刀剪出长短一致的长方形。

4）将所有长方形糖体整齐摆放在高温不粘垫上。

5）取一片剪好的糖体，放在糖灯下稍微加热至软，用手将前端稍微拉长，边扯断前端多余糖体边拔出尖状，前端用手弯曲出弧度，制成花瓣。按照同样的方法，制作其余的花瓣。

6）将花瓣按照顺序摆放。

7）将蓝色花瓣粘在紫色球体底部，粘时，花瓣一片贴着一片，至粘满一圈。

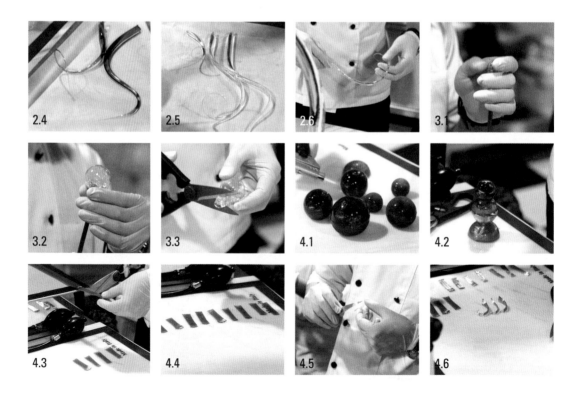

2.4　　2.5　　2.6　　3.1

3.2　　3.3　　4.1　　4.2

4.3　　4.4　　4.5　　4.6

8）第二层的花瓣粘在第一层两片花瓣的中间，粘完三层蓝色花瓣。

9）取适量白色糖体，用同样的方法制作出白色花瓣。

10）用白色花瓣粘在第四层。

11）再粘第五层，整个花朵要圆润饱满。

（5）叶子

1）取适量白色糖体，翻折出光亮的面，压扁，用双手的拇指和食指捏住压扁的边缘，向两侧拉成扇形，双手拉出薄片，用剪刀将薄片剪出水滴形，再将薄片放在纹路硅胶模具中压出纹路，制成叶子。

2）用手指将叶子的根部两边由外向里捏制，再将叶子尖部稍微向下拉出所需弧度即可。

（6）彩带

1）将部分蓝色透明糖液和白色糖体分别拉至光亮，将二者和另外一部分蓝色透明糖液（未拉制）分别搓成粗细一致的长条，再将三者依次

拼接在一起。先用双手略微拉长，放在耐高温不粘垫上，用剪刀从中间剪开，分成两部分，再将这两部分糖体进行拼接，增加糖体的宽度和表面色条的数量。重复该操作，至糖体表面色条数量达到所需。

2）用双手捏住糖体的两边，轻轻拉长，剪去两端多余的糖体，用加热过的刀片将糖体均匀切成长方形。

3）将长方形糖体在糖灯下稍微加热至微软，再将两边轻轻对折，做出所需的彩带形状。

4）将做好的彩带放在干燥整洁的地方。

（7）水母

1）用气囊将糖体吹成球状，趁质地较软时，用加热的刀片从球体中间横向切出一个半球，再用手指将半球边缘依次由外向内推，形成弧度。一共制作3个，两个小的（蓝色、透明色），一个大的（紫色）。将短且细的曲线条底部加热，依次拼接在小半球内部，制成小水母。

2）按照同样的方法，将粗且长的曲线条粘在大半球内部，制成大水母。

（8）组装

1）将完全冷却的支架脱模。

2）在圆柱形底座中心位置用火枪加热，放上紫色球形底座粘好。

3）将最粗和较粗的支架依次粘在球体上，形成一个大椭圆形。

4）将小的椭圆形支架粘在大椭圆形支架上。

5）在两个椭圆形支架接口处粘上花。

6）在小椭圆支架顶部粘上大水母。

7）将叶子和彩带依次粘在花的底部。

8）将两个小水母依次粘在大椭圆支架上，一边一个。

9）将做好的泡泡粘在大水母底部。

10）将形状各异的曲线条粘在花卉底部。

制作关键

1）用刀划空心支架管脱模时，注意刀口不可划得太深，以免伤到糖体。

2）脱模后的曲线条在二次塑形时，将其放在糖灯下稍微加热至软即可，不可过度加热，否则糖体软化变形，不易操作。

3）在压制叶子的纹路时，保证糖体软硬度适中，若质地太硬，糖体易碎且不易压出纹路；若质地太软，则容易变形。

质量标准 造型整体比例协调、颜色光亮、色彩搭配和谐、花卉圆润，饱满且无排队现象、水母形态生动传神、彩带厚薄均匀、花纹分明、曲线条弧度自然流畅、叶子纹路清晰、整体造型干净整洁。

复习思考题

1. 用于制作糖艺的模具有哪些?

2. 糖艺模具的制作方法有哪些?

3. 制作糖艺模具时,应该注意些什么?

4. 糖艺配件的制作方法有哪些?

5. 制作糖艺配件时,有哪些注意事项?

6. 糖艺作品组合有哪些方法?

7. 糖艺作品组合的过程中,需要注意些什么?

8. 糖艺作品有哪些装饰方法?

9. 在进行糖艺作品装饰时,需要注意什么?

10. 糖艺作品如何保存?有哪些注意事项?

项目 7

艺术造型面包制作

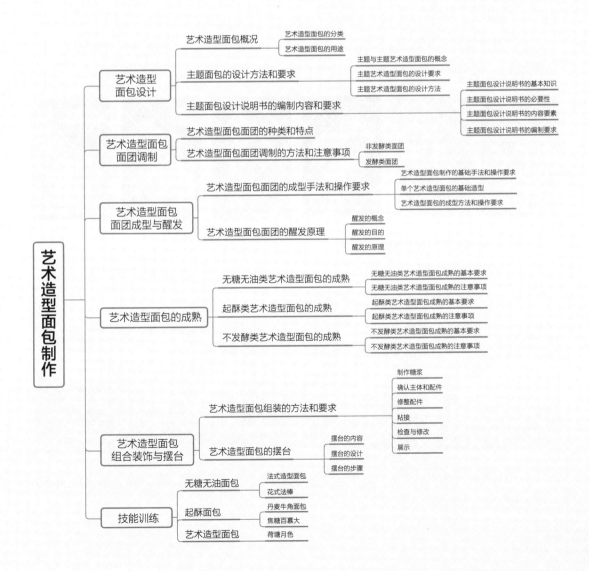

艺术造型面包制作
- 艺术造型面包设计
  - 艺术造型面包概况
    - 艺术造型面包的分类
    - 艺术造型面包的用途
  - 主题面包的设计方法和要求
    - 主题与主题艺术造型面包的概念
    - 主题艺术造型面包的设计要求
    - 主题艺术造型面包的设计方法
  - 主题面包设计说明书的编制内容和要求
    - 主题面包设计说明书的基本知识
    - 主题面包设计说明书的必要性
    - 主题面包设计说明书的内容要素
    - 主题面包设计说明书的编制要求
- 艺术造型面包面团调制
  - 艺术造型面包面团的种类和特点
  - 艺术造型面包面团调制的方法和注意事项
    - 非发酵类面团
    - 发酵类面团
- 艺术造型面包面团成型与醒发
  - 艺术造型面包面团的成型手法和操作要求
    - 艺术造型面包制作的基础手法和操作要求
    - 单个艺术造型面包的基础造型
    - 艺术造型面包的成型方法和操作要求
  - 艺术造型面包面团的醒发原理
    - 醒发的概念
    - 醒发的目的
    - 醒发的原理
- 艺术造型面包的成熟
  - 无糖无油类艺术造型面包的成熟
    - 无糖无油类艺术造型面包成熟的基本要求
    - 无糖无油类艺术造型面包成熟的注意事项
  - 起酥类艺术造型面包的成熟
    - 起酥类艺术造型面包成熟的基本要求
    - 起酥类艺术造型面包成熟的注意事项
  - 不发酵类艺术造型面包的成熟
    - 不发酵类艺术造型面包成熟的基本要求
    - 不发酵类艺术造型面包成熟的注意事项
- 艺术造型面包组合装饰与摆台
  - 艺术造型面包组装的方法和要求
    - 制作糖浆
    - 确认主体和配件
    - 修整配件
    - 粘接
    - 检查与修改
    - 展示
  - 艺术造型面包的摆台
    - 摆台的内容
    - 摆台的设计
    - 摆台的步骤
- 技能训练
  - 无糖无油面包
    - 法式造型面包
    - 花式法棒
  - 起酥面包
    - 丹麦牛角面包
    - 焦糖百慕大
  - 艺术造型面包
    - 荷塘月色

7.1 艺术造型面包设计

7.1.1 艺术造型面包概况

1. 艺术造型面包的分类

艺术造型面包的分类有多种角度，按造型来分，有立体造型和平面造型两大类；按制作工艺来分，有发酵和不发酵两大类；按形状大小来分，有大型艺术造型面包和小型艺术造型面包。

现代竞技类的艺术造型面包融合了多种工艺技术，使用不发酵面团来制作更能突出造型的线条和棱角，成品更能匹配设计需求。

（1）发酵类艺术造型面包　小型艺术造型面包可以由多个面团仿照某种样式做出造型来，规格比较小，主体一般是发酵面团，如法式面团、布里欧修面团、丹麦面团等。

（2）非发酵类艺术造型面包

1）平面艺术造型面包。以非发酵面团为主要支撑材料，在上面做各种拼接、切割、绘画等，使其成为类似平面画的造型面包作品。

2）立体艺术造型面包。立体艺术造型面包的制作十分考量面包师的综合技术能力，是有一定难度的技术工种。

首先立体艺术造型面包需要面包师有一定的构思能力，会根据主题设计作品图。在有设计图稿的基础上，要选择或重新设计对应的模具，最后才能落实到制作中来。

在制作中，艺术面包的面团制作是重点，是选择发酵面团还是无发酵功能的面团，要根据设计图稿来反复确定。因为非发酵面团的可控性，主体部分一般都用其来制作。

在组合阶段，一般选择熔化的艾素糖来作为黏合材料，需要考虑在何处粘，避免造成观感不好，影响产品表达效果。立体艺术造型面包不但在前期设计和中期实践中考验面包师，在面包制作完成后，也需根据实际呈现效果来进行赏析、评测，提供改良的可能性以便做出更加合理优秀的作品。

2. 艺术造型面包的用途

（1）用于各种庆祝活动 造型各异的面包出现，多跟节庆活动等有着紧密的关系。

（2）用于考核烘烤技术和艺术才能 艺术造型面包的主要技术还是烘焙领域的，同时它具备装饰效果，"装饰面包"拥有多种功能性，具有技术性，同时也具备艺术性，是面包文化性和艺术性的重要表达方式之一。艺术造型面包的发展需要延续、超越、引领，面包制作者需要学习和传承。

（3）竞技比赛　大型艺术造型面包是各类烘焙比赛中的常见比赛项目，是面包制作者综合实力的主要考核项目之一，体现了面包师的专业性、艺术性、创造性等多个维度的能力。

7.1.2　主题面包的设计方法和要求

1. 主题与主题艺术造型面包的概念

无论是大型节日、纪念日、活动、比赛等，都是有明确的主题含义的，主题又称主旨、题旨或主题思想，艺术造型面包通过艺术创造来表现相关主题，使主题本身所具有的意义得到凝练、概括和升华，是一种具象的表现方式，由此产生的作品融入了制作者和设计者对主题的理解、思索和展现。

2. 主题艺术造型面包的设计要求

（1）设计主题　作品表现需要满足主题需求，融合个人创作和艺术表现，作品应该表现出独特性和艺术魅力，不是复刻和模仿。

（2）作品颜色　主题面包作品需符合面包的烘烤本质，在作品颜色上，自然烘烤色的占比要最大，其他非自然烘烤色以不超过 30% 为宜。

（3）作品使用原材料　主题面包制作不能采用非食用原材料，不能采用金属、塑料等进行装饰点缀。其制作的主要原材料就是面粉，造型能力与巧克力造型和糖艺造型技术相比要差一些，所以在设计作品时要考虑作品成型的可能性。

3. 主题艺术造型面包的设计方法

（1）小型艺术造型面包（单个）　围绕主题，小型艺术造型面包的成型样式有限，成型技法与一般面包的制作技术类似，常见的有包、剪、搓、压、捏等。常用制作面团为发酵型面团，如法式面团、布里欧修面团、丹麦面团等。

在成型过程中，使用单个面团或者少数面团叠加塑形成各种形状，再用种子、面粉进行装饰，经过发酵、烘烤定型。

（2）大型艺术造型面包（单个）

1）确定主体。艺术造型面包的主题具有多样性，作品需要展现主题，需要有"场景"呈现，需要通过面团烘烤来具体展现。

主体是占据艺术造型面包核心地位的组合物，它可以是人、动物、物件、果实、树木等，它和场景有关，是场景实践中最重要的表达，它影响和决定整个作品的大小，是作品的灵魂所在。

对于大型艺术造型面包来说，确定主体后，才能确定其他组合物的大小、位置和样式。主体设计需要考虑实践性、可操作性和观赏性，如果主体比较大，还需要考虑安全性和稳定性。通常情况下，主体是一个或一组，可以分为多个部分。

2）确定主要搭配物。大型艺术造型面包在确定主体后，可以确定其他主要搭配物，也称副体。为了使主体更加稳定或表达得更加完善，需要增加其他必要的配件辅助完成整体创作。

主要搭配物通常与主体存在必然联系，是主体在场景设计中的表达辅助物。如设计以花卉为主题的艺术造型面包时，用牡丹作为主体，为了营造花开时的香味，可以配合以蝴蝶或蜜蜂等来表达，此时蝴蝶或蜜蜂就是主要搭配物。

主要搭配物可以是一个或多个，和主题表达、实践操作能力有直接关系。

3）确定其他配件。在大型艺术造型面包的主体面包设计中，场景、主体和主要搭配物依次确定后，需要根据产品整体的功能性进行更为细致的考虑。

① 支撑性配件。主题面包在设计过程中会优先考虑主题表达，在具体实践过程中需要进一步考虑产品的成型问题。

如图中所示造型，花作为主体，蝴蝶是主要搭配物（副体），为了使蝴蝶与花的位置更加立体、合理，需要中心的黑色支架和底座来支撑，这类产品就是支撑性配件。

支撑性配件是搭建主体和主要搭配物的重要工具，是产品完成的基础，是产品组成中非常重要的功能性配件。

支撑性配件的样式可以根据整体造型的美观度来设计，不固定。

② 稳定性配件。在以上内容确定后，作品的核心内容基本可以搭建出来了。为了进一步确定作品完成后在移动过程中的稳定性，可以增加相关配件来维持作品各个零件的安全性和稳定性。稳定性配件在整体呈现中可露出，也可以不露出。具体作品可采用不同的实践方法。

③装饰性配件。作品的可观赏性和可读性是其重要的核心价值，以上所有的产品组成在设计时都需注意造型的美观度，在此基础上，装饰性配件可以在作品空白处产生锦上添花的作用。

当然，装饰性配件也可以具备其他功能性，如稳定性。这需要设计者拥有充分的理论支撑和实践功力，能够充分发挥每一个部件的功能性，使产品中的每一个组成部分都有多重价值和表达能力。

（3）主题艺术造型面包（单组）　根据主题设计一组（一套）艺术造型面包，一般包含不同形状，常见的有长条形、圆形、月牙形、椭圆形等，常见的造型有辫子型、长棍型、牛角型等。

在大型活动或竞技比赛时，会要求有较大的组合型的艺术造型面包。

整组艺术造型面包设计时需注意口味、形状、色彩、高度的协调性和艺术感，在组合摆台时才能营造更好的观感。

7.1.3 主题面包设计说明书的编制内容和要求

1．主题面包设计说明书的基本知识

主题面包设计中可使用的面团类型有发酵型和不发酵型两大类，成品可大可小。制作主题面包时需要进行整体设计，确定活动名称、主题名称与含义、工器具清单、产品配方、产品工艺流程、产品标准与制作特点、产品呈现效果、产品组合特点等，将相关内容制作成文本，生成册子，形成主题面包的设计说明书。在竞技比赛中也常称为作业书。

2．主题面包设计说明书的必要性

主题面包设计说明书是在活动前或比赛前呈现给活动方或比赛评委的重要文件，是制作者的制作依据。制作者应按照设计的说明书进行相关产品的制作，并使成品与设计说明书中描述一致。

对于活动方、比赛评委来说，说明书也是作品呈现的对比文件，是需求方的验收对比文件，是评委打分的对比文件，具有非常重要的作用。在制作时，要注重准确性、合理性、实践性和艺术性。

3．主题面包设计说明书的内容要素

（1）**活动名称或比赛名称** 该信息一般会放在设计说明书的首页或其他较明显的地方，标明活动名称或比赛名称、设计说明书或作业书、制作者或参赛者、相关日期等。

（2）**作品名称** 相关活动或赛事都有主题，作者根据主题设计自己的作品，形成主题面包，制作者需要给该产品命名。如本项目"技能训练"中的作品"荷塘月色"就是在"自然景色"的主题下创作产生的艺术造型面包。

（3）**工器具清单** 在设计说明书中需要明确用于制作相关产品所用到的工器具，包含自创类工具。

示例

×××× 主题面包——工具和设备清单

名称	品牌	数量	单位
挂钩	—	14	个
小奶锅	—	1	个
热风枪	—	1	个
……	……	……	……

（4）**易耗品清单** 在重大赛事中，会需要参赛者明确制作中所用的易耗品，易于检查人员核对检查，避免作用违规材料。

示例

××××主题面包——耗材清单

名称	品牌	数量	单位
保鲜膜	—	1	卷
裱花袋	—	17	个
剪裁软胶片纸	—	2	张
……	……	……	……

（5）原材料清单　包含主题面包中所涉及的材料品种和重量，避免浪费，易于检查人员快速核对检查是否有违规食材，同时能够快速检索材料相关信息。

示例

××××主题面包——原材料清单

名称	品牌	数量	单位
70% 黑巧克力	—	2.5	干克
可可脂	—	1.16	干克
可可脂粉末	—	25	克
……	……	……	……

（6）产品配方　产品配方包含制作相关产品的原料名称、重量等相关信息，在大型比赛中，还会有烘焙百分比的计算。烘焙百分比是根据面粉的重量来推算其他原料所占的比例。实际使用中，先将配方中面粉的重量设为 100%，配方中其他原料的烘焙百分比计算方式：某原料的烘焙百分比 = 某原料实际重量 / 面粉重量 ×100%。

示例（产品为健康面包）

	健康面包			
	材料	烘焙百分比 /%	重量 / 克	过敏源
配方	全麦粉	50	910	面筋
	T65	50	910	面筋
	盐	2	36	—
	水	70	1274	—
	鲜酵母	1	18	—
	谷物	10	182	面筋
	果干	20	364	面筋
	鲁邦种	50	910	面筋
	谷物浸泡水	20	364	—
	总计	273	4968	—

（7）**工艺流程**　产品在制作过程中会产生多个流程步骤，涉及搅拌方式、醒发、成型、成熟等，工艺流程的叙述需要符合实际的操作顺序，要确保基本的准确性。

示例（产品为健康面包）

工艺流程	健康面包	
	面团搅拌	低速8分钟
	面团完成温度	24℃
	基础发酵	90分钟
	烘烤温度	上火260℃、下火230℃
	烘烤时间	25分钟

（8）**产品标准**　活动和赛事会对产品做出标准说明，如艺术造型面包的长、宽、高，制作者需要在此范围内制作作品；如法式造型面包需要几款，每款的制作数量等。在设计说明书中需要标明每个产品的标准信息。

（9）**产品特点**　主题面包来自制作者的创造，可加入制作者自己的创意，作品可呈现独特的文化特点、地域特点、口味特点等，这些亮点需要在设计说明书中用文字表述出来，并作为相关设计要求的审核依据。

（10）**产品效果**　活动或比赛中设计的产品样式需要在设计说明书中呈现，具体的呈现方式根据活动或比赛的需求而定。一般用于比赛的设计说明书，需要提供产品的彩色照片，此照片与赛事中的产品需一致。

（11）**目录**　如果内容较多，需要编写目录，方便阅读者查找信息。

4. 主题面包设计说明书的编制要求

（1）**内容要求**

1）具有一定美感。设计说明书是作品呈现的一个重要组成部分，要使阅读者感到艺术性和设计感，这就要求设计说明书在排版设计上要有一定的美感，包括字体、图片、背景、装订等。但也要避免过度华丽、奢侈，偏离设计说明书的制作初衷。

2）逻辑严谨。设计说明书中的内容展现需要逻辑清晰，切勿叙述杂乱，无法完整表达作品的内容要素。

3）完整性。面包制作的内容要素需要完整地呈现在设计说明书中，不能缺任何一个项目说明。

（2）**一致性要求**

1）设计说明书的内容与实物的呈现应一致。设计说明书中的产品配方、产品标准、产品特点、产品效果需要与实际呈现的产品一致。

2）制作工艺与设计说明书内容一致。在活动中，大都以实际呈现为最终目的，所以不太重视在具体实践过程中的工艺流程问题。但在竞技比赛中，评委评价参赛者作品时，如果发生作品失败的情况，评委需要明确是工艺流程正确但最终成品因其他原因未成功，还是因实际工艺流程与设计说明书中的预设工艺流程不一致而导致成品失败。两种原因可能会有不一样的评判结果。

7.2 艺术造型面包面团调制

7.2.1 艺术造型面包面团的种类和特点

艺术造型面包从作品设计到呈现，过程中会有许多细节，并会用到不同的面团。

大型组合类的艺术造型面包，烘烤后的成品是否能够达到设计所想要的色彩和状态是技术难点。在烘烤过程中，面团很容易出现起泡、变形、烘烤变色等问题。

艺术造型面包面团常用的是非发酵类面团，其可以表现出锐利的线条，能够描绘花纹和图案，烘烤后能够通过技术手段保持样式、比例不变，可以制作各种独特样式的面包及较为立体的造型。

根据设计，艺术造型面包中的每一个配件都需要做到无误差或误差极小，否则会给后期配件组装造成很大的难度，甚至无法完成组装。所以发酵类面团在大型造型组合中的使用频率非常低。但在非组装类的配件，如底座装饰的制作中，常用发酵类面团做出各类样式的面包，用以呼应主题、加固底座等。

此外，面糊类材料可以用于线条勾勒等。

7.2.2 艺术造型面包面团调制的方法和注意事项

1. 非发酵类面团

非发酵类面团指不含发酵材料、无发酵程序的面团，此类面团在生产制作中不易变形，可操作性比较高，在成型和成熟过程中可控，是艺术造型面包制作常用的面团类型。

（1）糖浆类面团

糖浆

主要作用

透明、无色，黏性强，食品级用材，用于各个配件间的黏合。

配方

细砂糖	1584克
水	924克

制作过程

将细砂糖和水一起熬煮至沸腾（103℃），冷却至常温，盖上保鲜膜备用。

糖浆面团

主要作用

艺术造型面包的基础面团，无色面团。

配方

糖浆	1070克
低筋面粉	1550克

制作过程

将所有材料全部搅拌成团，取出，用保鲜膜包好，松弛30分钟。

白色面团

配方

糖浆	78克
低筋面粉	99.7克
白色色素	5克

制作过程

将所有材料全部搅拌成团，取出，用保鲜膜包好，松弛30分钟。

抹茶色面团

配方

糖浆	78克
低筋面粉	99.7克
抹茶粉	4克

制作过程

将所有材料全部搅拌成团，取出，用保鲜膜包好，松弛30分钟。

红色面团

配方

糖浆	78克
低筋面粉	99.7克
红曲粉	4克

制作过程

将所有材料全部搅拌成团，取出，用保鲜膜包好，松弛30分钟。

（2）黑麦烫面类面团

黑色烫面 ....

主要作用

　　艺术造型面包的基础面团，黑色面团。

配方

黑麦粉	2000克
深黑可可粉	95克
水	878克
细砂糖	878克

制作过程

　　1）将细砂糖和水一起熬煮至沸腾，另将粉类倒入搅拌机中混合均匀备用。

　　2）将煮好的糖浆倒入粉中搅拌成团（要充分烫至糊化，无干粉状），取出，用保鲜膜包好，完全冷却后使用。

茶色烫面 ....

配方

黑麦粉	2000克
可可粉	95克
水	878克
细砂糖	878克

制作过程

　　1）将细砂糖和水一起熬煮至沸腾，另将粉类倒入搅拌机中混合均匀备用。

　　2）将煮好的糖浆倒入粉中搅拌成团（要充分烫至糊化，无干粉状），取出，用保鲜膜包好，完全冷却后使用。

2．发酵类面团

　　发酵类面团经过烘烤膨胀后，形状、大小变得不可控，会给组装型、精细的艺术造型面包制作带来不小的困难，所以发酵类面团在大型艺术造型面包制作中的使用比例不高，但可以通过巧妙运用面包整形技术将面包塑形至某种特定形象，比较适合制作简易或单件制品，作为点缀或者装饰的配件出现，用以丰富艺术造型面团的主体。

　　（1）**法棒与花式法棒面团**　　制作法棒用传统法式面团，通常只用小麦粉、水、盐和酵母四种原料，成品面包外皮酥脆、内部松软。

　　与软质面包相比，法式面团的延伸性要差一点，通过表面的切痕，在一定程度上可以使面团更好的往外延伸。此外，面团内部堆积的气体经过划痕处散发出来，使面团在烘烤过程中膨胀均匀。烘烤后，面包的表皮与内部颜色清晰的展现在人们眼前，不但能提高观赏度，也能引发食欲。

示例　花式法棒造型

示例配方

材料	烘焙百分比（%）	重量 / 克
高筋面粉	100	1000
水	65	650
食盐	2	20
鲜酵母	0.6	6
固体酵种	20	200
分次加水	8	80

制作过程

1）将高筋面粉和水倒入面缸中，稍稍搅拌至混合，停止搅拌，室温静置90分钟，进行水解。

2）加入食盐，用低档搅拌均匀后，加入鲜酵母和固体酵种，继续用低档搅拌约10分钟，观察面团的状态，分次加水，并调整转速至中档，搅拌至面团不粘缸壁、表面细腻光滑。

3）将面团继续搅拌至面筋有延伸性，能拉开面筋膜。

4）将面团放入周转箱中，再将面团的四边分别向中间内部折叠，使面团表面圆滑饱满。放入3℃的冰箱中冷藏发酵一夜（12~15小时）。

5）取出面团，分割，然后进行整形所需的其他工作。

（2）**法式造型面团**　法式造型面团属于传统法式面团的一类，与法棒类产品有类似的配方和搅拌方式，主要制作材料是小麦粉、盐、含酵母类产品与水。不同的是，法式造型面团为了后期外观的定型，面团的质地与法棒类面团有所区别。

法棒类面团的含水量一般在 70%~75%，这个含水量可以帮助面团内部组织产生更好的气孔。而法式造型面团的含水量要稍低一点，这样利于产品后期的造型设计与面包成形，内部组织也较绵密。

法式造型面包的表层花纹多是辅助拼接和模具而成。拼接需要辅助刷油或刷水来连接，刷油便于烘烤后两部分之间的分离，产生层次；刷水便于两部分之间的连接，后期烘烤分层不明显。

用于造型的模具除了来自专业厂家外，也可以自己根据需求用硬纸板制作。

示例 以法式造型面团制作的面包样式

示例配方

材料	烘焙百分比（%）	重量/克
高筋面粉	100	1000
水	65	650
食盐	2	20
鲜酵母	1	10
固体酵种	20	200

制作过程

1）将所有材料倒入面缸中进行搅拌。

2）搅拌至表面光滑，有良好的延伸性，能拉出薄膜。

3）将搅好的面团放置在发酵箱中，室温26℃，发酵60分钟。

4）取出，进行分割等造型创作。

（3）**布里欧修面团** 布里欧修是法国传统面包，含油量较大，外皮金黄酥脆，内部超级柔软，常作为点心来食用。布里欧修的制作历史非常久远，最初只采用低价的黄油制品、鸡蛋和面粉制作而成，是一款非常平价的食物，后期经过改良，增加馅料，并形成多样性的组合方式。原味的布里欧修可以很明显地感受到黄油的乳脂香味，含有馅料的布里欧修则会带给食用者蛋糕般的享受。

在制作布里欧修时，含油量越大，制作难度就越大，口味也会更加香醇。在制作过程中，面团的搅拌是制作好布里欧修面包的重中之重，难点也较多，不易把控，尤其是对面团筋度的把控需要格外注意。

示例 以布里欧修面团制作的面包样式

示例配方

材料	烘焙百分比（%）	重量 / 克
高筋面粉	100	500
细砂糖	20	100
鲜酵母	4	20
食盐	2	10
固体酵种	20	100
蛋黄	28	140
牛奶	35	175
黄油	40	200
香草荚	0.4	2（1根）

制作过程

1）将除黄油以外的所有材料倒入面缸中，以慢速搅拌均匀成团，无干粉。

2）转快速，搅打至面筋扩展阶段，此时面筋具有弹性及良好的延伸性，并能拉出较好的面筋膜。

3）加入黄油，以慢速搅拌均匀。

4）转快速，搅打至面筋完全扩展阶段，此时面筋能拉出大片面筋膜且面筋膜薄，能清晰地看到手指纹。

5）取出面团，整理至规整，盖上保鲜膜，室温基础发酵60分钟。取出，分割，然后进行整形所需的其他工作。

（4）**起酥面团** 起酥面包展现的层次较多，酥脆香甜，在面包制作的基础上，也可以加入各种馅料，样式新颖多变。

起酥面包的成型过程较为复杂，面团要先经过折叠层次，一般包入黄油的比例越高，制作出来的面包层次越多，酥松感越好，黄油的香味更浓。

示例　以起酥面团制作的面包样式

示例配方

材料	烘焙百分比（%）	重量 / 克
高筋面粉	100	500
细砂糖	13	65
鲜酵母	4	20
食盐	2	10
全蛋	5	25
水	33	165
牛奶	10	50
黄油	8	40
片状黄油（包入）	—	280

制作过程

1）将除片状黄油外的所有材料倒入面缸中进行搅拌。

2）搅拌至面团表面光滑，有延展性，并能拉开面筋膜。

3）取出面团，室温（24℃左右）发酵20分钟。

4）将发酵好的面团擀开放在烤盘上，速冻（-25℃）30分钟，再冷藏20分钟。

（注：面团擀开后，可以先放入速冻中急速降温，再放入冰箱中冷藏保存。这样做的目的是给面团急速降温，抑制面团发酵，同时使面团保持一定的硬度，质地接近片状黄油。）

5）将片状黄油敲打至22厘米×22厘米，增强油脂的延展性。取出面团，擀压至片状黄油的2倍大，并包入片状黄油。

6）将面团两侧切开。（注：在擀压过程中可以帮助面团和黄油更好的延展。）

7）用擀面杖稍稍擀压一下，使面团和油脂更贴合。

（注：用擀面杖在面团表面按压时，力度要适中，避免力度过大使内部片状黄油断裂，力度过小则达不到黏合效果。）

8）将包好片状黄油的面团用开酥机擀压至0.5厘米厚，进行一次四折。

9）将折好的面团再擀压至0.6厘米厚，进行一次三折，冷藏松弛20分钟左右，取出，进行擀压造型。

（注：在面团擀压过程中，要时刻注意面团的状态，如果片状黄油断裂或熔化，要及时调整面团的状态。必要的时候可以采用冷冻的方式。如果面团长时间不使用，可以密封放在冷冻室中，待使用时再进行回温、整形即可。）

3．辅助面糊

面糊的质地可以弥补面团类产品的制作局限，如线条类的细节刻画，给作品表达带来更多的发挥空间。面糊可以经过烤箱定型，也可以直接使用，根据作品需要而定。

示例	黑色糯米勾线糊

示例配方

糖浆	50克
糯米粉	12克
低筋面粉	6克
深黑可可粉	10克

制作过程

将所有材料全部搅拌成糊，用保鲜膜包好并静置30分钟。

7.3　艺术造型面包面团成型与醒发

7.3.1　艺术造型面包面团的成型手法和操作要求

1．艺术造型面包制作的基础手法和操作要求

（1）**擀**　用擀面杖对面团进行擀压塑形，常用于擀圆形、长条形等。常用方法是用擀面杖将面团沿着某一方向平滑的展开。

（2）**压**　用手指、手掌、手肘等部位对面团按压塑形，常见的有单掌压、双掌压、双手压、肘压等。主要作用是降低面团高度，使表面平滑。

（3）**滚**　用手掌和手指将面团整成圆形，常见的有单手滚圆、双手滚圆等。主要作用是使面团整体圆润饱满。

（4）**卷**　五指微张，将面皮从上至下卷成圆柱状。可以使面皮整体缩小，形成规格不一的圆柱或异形圆柱状。

（5）**挤**　一般和卷同步，在卷面皮的同时，指尖向下向前发力，使面皮卷裹得更加紧密，面皮黏合得更加紧密。

（6）**拍**　五指伸直，用手指、手掌或手指与手掌共同在面团上发力，使面团表面变平。可以用于面团排气和面团表面平整，减小面团的厚度。

（7）**搓**　手指伸开，用手掌对面团均匀发力，使面团来回滚动并拉长至合适的粗细度。

（8）**剪**　用剪刀对面团进行裁剪，有反手剪和正手剪。可剪出各种造型。

（9）切　用切面刀对面团进行分割或造型。

（10）揉　用搓揉、推揉、摔揉等方式对面团进行整形，使面团更加光滑整洁。可用单手，也可用双手。

（11）捏　用手指尖将面团某些部位捏合在一起或进行造型。

（12）缠　取模具或工具，将条状的面团以一定的规律缠绕在上面，整形成特定的样式。

（13）编　一般针对两条或两条以上的面团整形，将面团以一定的规律相互交错形成特定的样式。常见的有辫子造型，多条面团可以编织成各种造型。

（14）包　用面皮将馅料完全包裹起来。包的方法有很多，可以形成多种花样。

（15）叠　将面团折叠堆砌，使整体形成一定的造型。

（16）扭　双手一上一下或一前一后反方向发力，使面团形成类似麻绳的造型。

（17）拉　双手配合将面团向前或向上拉伸，使面皮变长或变宽。

（18）戳　手指张开，垂直于面团用力，在面团上留下类似孔洞的形状。

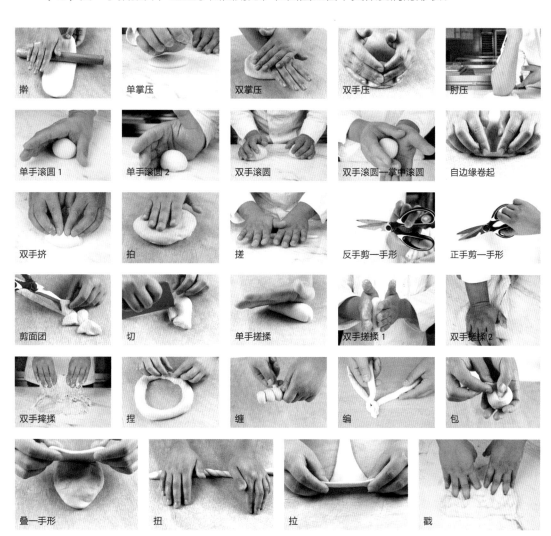

擀　单掌压　双掌压　双手压　肘压

单手滚圆1　单手滚圆2　双手滚圆　双手滚圆—掌中滚圆　自边缘卷起

双手挤　拍　搓　反手剪一手形　正手剪一手形

剪面团　切　单手搓揉　双手搓揉1　双手搓揉2

双手摔揉　捏　缠　编　包

叠一手形　扭　拉　戳

2. 单个艺术造型面包的基础造型

（1）开口笑　成型手法：剪。

（2）十字花　成型手法：剪。

（3）橄榄形　成型手法：擀、卷、搓。

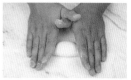

（4）手掌形　成型手法：擀、包、压、切。

（5）德国结　成型手法：搓。

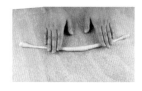

（6）花环两股辫　成型手法：搓、编、扭、捏。

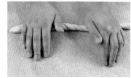

（7）钥匙形　成型手法：搓、扭。

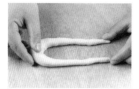 

（8）烟盒形　成型手法：擀、叠。

 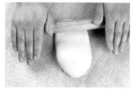  

（9）树叶形　成型手法：压、卷、按、搓、剪。

（10）螺旋形　成型手法：搓、擀、卷。

   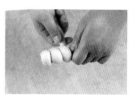

（11）三角形　成型手法：压、叠等。

  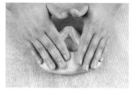 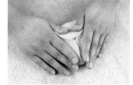

（12）**罗宋卷形**　成型手法：擀、拉、卷等。

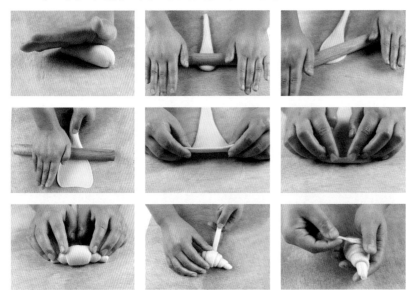

（13）**8字形**　成型手法：搓、折。

3. 艺术造型面包的成型方法和操作要求

（1）**入模技法**　将面团整形成一定的形状，再用模具定型。常见的实心和非实心两类。

（2）**切割技法**　用刀具将面团切割成所需形状，适用于生坯和熟坯，必要的时候，也可以用刨屑刀打磨表面，使面团表面更加平整。

（3）**挤裱技法**　用面糊类材料在面团表面进行描绘。

（4）**塑形技法**　将面坯塑造成各种样式，可以辅助模具等其他工具。

（5）**配件弯曲技法**　将面坯弯曲成一定的形状，有手工弯曲和模具固定弯曲两种。

（6）**刷色技法**　用毛刷在生面坯或熟面坯的表面上色。

（7）**拼接和固定**　拼接各种配件时，可以用艾素糖浆（热）固定，拼接时戴毛线手套，避免烫伤。组装拼接时，可以借助冷凝剂快速将糖冷却。粘接时，艾素糖浆不宜过多，要确保作品干净整洁。拼接艺术面包时，要找好平衡，粘接要牢。

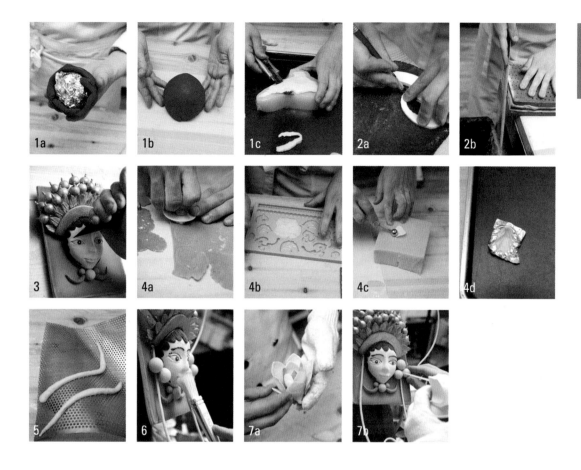

7.3.2 艺术造型面包面团的醒发原理

1. 醒发的概念

艺术造型面包面团的醒发分为基础醒发和最后醒发两个阶段。

（1）**基础醒发** 是指面包面团调制完成后，需要进行的静置松弛的阶段，是发酵类面包制作的关键环节之一。在这一过程中，面团经过了一系列生物化学变化，产生多种物质，可以改善面团质地和加工性能，丰富产品风味，使面团膨发，同时能使面团的物理性质达到更好的状态。

（2）**最后醒发** 是面包在烘烤前的最后一次发酵，需要较为稳定的发酵环境，一般发生在醒发箱内。面团在经过整形后，已经具备一定的形状，最终醒发可以使面团内部因为整形而产生的"紧张状态"得到松弛，使面筋组织得到进一步增强，改善面团组织内部结构，使组织分布更加均匀、疏松，同时，最后醒发可以帮助面团进一步积累发酵产物，使面团产生更多丰富的物质来增添成品风味，达到面包所需要的体积。

2. 醒发的目的

1）使酵母能够大量繁殖，产生二氧化碳气体，促使面包面团体积膨胀。

2）在醒发过程中，酵母菌的产气能力可以进一步改善面包面团的加工性能，使其具有良好的延伸性，同时降低面团的弹性和韧性。

3）醒发过程中，面包面团可以形成内部疏松、多孔的结构特点。

3. 醒发的原理

酵母是生物膨松剂，是一群微小的单细胞真菌，是具有生命特征的生物体，它分布于自然界中，属于天然发酵剂，是典型的异养兼性厌氧微生物，即在有氧和无氧条件下都能够存活。

面包面团的醒发是由酵母的活动来完成的。

（1）**异养菌的特点**　异养菌必须以有机物为养分，才能合成菌体成分并获得能力。所以在面包制作中，添加适合酵母菌食用的有机物对于酵母的生长与代谢有至关重要的意义。

（2）**兼性厌氧菌的特点**　酵母菌属于兼性厌氧菌，在有氧或无氧环境下都能生长或者维持生存，不过在有氧的环境下，酵母菌的生长较为迅速，在无氧的环境下，其自身活动产生的能量较少。

有氧呼吸是指酵母菌在氧气的参与下，通过各种酶的催化作用，把有机物彻底氧化分解，产生二氧化碳和水，并释放出能量的过程。无氧呼吸是指酵母菌在无氧环境下，通过各种酶的催化作用，动植物细胞把有机物分解成不彻底的氧化产物，同时释放出少量能量的过程。无氧呼吸产生的是不完全氧化产物，主要是酒精和乳酸等。

面团醒发过程中，酵母菌的有氧呼吸和无氧呼吸同时存在。

（3）**酵母菌的营养物质**　酵母菌在各种酶的综合作用下，将面团中的糖分解，生成二氧化碳、水、酒精等。在发酵过程中，单糖是酵母菌的营养物质，能保证酵母的正常发酵。面包面团中的单糖来源有限，但面团中含有大量的淀粉，淀粉在淀粉酶的作用下，水解生成麦芽糖，又在酵母分泌的麦芽糖酶的作用下水解生成单糖，经过一系列转化，给酵母提供养料。

（4）**醒发过程的其他变化**

1）淀粉的变化。淀粉是由葡萄糖分子聚合而成的，是面团中的主要物质，也是糖类的"大宝库"，面粉中的受损淀粉（每种面粉中的含量不一样）能在面团发酵过程中产生分解。

面粉中存在着天然的淀粉酶，即 α-淀粉酶与 β-淀粉酶，两种酶的作用产物是不同的。首先，α-淀粉酶使受损淀粉发生分解，生成小分子糊精，糊精再在 β-淀粉酶的作用下生成麦芽糖，麦芽糖再在酵母菌分泌酶的作用下生成葡萄糖，最终为酵母生长所需。

2）面筋网络结构的变化。面团在经过搅拌后，形成一个较合理的面筋网络结构。在发酵过程中，酵母菌产生大量的二氧化碳气体，这些气体在面筋网络组织中形成气泡并不断膨胀，使得面筋薄膜开始伸展，产生相对移动，使面筋蛋白之间结合得更加适合。如果发酵过度，气体膨胀的力度超过了面筋网络结构合适的界限，那么面筋就会被撕断，网络结构变得非常脆弱，面团发酵就达不到预期效果；如果发酵不足，面筋网络没有达到很好的延伸，蛋白质之间没有很好地结合，那么面团的柔软性等物理性质就达不到最好状态。

3）面团内部其他菌种的变化。发酵过程中，除了酵母菌会大量繁殖外，其他微生物也会进行繁殖，其中主要有乳酸发酵、醋酸发酵等，适度的菌种繁殖对面包风味会产生积极影响，但是量不能过多，过多的酸会让面团产生恶臭气。

产酸菌种多来自产品制作材料、产品使用工具等，所以要注意直接接触器物等工具的清洁与消毒，尤其是在酵种制作环节。

（5）醒发的影响因素

1）温度。酵母发挥作用的适宜温度在 26~28℃，如果面包面团温度过低，影响醒发速度，会使生产周期延长；如果温度过高，发酵速度过快，导致面包面团的持气性变差。

2）酸碱度（pH）。正常的面包面团适宜的 pH 在 5.0~5.5，在该范围内，面团的持气能力可以达到最大。在醒发过程中，面团内部的温度持续上升，超过 37℃后，面团中的乳酸菌、醋酸菌的繁殖加快，增大了面团酸度，造成成品品质的下降。

3）面筋强度。面粉的蛋白质含量高，使用恰当的配方，通过正确的搅拌可以得到更好的面筋网络结构，可以给面包面团良好的持气能力。

7.4 艺术造型面包的成熟

7.4.1 无糖无油类艺术造型面包的成熟

法棒与花式法棒面团、法式造型面团都属于无糖无油类面包面团，这类面团在烘烤过程中一般选择带有蒸汽功能的平炉。平炉可以分别控制上火、下火温度，能够满足此类面包烘烤的基本要求。

此类面包在烘烤的初始阶段，面包发生膨胀尚未完全定型，不能轻易打开炉门，否则影响炉内的温度和气压，会导致面包膨胀不佳。

1. 无糖无油类艺术造型面包成熟的基本要求

（1）温度的设定　无糖无油类面团原料比较简单，含水量较高。一般大小的面包，烘烤温度可以设定得高一些，成熟非常快。过大或过厚的面包，烘烤温度要低一些，否则容易造成面包外焦内生的情况。

（2）水蒸气的设定　烘烤无糖无油类造型面包时，一般需要在入炉时喷蒸汽 3~5 秒。

（3）时间的设定　根据产品的烘烤温度和产品大小，设定对应的时间。一般情况下，大而厚的面包，温度要适当调低，时间会偏长；小而薄的面包，烘烤温度较高，短时间内可以烘烤完成。

2．无糖无油类艺术造型面包成熟的注意事项

1）切忌将大小不一的面包一起烘烤，容易造成面包过度烘烤或不完全成熟。

2）水蒸气和温度的设定要即时调控，温度过高或过低、蒸汽的多少都会在不同程度上影响面包的表皮形成、表皮厚度和上色情况。

7.4.2　起酥类艺术造型面包的成熟

起酥类造型面包的烘烤多选用平炉或热风炉，这两种设备对成品有不同的表现。平炉烘烤的面包色泽会更加具有质感，但是层次、酥脆度会略微差一些；热风炉带有热风循环系统，烘烤出的面包颜色更均匀，酥脆度、膨胀度也更好一点。对于不同口感的起酥面包，可以选择不同的烘烤设备。

1．起酥类艺术造型面包成熟的基本要求

（1）及时烘烤　起酥类造型面包在经过最后醒发后，其中的油脂会和面团产生分离，面团内部也具有较高的温度，如果不及时烘烤，面团内部的油脂会发生外溢的现象，影响产品外形、口感，影响成品的质量。

（2）表面刷蛋液　起酥类造型面包在入炉前，一般都会刷蛋液，烘烤完成后可以增加产品的美观度，使产品的外皮形成较好的光泽。刷蛋液要使用细软的毛刷，刷的时候动作要轻，避免破坏面团的外皮；同时，蛋液的量不要过多，以免影响面团分层效果。

2．起酥类艺术造型面包成熟的注意事项

1）不同种类的起酥面包切忌一起烘烤。起酥面包的大小、是否夹馅、厚薄度等直接影响产品的烘烤时间和温度的设定。

2）使用不同的设备进行烘烤，对应的温度和时间要做相应的调整。一般情况下用热风炉烘烤的温度要比用平炉烘烤的温度低10~20℃，烘烤时间也会短一些。

7.4.3　不发酵类艺术造型面包的成熟

烘烤不发酵类艺术造型面包时可以用热风炉或平炉，烘烤难点在于控制面团在烘烤过程中的形状、色泽、外观上的变化，避免面团表面起泡、变形，避免烘烤色泽与预期不符，这些都给不发酵类艺术造型面包的烘烤造成一定的难度。

1. 不发酵类艺术造型面包成熟的基本要求

不发酵类艺术造型面包的烘烤一般需要在 130~150℃的低温下进行，部分面团在烘烤前需要进行扎孔处理，作用是促进内部热量与表面热量的传递，使面包表面不起泡，成品表面平整、有光泽，符合设计需求。

2. 不发酵类艺术造型面包成熟的注意事项

1）对不同大小、厚度、形状的产品制订不同的烘烤方案，不能盲目地使用统一的烘烤温度和时间。需要根据实际情况设定适宜的烘烤温度、烘烤时间等。

2）合理摆放生坯进行烘烤。烘烤成熟设备的空间有限，对于非常规形状的生坯有不同程度的局限性，要尽可能确保整体受热均匀，合理摆放生坯。

7.5　艺术造型面包组合装饰与摆台

7.5.1　艺术造型面包组装的方法和要求

艺术造型面包分为平面艺术造型面包和立体艺术造型面包。不同大小和复杂程度的立体艺术造型面包的制作难易度相差是非常大的。

平面艺术造型面包的组装比较简单，立体艺术造型面包的组装需要许多细致的工作，要确保每个配件之间完全匹配，最终组装成符合设计说明书中的产品。一般组装过程有以下几个阶段。

1. 制作糖浆

各个配件之间的黏合需要热糖浆，不能使用非食用性材料。

2. 确认主体和配件

在正式组装前，要确保所用的主体和配件都已准备准确和齐全，包括数量、形状、颜色等。

3. 修整配件

配件制作完成后，可以用锉刀、砂纸等工具对配件的线条弧度、边缘等进一步加工，使之能更加贴合组装需求，使细节更加精细。

4. 粘接

用热糖浆将各个配件组装在一起，必要时可以配合使用急速冷冻剂加速冷却定型。

5. 检查与修改

观察作品整体与设计说明书中的内容是否一致，检查作品重心是否平稳，检查配件之间的搭配是否稳妥，检查细节处是否有不合规、不理想的地方，做进一步修改。

6. 展示

艺术造型面包在完成组装后，一般需要移动到展示区，在移动和展示过程中要确保作品的安全性，不能发生倒塌事故。

7.5.2 艺术造型面包的摆台

艺术造型面包的摆台分为多种形式，常见的有两大类，一类是单个主题艺术造型面包的摆台，一类是组合类艺术造型面包的摆台，规模大小不一。

1. 摆台的内容

（1）主题面包设计说明书　为了更好地说明作品和主题之间的关系，主题面包设计说明书可以更好地帮助观众或者评委理解，一般可以把它放在艺术造型面包旁边，作为摆台展示的一部分。

（2）作品　一般大型赛事中，会要求选手制作一组作品，包含一定尺寸要求的大型艺术造型面包，还有起酥面包、法式面包等，摆台时需要将该组产品摆放至指定位置，并需注意摆放的合理性和层次美观度。

（3）道具　根据设计需求或者场景要求，可以添加木制格挡、藤篮、桌布等进行装饰组合。前提是需求方准许有此类内容。

2. 摆台的设计

在正式摆台前，需要预先做好艺术造型面包摆台的设计图，标记相关产品摆放位置，要注意长短、大小、高矮变化等，使整体呈现效果统一、协调。

一般组合类艺术造型面包的整体摆台会采用前低后高、前小后大的方式。

3. 摆台的步骤

（1）检查台面　展示台面一定要平整，以免影响产品的摆放。

（2）布置道具　根据场馆或者比赛要求，将可以摆放的道具摆放固定，不宜频繁移动，尤其是在摆放作品后，轻微的震动都可能对艺术造型面包的稳定性造成影响。

（3）摆放作品　按照设计图将作品摆放至指定位置，一般先摆放大型作品，再摆放小型产品。作品摆放完成后，再摆放主题面包设计说明书。

（4）清洁工作　相关内容摆放完成后，检查桌面和地面卫生，及时进行清理，保持整洁。

无糖无油面包——法式造型面包

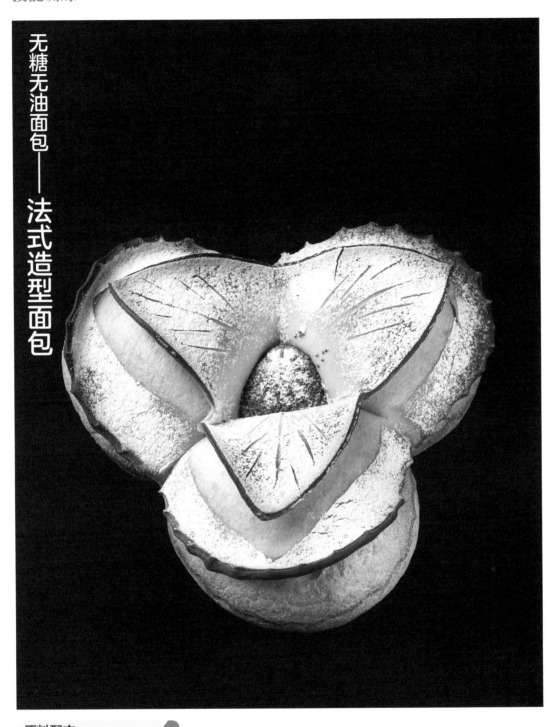

原料配方

高筋面粉	1000 克	水	650 克
鲜酵母	10 克	面粉（装饰）	适量
食盐	20 克	奇亚籽（装饰）	适量
固体酵种	200 克	橄榄油（黏合用）	适量

制作过程

1）将除装饰、黏合外的所有材料倒入面缸中搅拌。

2）搅拌至表面光滑，有良好的延伸性，能拉出薄膜。

3）将搅好的面团放置在发酵箱中，室温26℃，发酵60分钟。

4）将面团分割成6个200克、2个50克的小面团，预整形成圆形，放在发酵布上室温松弛30分钟。

5）将剩余的面团擀成0.2厘米厚的面皮，冷冻备用。

6）取发酵好的200克的面团，用擀面杖将面团前端擀成0.2厘米厚的面皮。

7）用裱花嘴将面皮的边缘压切成锯齿状。

8）在边缘刷上少许橄榄油。

9）将面皮盖在面团上，3个为1组摆放，如图。

10）取出冻好的面皮，用模具刻出形状，并在边缘刷上少许橄榄油。

11）将制好的面皮盖在面团上。

12）在50克的小面团的表面喷上水，粘上奇亚籽，放置在面团中间。

13）将成型的面团放置室温醒发45分钟，在发酵好的面团上放上筛粉模具，筛上一层面粉。

14）在面皮上用刀划出叶子状刀口。

15）入烤箱，以上火250℃、下火230℃，喷蒸汽5秒钟，烘烤25~28分钟。

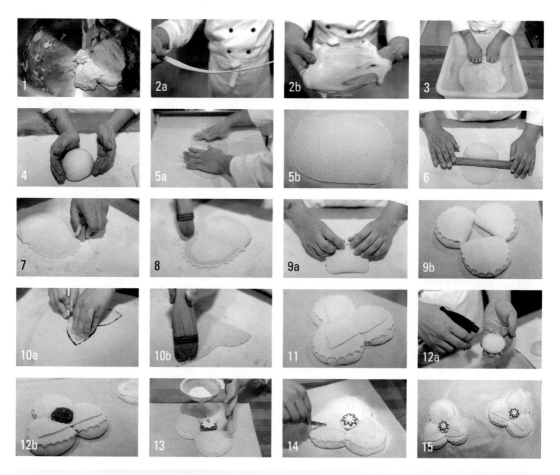

小贴士
1）面团成型时，放在发酵布上操作，不粘桌面，且利于操作。

2）烘烤时使用落地烘烤（直接将面包放入烤箱烘烤，不使用烤盘等承载工具）。

3）面皮上的油脂不宜刷过多，否则影响成品。

无糖无油面包——花式法棒

原料配方

高筋面粉	1000 克	固体酵种	200 克
水	650 克	分次加水	80 克
食盐	20 克	细玉米屑	适量
鲜酵母	6 克		

制作过程

1）将高筋面粉和水倒入面缸中，稍稍搅拌至混合，停止搅拌，室温静置90分钟，进行水解。

2）加入食盐，用1档搅拌均匀后，加入鲜酵母和固体酵种，继续用1档搅拌约10分钟，观察面团的状态，分次加水，并调整转速至2档，搅拌至面团不粘缸壁、表面细腻光滑。

3）将面团搅拌至面筋有延伸性，能拉开面膜。

4）将面团放入周转箱中，将面团的四边分别向中间内部折叠，使面团表面圆滑饱满。3℃冷藏发酵一夜（12~15小时）。

5）取出冷藏好的面团，分割成每个450克，预整形成圆柱形。

6）将预整形的面团放在发酵布上，室温发酵30分钟。

7）取出发酵好的面团，用手掌拍压面团，排出多余的气体。

8）将面团较为平整的一面朝下，从远离身体的一侧开始，折叠约1/3，用掌跟将接口处按压紧实，再用双手将面团搓成约55厘米长的条。

9）在成型的面团上刷上水。

10）在面团表面粘适量细玉米屑。

11）将成型的面团底部朝上，放在发酵布上，室温发酵45分钟，再3℃冷藏15分钟。

12）取出面团，用剪刀剪出麦穗状，不要剪断。

13）摆成"S"形。

14）以上火250℃、下火230℃，喷蒸汽5秒钟，烘烤20分钟，再打开风门烘烤3~5分钟。

小贴士　水解阶段：将水和面粉混合静置一段时间，可以帮助面团快速形成面筋，并且可以减弱面筋的强度，方便面团整形。

原料配方

低筋面粉	500 克	水	165 克
细砂糖	65 克	牛奶	50 克
鲜酵母	20 克	黄油	40 克
食盐	10 克	片状黄油（包入）	280 克
全蛋液	25 克	全蛋液（装饰）	适量

制作过程

1）将除片状黄油、装饰用全蛋液外的所有材料倒入面缸中搅拌。

2）搅拌至面团表面光滑，有延展性，并能拉开面膜。

3）取出面团，室温发酵20分钟。

4）将发酵好的面团擀开放在烤盘中，速冻（-25℃）30分钟，再冷藏20分钟。

5）将片状黄油敲打至22厘米×22厘米，增强油脂的延展性，取出面团，擀压至油脂的2倍大，并包入油脂。

6）将面团两侧切开。

7）用擀面杖稍稍擀压一下，使面团和油脂更贴合。

8）将包好油脂的面团用开酥机擀压至0.5厘米厚，进行一次四折。

9）将折好的面团再擀压至0.6厘米厚，进行一次三折，冷冻15分钟再冷藏20分钟。

10）将制好的面团擀至0.4厘米厚、32厘米宽。

11）裁掉面团边缘多余的部分，再裁成10厘米×30厘米的等腰三角形（每个约78克）。

12）在面片的底部中间处切开1厘米。

13）从面片切开处向外折叠并搓开、搓长。

14）将面片卷起，切记不要卷得过紧，防止后期烘烤断裂。

15）把面团弯成牛角状。

16）用毛刷在面包表面刷上一层全蛋液（保持面团表面湿度），放入醒发箱中，以温度28℃、湿度80%，醒发90分钟。

17）取出醒发好的面包，表面再刷一层全蛋液，以上火200℃、下火190℃烘烤12~15分钟。

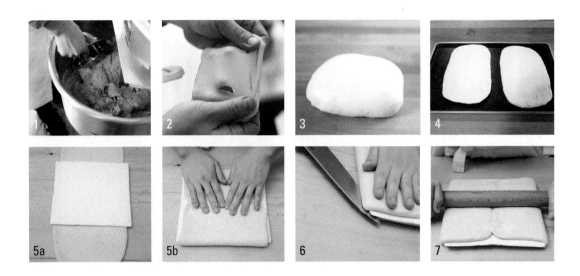

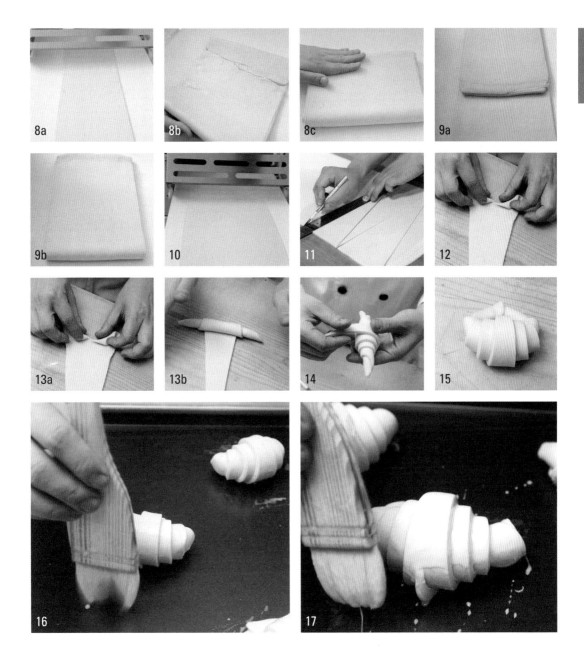

小贴士

1）制作起酥面团时，要保持油脂和面团的温度一致，否则会断油。

2）制作时，室温不宜过高，也不宜将面团放置室温过久，否则会导致面团油脂熔化现象，影响操作。

3）成型时，速度一定要快，不宜将面团停留在手中过久，手的温度会影响面团，可借助冰烤盘来操作。

4）醒发时温度不宜过高，否则油脂会从面团中渗出，影响出品。

5）烘烤时，中间不要开炉门，否则面包会坍塌缩腰。

起酥面包——焦糖百慕大

原料配方

低筋面粉	500 克
细砂糖	65 克
鲜酵母	20 克
食盐	10 克
鸡蛋	25 克
水	165 克
牛奶	50 克
黄油	40 克
片状黄油（包入）	280 克

装饰原料

杏仁条	适量
糖粉	适量
全蛋液	适量

制作准备

1）制作馅料，冷却备用。

2）准备圆形模具。

3）模具中喷入食品脱模油。

制作过程

1）将除片状黄油外的所有材料倒入面缸中搅拌。

2）搅拌至面团表面光滑，有延展性，并能拉开面膜。

3）取出面团，室温发酵20分钟。

4）将发酵好的面团擀开放在烤盘中，速冻（-25℃）30分钟，冷藏20分钟。

5）将片状黄油敲打至22厘米×22厘米，增强油脂的延展性，取出面团，擀压至油脂的2倍大，包入油脂。

6）将面团两侧切开。

7）用擀面杖稍稍擀压一下，使面团和油脂更贴合。

8）将包好油脂的面团用开酥机擀压至0.5厘米厚，进行一次四折。

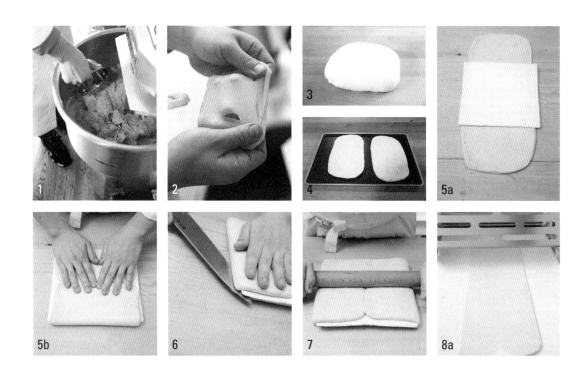

9）将折好的面团再擀压至0.6厘米厚，进行一次三折，冷冻15分钟再冷藏20分钟。

10）将制好的面团擀至0.4厘米厚、38厘米宽。

11）裁掉面团边缘多余的部分，再裁成12厘米×12厘米的等腰三角形（每个约60克）。

12）将切好的面片斜角对折并切开，如图。

13）在切开处刷上全蛋液。

14）将切开处交叉折叠。

15）放入圆形模具中。

16）用毛刷在面包表面刷上一层全蛋液（保持面团表面湿度），放入醒发箱中，以温度28℃、湿度80%，醒发90分钟。

17）取出醒发好的面包，表面再刷一层全蛋液。

18）将制好的馅料放入发好的面包中。

19）在面团边角处放上少许杏仁条，以上火200℃、下火190℃，烘烤12~15分钟。

20）出炉冷却后在面包的一边筛上糖粉进行装饰（另一边可用刮板遮挡）即可。

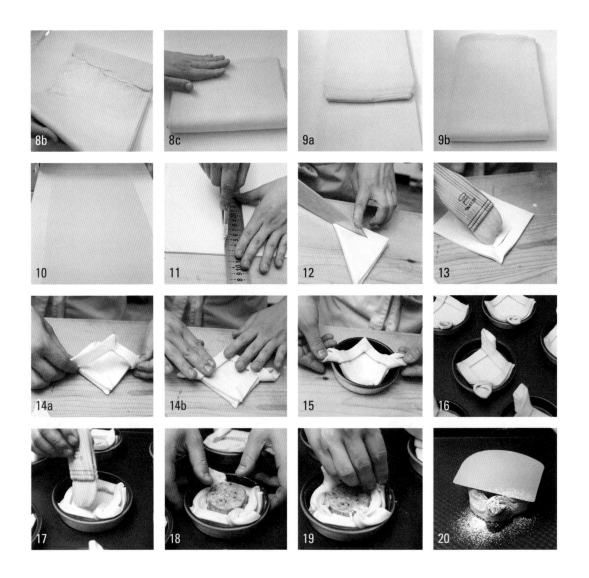

基础面团

糖浆配方

细砂糖	1584克
水	924克

制作过程

将细砂糖和水一起熬煮至沸腾（103℃），冷却至常温，盖上保鲜膜备用。

糖浆面团配方

糖浆	1070克
低筋面粉	1550克

制作过程

将所有材料搅拌成团，取出，用保鲜膜包好，松弛30分钟。

黑色烫面配方

黑麦粉	2000克
深黑可可粉	95克
水	878克
细砂糖	878克

制作过程

1）将细砂糖和水一起熬煮至沸腾，另将粉类倒入机器中混合均匀备用。

2）将煮好的糖浆倒入面粉中搅拌成团（要充分烫至糊化，无干粉状），取出，用保鲜膜包好，完全冷却后使用。

黑色糯米勾线糊配方

糖浆	50克
糯米粉	12克
低筋面粉	6克
深黑可可粉	10克

制作过程

将所有材料全部搅拌成糊，用保鲜膜包好，静置30分钟。

白色面团配方

糖浆	78克
低筋面粉	99.7克
白色色素	5克

制作过程

将所有材料搅拌成团，取出，用保鲜膜包好，松弛30分钟。

配件制作

制作准备

1）糖浆提前煮好冷却。

2）准备模具，并在模具上喷脱模油。

3）准备法式造型面团。

底座制作过程

1）将法式面团分割成4个100克、8个80克、4个60克，滚圆松弛。

2）取900克黑色烫面，擀压至0.6厘米厚，在表面扎上洞，裁成40厘米×40厘米的正方形，制成底板。

3）各取150克黑色面团和糖浆面团，分别搓长，缠绕在一起制成麻绳。

4）将搓好的麻绳绕在底板上。

5）将法式面团整形成水滴状。

6）把水滴形法式面团按照从大到小排列在底座上，室温（26℃）发酵40分钟。

7）在发酵好的底座上筛上面粉，并划上刀口，以上火230℃、下火210℃烘烤23分钟，冷却备用。

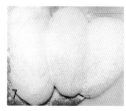

发酵麦穗制作过程

1）将法式面团分割成8个50克的小面团，并整成长形，室温松弛。

2）将其搓长，一端细一端粗。

3）摆放在模具上，室温发酵25分钟。

4）用剪刀将发酵好的面团剪成麦穗状，以上火230℃、下火210℃烘烤15分钟，颜色呈金棕色，冷却备用。

 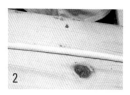

琵琶制作过程

1）取300克黑色烫面，擀压至0.5厘米厚，用模具刻出3片琵琶的头部。

2）在刻好的面团表面喷上水。

3）将3片叠在一起。

4）将叠好的琵琶头的一端放在锡纸模上，以上、下火各150℃烘烤至干透。

5）取1000克黑色烫面，擀压至0.5厘米厚，用模具刻出琵琶的身部（前后两片）。

6）将刻好的琵琶身部贴在琵琶模具上，以上、下火各150℃烘烤至半透。

7）将烤至半透的琵琶身部取出，并在背部用雕刻刀刻出破口，以上、下火各150℃烘烤至面团定型变硬。

8）将烤好的琵琶身部取出并脱模，取180克黑色烫面搓长，贴在琵琶身的边缘缝隙部分，以上、下火各150℃烘烤15分钟，冷却备用。

9）在琵琶的头部贴上"相位"，以上、下火各150℃烘烤10分钟。

10）在琵琶的身部贴上"品位"，以上、下火各150℃烘烤10分钟，冷却备用。

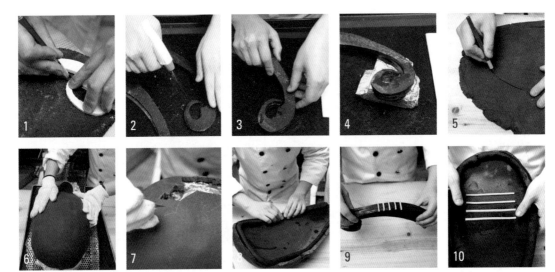

京剧脸谱制作过程

1）取200克白色面团，压入京剧脸谱模具中，以上、下火各150℃烘烤至面团定型变硬。

2）取适量黑色烫面搓长，并卷起制成头发。

3）将烤好的京剧脸谱脱模，并贴上制好的头发。

4）制作眼睛部分。

5）将制好的眼睛放入眼眶中，以上、下火各150℃烘烤10分钟，冷却备用。

6）取120克糖浆面团，擀压至0.5厘米厚，用模具刻出背板，以上、下火各150℃烘烤至面团定型变硬，冷却备用。

7）取30克糖浆面团，擀压至0.3厘米厚，用模具刻出发冠，以上、下火各150℃烘烤至面团定型变硬，颜色呈黄色，冷却备用。

8）取适量糖浆面团，搓1个大球、2个小球、2个小条，如图摆放，制成衣襟。

9）取100克糖浆面团，擀压至0.1厘米厚，用雕刻刀刻出小羽毛，约40片。

10）用羽毛硅胶模具压出羽毛纹路。

11）放置在弯好的铁模中定型，以上、下火各150℃烘烤至面团定型变硬，颜色呈淡黄色，冷却备用。

12）取适量糖浆面团，搓成圆球，如图摆放，制成绒球，约40个，以上、下火各150℃烘烤至面团定型变硬，颜色呈淡黄色，冷却备用。

13）取适量糖浆面团，制成锥形，以上、下火各150℃烘烤至面团定型变硬，颜色呈黄色，冷却备用。

14）取5个15克糖浆面团，搓成圆球，以上、下火各150℃烘烤至面团定型变硬，颜色呈淡黄色，冷却备用。

15）取适量糖浆面团，搓出4个长条，分开摆放在垫有硅胶垫的烤盘中，以上、下火各150℃烘烤至面团定型变硬，颜色呈淡黄色，冷却备用。

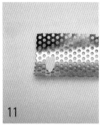

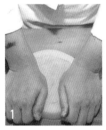

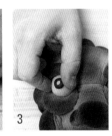

龙脸谱制作过程

1）取700克糖浆面团，压入龙脸谱模具中，以上、下火各150℃烘烤至面团定型变硬，脱模备用。

2）制作眼睛部分。

3）将制好的眼睛放入眼眶中，以上、下火各150℃烘烤12分钟，烤至表面上色。

4）制作牙齿部分。

5）将制好的牙齿放入嘴中，以上、下火各150℃烘烤6分钟，冷却备用。

6）取适量糖浆面团，搓出2个长条，制成龙须，分开摆放在垫有硅胶垫的烤盘中，以上、下火各150℃烘烤至面团定型变硬，颜色呈黄色，冷却备用。

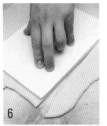

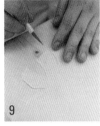

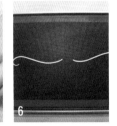

荷花制作过程

1）取适量糖浆面团，搓成莲蓬形状。

2）用裱花嘴在表面按出纹路，制成莲蓬，以上、下火各150℃烘烤至面团定型变硬，颜色呈金黄色，冷却备用。

3）取适量糖浆面团，搓成长锥形，制成花心。

4）准备一盆面粉，将制好的花心插立在面粉中，以上、下火各150℃烘烤至面团定型变硬。

5）取500克糖浆面团，擀压至0.05厘米厚，用荷花压模压出花瓣（从小到大的尺寸）。

6）将花瓣放置在荷花硅胶压模中，压出荷花纹理。

7）准备一烤盘面粉，将压好的花瓣放置在面粉中，用手按压花瓣中心，使其弯曲，以上、下火各120℃烘烤至面团定型变硬，颜色呈淡米黄色，冷却备用。

8）取出烤好的花心，表面喷上水，并贴上两层花瓣，制成花苞。

9）将制作好的花苞插立在面粉中，以上、下火各150℃烘烤至面团定型变硬，颜色呈淡米黄色，冷却备用。

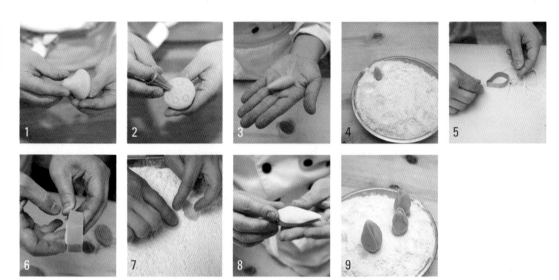

荷叶、莲藕、荷杆制作过程

1）取200克糖浆面团，擀压至0.1厘米厚，刻成荷叶。

2）将荷叶放置在荷叶硅胶压模中，压出荷叶纹理。

3）准备一烤盘面粉，将压好的荷叶放置在面粉中，用手整理使其自然弯曲，以上、下火各120℃烘烤至面团定型变硬，颜色呈金黄色，冷却备用。

4）取180克、120克的糖浆面团各1个，分别搓成莲藕状，以上、下火各150℃烘烤至面团定型变硬，颜色呈金黄色，冷却备用。

5）取适量糖浆面团，搓出莲藕的细须，以上、下

火各150℃烘烤至面团定型变硬，冷却备用。

6）取适量糖浆面团，搓成长条，制成荷杆。

7）搓出2根，再弯曲成一定的弧度，制成琵琶破口处的荷杆，再搓出1根短的，弯曲成形，制成琵琶后的荷杆。

8）再搓出2根，弯曲成一定的弧度，制成琵琶前端的荷杆。

9）继续搓出3根，弯曲成一定的弧度，制成琵琶上端的荷杆。

10）总计8根，入烤箱，以上、下火各150℃烘烤至面团定型变硬，颜色呈金黄色，冷却备用。

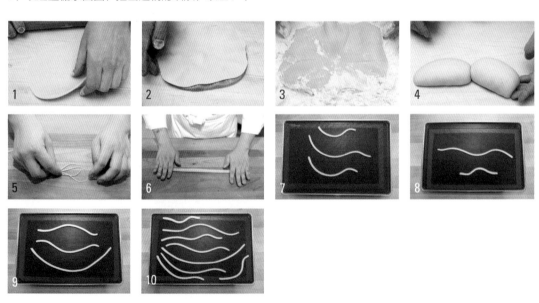

组装拼接

1）准备适量艾素糖，加热至完全熔化成液态，花瓣上沾上艾素糖，并粘接在莲蓬上。

2）在莲蓬上粘接一圈小号花瓣。

3）依次从小到大，粘接完所有花瓣，制成莲蓬荷花。

4）在花瓣上沾上艾素糖，并粘接在花苞上。

5）依次从小到大，粘接上花瓣，制成半开荷花。

6）在京剧脸谱发冠、羽毛和绒球上刷上金粉。

7）将脸谱粘接在背板中间。

8）在脸谱下方粘上衣襟。

9）在头上粘上发冠。

10）在发冠上粘上两排羽毛。

11）在发冠的羽毛后粘上两排绒球。

12）将制好的黑色糯米勾线糊装入裱花袋中，在脸谱上勾画出眉毛。

13）将琵琶身部粘立在底座上。

14）将琵琶头部粘接在琵琶身部上。

15）将京剧脸谱粘接在琵琶头部和琵琶身部的连接处。

16）在琵琶破口处粘上2根荷杆。

17）在琵琶上端粘上3根荷杆，并用小面包加固一下。

18）在琵琶前下端粘上2根荷杆和龙脸谱。

19）在琵琶破口处的2根荷杆上分别粘上莲蓬荷花和荷叶。

20）在琵琶前端处的荷杆上粘上半开荷花苞。

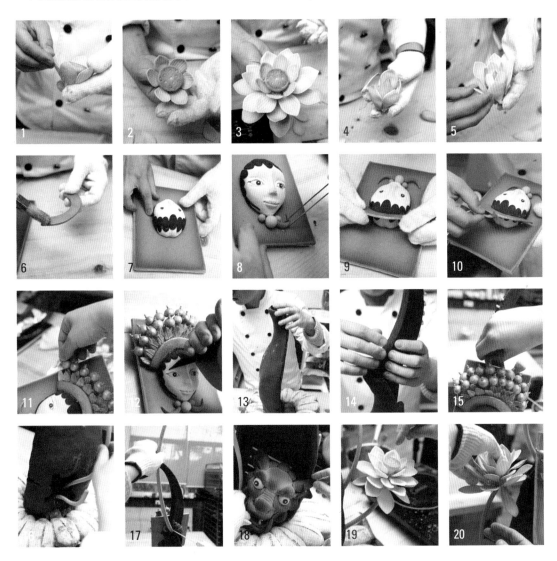

21）在琵琶上端处的3根荷杆上分别粘上花苞、莲蓬荷花和荷叶。

22）在琵琶前端处的荷杆上粘上荷叶。

23）在龙脸谱上粘上龙须。

24）将莲藕细须粘接在莲藕上。

25）将莲藕粘接在琵琶的破口处下方。

26）在京剧脸谱的头上粘上2根线条。

27）在京剧脸谱的发冠下粘上2根线条。

28）在京剧脸谱的发冠下2根线条上分别粘上绒球（一边2个，一边3个）。

29）将2条麦穗粘接在琵琶上。

30）在琵琶的尾端粘上荷花杆、花苞以及2条麦穗。

31）在京剧脸谱上刷上粉红珠光粉，进行润色。

成品细节图　成品细节图　成品细节图

小贴士
1）制作烫面面团时，糖浆一定要烧开，搅拌至无干粉。

2）制作糖浆面团时，糖浆一定要完全冷却后使用，否则搅拌面团时易出现面筋，不利整形。

3）所有面团制成后，一定要密封保存，避免风干。

4）组装拼接作品时，一定要注意安全，艾素糖温度较高，拼接时戴毛线手套，避免烫伤。

5）组装拼接时，需借助冷凝剂快速将糖冷却。

6）粘接时，艾素糖不宜过多，要确保作品干净整洁。

7）粘接艺术造型面包时，要找好平衡，粘接要牢。

复习思考题

1. 艺术造型面包的主要用途有哪些？

2. 什么是主题艺术造型面包？

3. 主题艺术造型面包有哪些设计要求？

4. 主题面包设计说明书的内容要素有哪些？

5. 用于制作艺术造型面包的面团种类有哪些？

6. 糖浆在制作艺术造型面包的过程中有哪些作用？

7. 不发酵类艺术造型面包的成熟过程中有哪些注意事项？

8. 立体艺术造型面包的组装一般步骤是什么？

9. 艺术造型面包常见的成型方法有哪些？

10. 艺术造型面包在摆台时需要注意哪些细节？

项目 8

创意甜品制作

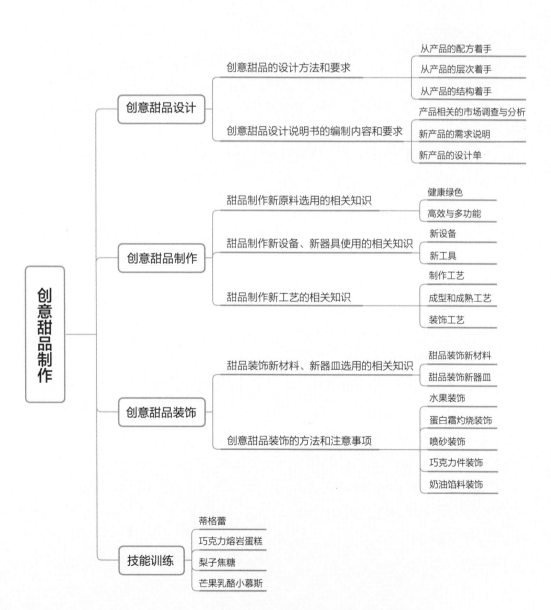

创意甜品制作
- 创意甜品设计
  - 创意甜品的设计方法和要求
    - 从产品的配方着手
    - 从产品的层次着手
    - 从产品的结构着手
  - 创意甜品设计说明书的编制内容和要求
    - 产品相关的市场调查与分析
    - 新产品的需求说明
    - 新产品的设计单
- 创意甜品制作
  - 甜品制作新原料选用的相关知识
    - 健康绿色
    - 高效与多功能
  - 甜品制作新设备、新器具使用的相关知识
    - 新设备
    - 新工具
  - 甜品制作新工艺的相关知识
    - 制作工艺
    - 成型和成熟工艺
    - 装饰工艺
- 创意甜品装饰
  - 甜品装饰新材料、新器皿选用的相关知识
    - 甜品装饰新材料
    - 甜品装饰新器皿
  - 创意甜品装饰的方法和注意事项
    - 水果装饰
    - 蛋白霜灼烧装饰
    - 喷砂装饰
    - 巧克力件装饰
    - 奶油馅料装饰
- 技能训练
  - 蒂格蕾
  - 巧克力熔岩蛋糕
  - 梨子焦糖
  - 芒果乳酪小慕斯

8.1 创意甜品设计

8.1.1 创意甜品的设计方法和要求

甜品设计包括对产品的色、形、质、味、器等方面的组合和调整，涉及内容比较多，不同的切入点会有不同的开发途径。

1. 从产品的配方着手

可以将产品的配方设计分成若干模块，逐个完成，进而组成一个完整的甜品样式。

（1）**主体骨架设计** 配方的主体骨架设计主要围绕主体原料的选择和配置，形成产品的雏形，是产品设计的基础，也对产品整体设计起着导向作用。

主体原料能够根据食品的类别和要求，赋予产品基础架构的主要成分，体现食品的性质和功用。配方设计就是把主体原料和各种辅料组合在一起，组成一个多组分的体系，其中每一个组分都起到一定的作用。

（2）**调色设计** 调色设计是食品配方设计的重要组成部分之一。在食品调色中，食品的着色、保色、发色、褪色是食品加工者重点研究的内容。

食品中的色泽是鉴定食品质量的重要感观指标。食品色泽的成因主要来源于两个方面：一是食品中原有的天然色素，二是食品加工过程中用的色素。通过科学的调色设计从而获得色泽令人满意的食品。

（3）**调香设计** 调香设计是食品配方设计的重要组成部分之一。调香对各种食品的风味起着画龙点睛的作用。香味是食品风味的重要组成部分，香气由多种挥发性的香味物质组成，各种香味的发生与食品中存在的挥发性物质有密切关系。食品中常见的香气有果香、肉香、焙烤香、乳香、清香和甜香等。

此外，随着食品添加剂工业的不断进步，新的食品添加剂已经为人们提供更新、更美味的食品，远远超过天然食品的风味。在食品的生产过程中，往往需要添加适当的香精、香料，以改善和增强食品的香气和香味。

（4）**调味设计** 调味设计是配方设计的重要组成部分之一。食品中的味是判断食品质量高低的重要依据，也是市场竞争重要的突破口。

从广义上讲，味觉是从看到食品到食品从口腔进入消化道所引起的一系列感觉。各种食品都有其特殊的味道。

味道包括基本味与辅助味。基本味有甜味、酸味、咸味、苦味、鲜味；辅助味有涩味、辣味、碱味和金属味等。有人将辣味也作为基本味。食品中加入一定的调味剂，不仅可以改善食品的感官性，使食品更加可口，增进食欲，并且有些调味剂还具有一定的营养价值。调味剂主要有酸味剂、甜味剂、鲜味剂、咸味剂和苦味剂等。其中苦味剂应用很少，咸味剂（一般使用食盐）我国并不作为食品添加剂管理；前三种调味剂使用较多。

食品的调味，就是在食品的生产过程中，通过原料和调味品的科学配制，将产品独特的滋味微妙地表现出来，以满足人们的口味和爱好。

（5）**品质改良设计** 品质改良设计是在主体骨架的基础上进行的设计，目的是为了改变食品的质构。品质改良设计是通过多类食品添加剂的复配作用，赋予食品一定的形态和质构，满足食品加工工艺的性能和品质要求。

（6）**防腐保鲜设计** 产品配方设计在经过主体骨架设计、色香味设计、品质改良设计后，整个产品就形成了，色、香、味、形都有了。但是，这样的产品可能保质期短，不能实现经济效益最大化，因此，还需要进行保质设计，即防腐保鲜设计。

食品在物理、生物化学和有害微生物等因素的作用下，可能失去固有的色、香、味、形而腐烂变质，有害微生物的作用是导致食品腐烂变质的主要因素（通常将蛋白质的变质称为腐败，碳水化合物的变质称之为发酵，脂类的变质称为酸败，前两种都是微生物作用的结果）。

防腐和保鲜是两个有区别而又互相关联的概念。防腐是针对有害微生物的，保鲜是针对食品本身品质的。

（7）**功能性设计** 功能性设计是在食品的基本功能的基础上附加的特定功能，使其成为功能性食品。按其科技含量分类，第一代产品主要是强化食品，第二代、第三代产品称为保健食品。食品是人类赖以生存的物质基础，人们对食品的要求随着生活水平的提高而越来越高。人们在能够吃饱以后，便要求吃得好。要吃得好，首先必须使食品有营养。

根据不同人群的营养需要，向食物中添加一种或多种营养素或某些天然食物成分的食品添加剂，用以提高食品营养价值的过程称为食品营养强化。一般食品通常只具有提供营养、感官享受等基础功用。

在此基础上，经特殊的设计、加工，含有与人体防御、人体节律调整、预防疾病、恢复健康和抗衰老等有关的生理功能因子（或称功效成分、有效成分），因而能调节人体生理功能的，但不以治疗疾病为目的的食品，称为"功能食品"或"保健食品"。

2. 从产品的层次着手

（1）**基础层次介绍**

1）主体层次。主体层次与产品需求有直接关系，是甜品制作中最为核心的部分，也是制作的最主要目的。如想制作一款巧克力慕斯，那么一般情况下无论组合层次有多少种，必须有一层是巧克力慕斯，其他层次的口感、质地不能削弱巧克力慕斯的口味特点，不能"喧宾夺主"。

再如想制作一款磅蛋糕，那么在混合完成面糊后，经过烘烤完成即可得到磅蛋糕，可以不做其他层次的补充。

主体层次是甜品制作的核心，不可以没有它，但可以只有它。

2）支撑层次、补充层次、平衡层次。在进行甜品复合组装时，在主体层次的基础上，为了口味、色彩、质地、形状达到更完美的综合体验，可以在主体层次外增加其他层次。

层次	支撑层次	补充层次	平衡层次
作用	支撑整个甜品结构，维持甜品结构稳定	已有层次的口味、质地、颜色、形状等没有达到理想状态，补充层次可以帮助其达到制作需求	已有层次的口味、质地、颜色、形状等有不和谐现象，平衡层次对矛盾点有模糊或者中和的作用
主要作用点	质地、口味	色彩、质地、形状、口味	色彩、质地、形状、口味
具体特点	1）固体，有形状 2）有一定的硬度和支撑力	无特定产品类型	无特定产品类型
代表产品	蛋糕类饼底、面团类饼底、泡芙、马卡龙等	无特定类型	无特定类型

（2）基础层次之间的组合　层次的多少在一定程度上决定了产品的复杂程度，一般"主体层次"或者"主体层次加上支撑层次"就能做出较简单的甜品。

复杂型产品则需要多种层次复合组成，主体层次、支撑层次、补充层次、平衡层次可以根据需求进行组合搭配。

（3）层次组合方法　除盘式甜点和杯装甜品外，甜品的外形结构与模具使用、组成层次的外形有直接关系，各个组合层次在一定空间内进行叠加，形成有一定形状的甜品。

叠加有异形叠加、相形叠加两种方式。这两种叠加方式适用于不同的甜品层次组合。

1）异形叠加。层次之间的形状完全不一样。如将两种或多种样式的模具制成的甜品进行组合，虽然形状完全不一样，但是组合起来可以有很好的视觉效果，如圆柱形产品搭配球形产品。

2）相形叠加。层次之间的形状（不包括厚度和大小）是相同的，进行叠加可以突出规律性和整齐感。如直径10厘米的圆柱体搭配直径6厘米的圆柱体，再如歌剧院蛋糕的层次叠加。

（4）层次组合注意事项

1）主体层次是"核心内容"，产品组合和设计以主体层次为重点，是需要先确认的存在。

2）支撑层次是根据主体层次确定形态的，且支撑层次大多本身都具备独自成型的条件，如蛋糕类饼底等。支撑层次并不是必需品，杯装甜品和盘式甜品是比较有特点的两类甜品，它们有自己独特的盛装器皿，组合内容不必过度依赖支撑层次也能维持外形。支撑层次本身的食品性质使其具有风味特点，尤其是在质地方面上，其极大区别于一般性馅料，有自己独有的质地特点。

3）补充层次的作用是"雪中送炭"。在确定主体层次后，根据整体状态评定或者与设想版本进行对比，确定是否有短板需要补充，使整体更加和谐。

4）平衡层次需要"锦上添花"，切忌"画蛇添足"。在组成层次基本确定后，平衡层次需要根据甜品设计的大体观感等确定是否需要，一切以和谐为主，切忌无主题、无目的的堆砌，否则难成佳品。

5）无论是哪一种层次，在主要功能的基础上都可以通过组装使之附有装饰意义，这个与层次摆放结构有直接关系。如盘式甜品的每个层次都可以直接展陈在盘内，使每个层次都具有装饰意义。

3. 从产品的结构着手

甜品的结构是指甜品层次之间的搭配和安排方式，在一般的甜品制作中，其结构特点有一定的规律。总结这些结构特点，可以快速用于各式甜品组合实践中。

（1）包围结构　包围结构是指产品的连续区域被某一种材料完全覆盖的结构类型，常见的有"侧面"包围、"侧面＋顶面"包围、"侧面＋底面"包围、全包围以及其他包围等。

包围结构能够给甜品多样性表达提供比较好的承载空间，在有限的空间内可以叠加一种或者多种层次，是追求"外形精致"与"内在饱满"双重需求的较常用的甜品结构。

1）"侧面"包围。

① 概念图。

"侧面"包围指产品的侧面被同一种材料包围的结构类型。

代表性包围材料有手指饼干等蛋糕类饼底、巧克力装饰件、饼干等。

② 常见的基本结构。

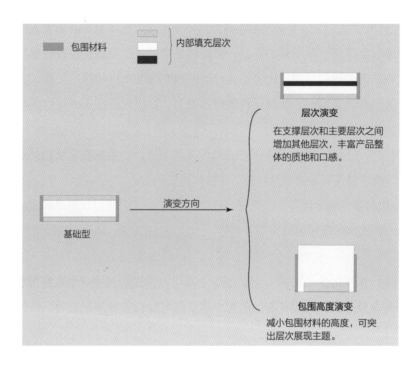

③ 组合方式。

a. 先制作包围层次，再在包围层次内部填充其他层次，如图。

b. 先制作组成层次（如上下层次），再用包围材料制作包围结构。

2）"侧面 + 顶面"包围。

① 概念图。

　　"侧面 + 顶面"包围指产品的"侧面和顶面"是被一种材料包围的结构类型。直观上比较整洁、干练、统一。

代表性包围材料多是具有可塑性或者凝固性的材料类型，有淋面、喷砂、奶油馅料等。

② 常见的基本结构。

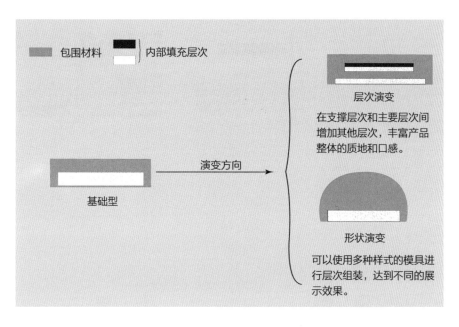

③ 组合方式。

a. 非装饰性包围，常见于各式奶油慕斯馅料组合。如将奶油馅料依托模具进行塑形，形成包围结构的"外框"（包围型的馅料组合多是倒置），再在其中填充其他层次。

b. 装饰性包围，常见于淋面、喷砂等整体性装饰。淋面、喷砂在甜品制作中的作用倾向于装饰，装饰效果迅速、均匀，覆盖效果比较好。

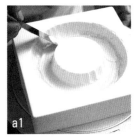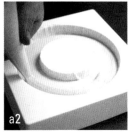

3）"侧面 + 底面"包围。

① 概念图。

"侧面 + 底面"包围指产品的侧面和底面被一种材料包围的结构类型。一般这类材料的支撑性会比较好，有足够的稳定性。

代表性包围产品有塔、派等。

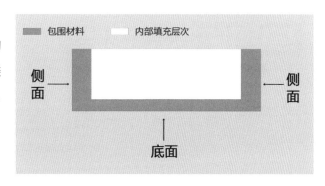

② 常见的基本结构。

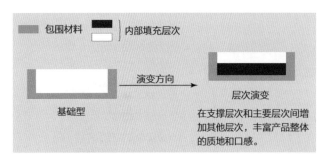

4）全包围。

① 概念图。

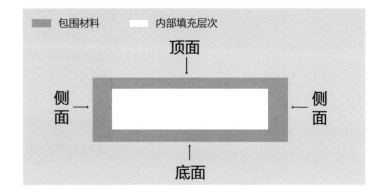

全包围是指产品的侧面、顶面、底面全部被一种材料包围的结构类型。产品整体属于全包围结构。

代表性包围产品有泡芙、国王派、特殊模具的慕斯产品等。

② 常见的基本结构。

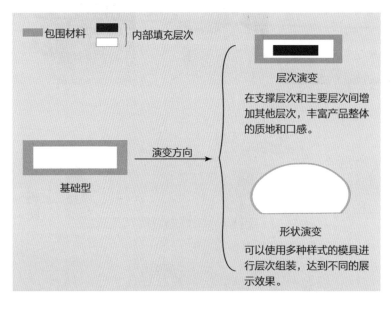

5）其他包围结构。除了以上 4 种常见的包围结构外，在甜品创意制作中，也有很多甜品体现出了"包围"的概念。这种结构与产品设计有直接关系，有着统一性的特点，能够突出主题，有惊喜感，同时包围材料具备遮瑕功能。

① 蛋糕卷类的包围。蛋糕卷是甜品中较为常见的类型。以蛋糕饼底为支撑层次，在上面涂抹叠加层次，通过折卷的方式将层次包裹在饼底内，形成外形较为特殊的产品。

② 特殊性包围。创意性甜品的形状可能没法用常规形状的描述方式来叙述。尤其是装饰材料和甜品模具越来越多样化，甜品的样式也越来越多样化。

瓦片饼干做支撑层次

特殊摆放方式

（2）上下结构　上下结构属于多层叠加式组合，没有外框结构。其延伸的上中下结构，也是比较经典的类型。上下结构可以异形叠加，也可以相形叠加。

① 概念图。

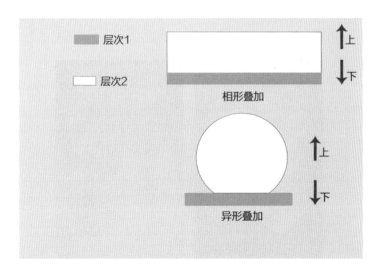

上下结构的产品形状可以重复或者不重复，可以是两层、三层、四层等。

依据模具形状、大小可以组合出很多有新意的甜品外形，巧克力件、奶油挤裱也是变换形状的好帮手。

② 常见的基本结构。

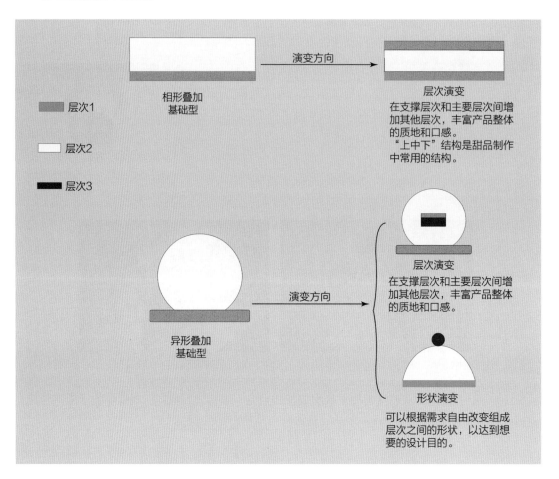

③ 实际产品效果示例。

（3）镶嵌（穿插）结构　镶嵌结构主要针对小型成品或者半成品的组合类甜品，是为了在符合主题设计的前提下，进一步完善产品的外部呈现和口感层次。多见于以泡芙、马卡龙、奶油球等为主材的组合中，这些组合需要用填充材料填补主材组合时留下的空隙。

① 概念图。

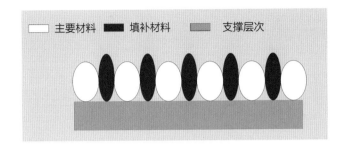

② 常见的基本结构。

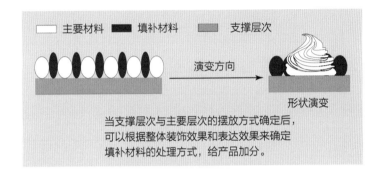

③ 实际产品效果示例。常见的可以用于填充、镶嵌的材料有奶油、巧克力件、水果（或者水果粒）、瓦片饼干等。

8.1.2　创意甜品设计说明书的编制内容和要求

1. 产品相关的市场调查与分析

可以从市场需求状况、新产品的市场规模、影响需求的因素、新产品开发的必要性等方面来说明创意甜品设计的需求。

2. 新产品的需求说明

阐述产品的构思与设计，梳理产品设计需求。示例表如下。

产品需求单		
项目名称		
项目目的		
分类及体系分配		
产品定位		
消费场景		
期望新品特征	感官特征	
	结构特征	
	功能特征	
	美学特性	
竞品表现		
新品开发方向与侧重点		
材料、设备与生产条件	材料	
	器具设备	
	生产方式	
产品质量标准		
生产成本		
期望货架期		
其他		

（1）**项目名称与目的**　可以是全新产品开发、产品升级、工艺改进等。

（2）**分类及体系分配**　可以是系列产品，也可以是单个产品。若为单品开发，可注明分类，如面包、甜点、蛋糕等。若为系列产品开发，可以注明分类及期望结构占比分配。

（3）**产品定位**　定位可以从目标消费群体及特征、市场定价、适应区域、季节等方面进行描述。

（4）**消费场景**　可以从休闲、代餐、聚会、庆典、婚俗假日、礼盒、甜品台等方面进行描述。

（5）**感官特征**　可以从色泽、风味、口感、形状、口味变化等方面进行描述。

（6）**结构特征**　可以从产品层次、形态、元素关键词（如水果、坚果、蔬菜等）、组织结构、质构等方面进行描述。

（7）**功能特征**　可以从营养平衡性、健康、功能性、热量、低糖、低脂等方面进行描述。

（8）**美学特征**　可以从外观装饰、造型、形状、色彩、色调等方面进行描述。

（9）**竞品表现**　可以罗列竞品图片、品牌、特点等，作为新产品市场营销的参考信息。

（10）**新品开发方向与侧重点**　可以从原材料、工艺、口味、外观、与现存产品差异性、开发热点等方面描述

（11）**材料、设备与生产条件**　材料方面需要说明原料、辅料、添加剂等是否指定品牌或供应商；需要说明器具、设备是否有特定限制；是中央工厂生产、门店现场加工，还是两者结合或罗列其他方式。

（12）**产品质量标准**　从产品稳定性、感官、理化指标、产品的物料分析、产品大小、尺寸、重量、用材与耗材产品信息、产品制作边角料处理与再处理、产品的随机续产能力、产能优化方式、场地需求、储存条件等方面进行描述。

（13）**生产成本**　可以对单个、单片、单组等生产成品进行成本预算。

（14）**期望货架期**　对产品的货架期进行期望说明。

（15）**其他**　对产品的其他方面的需求进行描述。

3. 新产品的设计单

下面以"抹茶磅蛋糕"为例来描述产品内容确认的基本环节，以及产品创意开发方向的分析。

（1）**产品制作**　主要包括产品的配方与基础制作流程工艺。

产品制作					
产品的配方					
材料		面糊	抹茶糖浆	单价 / 元	合计 / 元
物料占比		87%	13%		
黄油	克	450	—	0.042	18.900
白砂糖	克	300	100	0.005	2.000
DGF 转化糖	克	75	—	0.042	3.150
海藻糖	克	75	—	0.044	3.300
蛋糕屑	克	200	—	0.000	0.000
鸡蛋	克	500	—	0.012	6.000
低筋面粉	克	450	—	0.007	3.150
泡打粉	克	9	—	0.025	0.225
抹茶粉	克	25	10	0.350	12.250
大颗红豆	克	100	—	0.020	2.000
耐高温巧克力豆	克	100	—	0.042	4.200
装饰用防潮糖粉	克	—	30	0.085	2.550
水	克	—	200	0.000	0.000

（续）

基础制作流程工艺				
操作工段节点	前期	打发	熬煮	（可详述）
		混匀	拌匀	
		搅拌	—	
		拌匀	—	
		装裱	—	
		灌注	—	
	中期	烘烤	—	
		蘸刷		
		冷却		
	后期	摆放		
		装饰		

（2）**配方分析**　对产品制作所使用的材料进行分类分析，主要包括干湿料、总成本等。

物料总重	共用原材料	总物料	粉料	液态料	固态料	层次数	成本合计	出品数	产品原料成本
2624克	2种	13种	4种	2种	7种	2层	57.7元	5个/30片	11.540元/个、1.923元/片

（3）**物料分析**　根据配方中使用的材料性质进行细节描述，如特殊性、个别高成本物料、处理难易度、材料稳定性、可替代性等。

物料分析		
数量	配方共计使用13种物料，共用原料2种，粉料4种，固态料7种，液态料2种	
特殊物料	海藻糖，目前国内烘焙业界使用较少，日本使用较普遍	
物料成本	抹茶粉、黄油在整个配方中为高成本物料	
	海藻糖、DGF转化糖成本是普通白砂糖的8~9倍，但在整个配方中成本适中	
	蛋糕屑为回收的剩余物料，不计算成本	
季节性	无短保质期物料，受季节影响不显著，但抹茶粉在春夏两季食用较多	
易处理性	容易处理，原料经简单预处理后均能直接加工	
颜色稳定性	海藻糖为非还原性糖，不发生美拉德反应，故物料在加工中颜色变化不显著，原料在相应条件下保存，颜色稳定性强	
商用版原料变动方法	原配方成本相对略高，产品适于国内一二线城市的中高端饼店中销售	
	低价变动版本（成本降50%）	·海藻糖/DGF转化糖换为普通白砂糖和山梨糖醇液 ·抹茶粉换为绿茶粉 ·取消配方中耐高温巧克力豆及大颗红豆 ·取消抹茶糖浆

物料分析		
商用版原料变动方法	高价变动版本（成本升 40%）	· 黄油改用比利时歌文黄油 · 抹茶粉改用进口宇治抹茶粉 · 低筋面粉改用法国 T45 进口面粉

（4）**工艺分析** 概述产品制作中的主要流程节点，并对流程中涉及的难易度、批量生产、场地需求等做基本说明。

工艺分析	
使用模具	SN2071
产能及优化	基础物料预制 抹茶糖浆可提前批量预制，随用随取 蛋糕屑提前处理，随用随取 半成品预制 冷却后的蛋糕直接储存，按需求量装饰、分切和包装
边角料再应用	半成品预制前不产生较多边角料
	切分、打边产生的蛋糕用作蛋糕屑
续产能力	物料种类与层次少，可进行续产，且随时可预制基础原料
场地需求	需制冷、热加工操作场地，适合工厂制备储存半成品，门店进行装饰切分
工序节点	约 13 个（含后期装饰）
可复制性	技术难度一般，易于复制，适合作为爆款产品推出

（5）**产品定位说明** 产品定位说明一般对应产品设计需求，包括产品类别、风格特征、定价等，是产品制作的阶段性答卷。

产品定位说明	
类别	小糕点 / 伴手礼
风格特征	春 / 夏季产品
口味描述	微苦的清新茶味和香甜的奶香味
建议价格	45~50 元 / 条或 6~8 元 / 片
	与其他糕点拼配礼盒销售
储存条件	常温保存
产品规格	整条，长 × 宽 × 高　14 厘米 ×6 厘米 ×8 厘米
	切片，长 × 宽 × 高　2 厘米 ×6 厘米 ×8 厘米
适宜包装	手提式西点包装盒 / 小礼品包装袋

（6）**市场营销说明** 对产品的目标客户群、建议售卖方式等做概述。

市场营销说明			
目标顾客	老少皆宜 / 商务伴手礼		
主题	春意		
常规类	适合在情人节推出		
售卖形式	线上线下共同售卖 / 大客户团购		
展柜位置	产品颜色鲜明，宜摆放在展柜显眼位置		
推广活动	线下	店内	春季踏青日 / 立春等节日购买送限定饮品
			店内免费试吃 / 宣传物料跟进推广
		店外	沿街 / 周边写字楼发送免费体验券
	线上		微信官网线上产品信息推广 / 折扣体验券

（7）**其他**　依据产品需求可进一步对产品细节进行阐述。

（8）**产品的生产计划**　基于市场预期、产品设计单等基础信息和企业的生产条件，对产品的生产进行预计，可做月、季、年等不同周期的生产计划说明。

（9）**人事组织**　根据企业生产条件以及新产品的工序流程，说明新产品线计划内涉及的参与人员以及成本预估。

（10）**其他预算**　如水电预算等。

（11）**经济效益**　基于生产计划及各类预算支出，对新产品的盈利能力进行说明。

8.2　创意甜品制作

8.2.1　甜品制作新原料选用的相关知识

1. 健康绿色

甜品作为食品中的一个品类，其制作需要严格按照相关食品法规与条例进行，在新原料的选择和使用上，首先是需要安全。

在食材安全的基础上，健康绿色是现代食品的共同追求，低脂、低油、低糖是未来甜品发展的趋势之一。含有反式脂肪酸的材料会越来越多地被替代，如起酥油与黄油的交替、植脂奶油与动物奶油的交替等；甜度较低的海藻糖、糖醇类甜味剂也逐渐被加入产品制作的配料中。

2. 高效与多功能

在质量相差不大的情况下，对新原料的需求之一是能够减少制作时间或降低制作难度，能够降低失败率，节约人工成本。如预拌粉的出现及使用。

8.2.2　甜品制作新设备、新器具使用的相关知识

1. 新设备

可选择方便、稳定的新设备来制作创意甜品，可以有效提高生产效率，降低产品成本，降低产品制作难度，缩小产品制作时间，提高产品生产的操作水平和产品质量。如酥皮机在很大程度上缩短了起酥类产品制作的时间，同时更易对产品进行标准化制订，包括时间、产品规格等，提高产品质量和生产效率。

2. 新工具

新工具需要给基础操作提供实用性，设计性能好，节约产品生产时间，加快产品成型和成熟。现代模具开发中，越来越多使用了象形模具，如苹果型硅胶模具，可以一次成型，丰富产品外形，给甜品制作提供更多的可能性和想象空间。

8.2.3　甜品制作新工艺的相关知识

1. 制作工艺

随着功能性材料、模具和工器具的不断开发，现代食品行业越来越多元化，且体系越来越庞大。甜品样式从单一烘焙到冷藏式复合，其中的组合层次也越来越百变。

无论是单层产品还是多层产品，制作目标都是追求产品整体的和谐统一。对于不同层次的产品而言，组合需要遵循一定的规律和依据，不能随意搭配，要考虑各个层次间色、形、质、味的平衡，使各个层次间的"矛盾"弱化，使"优点"形成互补。

随着制作工艺朝着更精致的方向发展，在这个过程中，产品极复杂化和极简约化同时存在，前者注重产品的层次和叠加风味，后者注重材料的原始风味，都是追求极致口感的方向。

2. 成型和成熟工艺

新设备和新工具的不断出现，给了产品更多的制作空间，用来突破产品的制作瓶颈。如越来越多样化的成型模具，可以帮助降低产品组合的难度；还出现了针对某个特定产品的成型机器。

3. 装饰工艺

传统的奶油装饰在甜品制作中逐渐不再是主导地位，随着甜品种类的增多，相应的装饰技术也变得更加丰富。

（1）淋面工艺　淋面技术出现已久，其色泽较好，具有很好的流动性，可操作性和实用性都比较强，可发展空间也非常大，现代出现了不少新的工艺技术点，如星空淋面、豹纹淋面等。淋面材料的质地决定了其具有良好的包容性，可以丰富装饰的同时，叠加的空间、位置、材料都很容易控制。

（2）喷砂工艺　喷砂能给产品表面带来雾砂感，提高产品整体的奢华氛围，是现代慕斯甜品常用的装饰技术。喷砂的质量跟喷砂机、喷砂材料、喷砂环境有直接关系，对细节要求比较高。

（3）食品工艺　传统的食品工艺技术，如翻糖、巧克力、糖艺等在现代甜品中的运用也在逐渐增多。食品工艺打造的立体空间弥补了甜品装饰的空白，但是其口味可能不太符合时代需求，所以更多的类似食品工艺的技术出现了，如用水果雕刻出造型进行装饰；以巧克力为主要食材制作巧克力固体软材料替代翻糖；将水果片烘烤，在其还软的情况下，塑造成花的形状。

8.3　创意甜品装饰

8.3.1　甜品装饰新材料、新器皿选用的相关知识

1. 甜品装饰新材料

（1）糖艺装饰　糖艺装饰是指利用拉糖工艺对糖制品进行加工与创造，其具有光亮感，色彩鲜艳，造型百变，可以根据产品主题变换多种样式，表达能力比较高，可以作为甜品装饰的点缀、支撑等，是高档甜品与竞技甜品的常用技术。

（2）翻糖装饰　除了大型翻糖蛋糕外，小型翻糖装饰件也可以巧妙地加入甜品装饰中，但是注意用量和适配度。

示例

糖艺装饰

拉糖技术可以营造出形象逼真的立体效果。

示例

翻糖装饰

双层甜品，底层外部装饰使用红色淋面，上层使用红色喷砂，白色翻糖花的装饰出彩不突兀。

（3）**巧克力装饰**　巧克力独特的塑形能力和色泽特点使其一直是甜品装饰的常用材料，随着甜品造型的越来越多变，巧克力装饰件的造型也随之发生较大的变化。

尤其在慕斯制作中，巧克力除了担当装饰外，也附加了各式其他功能性作用，如支撑、包围作用等，可以通过模具塑形等方式将巧克力塑造成符合主题设计的样式，使其更具实用价值。

示例

1）以"红唇"样式的模具制作巧克力件，作为内部馅料的外部支撑，增加了材料的功能性和观赏性。

2）根据不同的主题需求，依靠技术可以赋予巧克力装饰件更多的发挥空间，装饰使产品更加贴合场景需求。

（4）**喷砂装饰**　喷砂是现代甜品制作中常用的装饰技术，呈现效果带有雾砂感，色彩转变简便，可叠加。巧妙利用喷砂技术可以帮助产品更好地表达主题。

（5）**各式馅料装饰**　在慕斯制作中，各种组合层次在完成口味组合作用的同时，也越来越多地开始承担其他功能性的作用，使用模具或通过裱花技术，将馅料变换各种形状，使其达到一定的装饰效果。

示例

在黄色淋面的底色上，底部喷上红色喷砂，局部喷上绿色喷砂，营造出真实芒果的色彩，使整体形象更加贴近芒果。

示例

1）用模具将芒果馅料塑造定型，通过叠加的方式放在主体蛋糕上，外部使用巧克力围边，使甜品更富有层次感，也可以将主要材料展示在外部，使产品更好地传达主题效果。

2）将馅料放入裱花袋中，挤入模具中，再放入冰箱中冷冻定型，脱模后放在蛋糕顶部做装饰。

3）将红色啫喱倒入模具中定型，取出，裁切出合适大小贴在蛋糕外。

2. 甜品装饰新器皿

（1）**盘式甜品**　盘式甜品源自餐厅的餐后甜品，一般出现在中高档的餐厅，一款成功的盘式甜品不仅需要一流的甜点制作技术和对食材有着充分的理解，还需要创新的装饰技巧，让它以最完美的姿态呈现在顾客的眼前。常见的盘饰食材有奶油、巧克力、水果、果酱、鲜花、叶子等。

盘式甜品的技术创新是需要熟悉各个领域的，最大限度地挖掘材料的潜力，开发应用相关技术和工艺，并展现出来。创新来自食物和装饰器皿的变化。器皿选用需要与产品本身和环境相得益彰。

（2）**杯装甜品**　用各式杯子盛装甜品，增加产品的乐趣性、观赏性。

（3）**材料与产品的再利用**　可以用巧克力、酥饼、饼干、水果等成品或者半成品作为支撑层次及甜品的器皿。

蛋糕作为支撑层次

手指饼干作为支撑层次

马卡龙作为支撑层次

泡芙作为支撑层次

塔作为支撑层次

8.3.2　创意甜品装饰的方法和注意事项

1．水果装饰

（1）**水果原形装饰**　水果外形多是非常漂亮的，鲜亮的色彩也能极大地勾起人们的食用欲，并且原形装饰可以最大程度上传达"原生态、健康"的信息。

水果原形装饰可以直接将水果用于产品，也可通过简单的切割，都是比较省时、有效的做法。

水果不但可以直接用于甜品的外部装饰，部分水果也可以通过内部裸露的方式起到装饰的作用，切块类的水果蛋糕多用到这种装饰方法，如法式草莓蛋糕。

草莓用于产品内部和外部装饰

如果将水果放入内馅中，所选用的水果不能太大、不能有籽、不能有皮，带籽带皮的需去除，以免影响口感。这点与表面装饰不同，表面装饰为了更好地突出水果特点，可以带皮、带籽、带核，但要注意大小与样式。通常情况下外部装饰是内在馅料的外在表达，且最好是对应关系。如制作甜品内馅的主要食材是草莓，那么在外部装饰时就宜选草莓或与草莓有关的水果。

同时内部装饰所用的水果也不能太软，否则会被挤压变形。

（2）**水果改造装饰**　通过外力或者加工对水果外形或口味加以改造，使之更加贴合甜品设计的一类装饰方式。一般可以通过水果雕刻、模具印刻、口味再加工等方式对水果的色彩、大小、样式、口味进行改造。

各式水果经过不同程度的切割、雕刻后用于装饰

（3）**水果果皮装饰**　水果中除了果肉能装饰外，多数水果的果皮有很强的塑造性。它们色彩明艳，且具有很强烈的个性风味，柠檬皮就是其中的代表，柠檬皮可以做出弯曲造型放在甜品表面增加立体感。除了这种辅助装饰外，有些果皮可以替代杯装盛器来支撑整个甜品组装，比较有个性。

（4）**水果制品装饰**　以水果为原材料之一，添加砂糖、凝结剂、果酱等材料制作而成的馅料可以通过塑形达到装饰的效果。

以果皮作为盛器装饰果冻

水果馅料的主要特点是能从外表直接看出水果颜色或水果果肉，有显著的个性特点和口味特点。其多数情况下是作为夹心馅料包裹在甜品内部，但有些"颜值"较高且符合甜品设计需求的，也可以直接裸露在甜品外部，不但能丰富口味，还可以给甜品外表"锦上添花"。

以芒果颗粒为主要特点的啫喱产品

2. 蛋白霜灼烧装饰

甜品组合中，有许多成品可以直接作为装饰放置在甜品表面，如糖果、饼干等。蛋白霜制品是其中比较大的一个支系，其外形、色彩等都可以通过操作来改变，从而能针对性地制作出与甜品本身有契合点的产品。

蛋白的含水量在 90% 左右，蛋白质含量在 9% 左右，通过外力对蛋白进行搅打，可以使蛋白中的蛋白质发生变性，搅打过程中会裹入大量的气体，形成泡沫现象。这类泡沫型蛋白产品也被称为蛋白霜。蛋白霜可以调色，并在泡沫稳定期内，可以通过挤裱的方式制作出各式花样，之后以烘烤、灼烧、冷藏等方式形成一定的装饰效果。

（1）意式蛋白霜　糖和蛋白质在高温环境下会发生非酶褐变反应，产生变色。这是灼烧蛋白霜产生装饰效果的主要原因，一般主要作用在意式蛋白霜表面（意式蛋白霜泡沫稳定、保水性好）。

材料

蛋白	100 克
水	80 克
糖	250 克

制作过程

1）将水和糖放入锅中，煮至 118℃。

2）同时，打发蛋白至略出现纹路状态。

3）将糖浆缓缓冲入打发蛋白中，快速、持续搅拌至整体呈现细腻有光泽的状态。

（2）意式蛋白霜灼烧　用火枪直接在蛋白霜表面灼烧，火枪口离作用面要有一定的距离。产生的深浅效果可以自由控制，想要深色可以多加热一会，也可以在蛋白霜表面筛一层糖粉，灼烧后，表面会带有颗粒感。

挤裱蛋白霜　　　　　　　筛糖粉　　　　　　　灼烧后

3．喷砂装饰

喷砂装饰可以呈现雾感、丝绒质感，使甜品呈现低调的奢华感，是目前法式甜品中最重要的装饰之一。

喷砂的材料简单，在口感上对甜品整体的影响较小，几乎可以忽略不计，主要是装饰作用。其装饰效果通过质地和色彩来体现。

（1）**喷砂工具**　喷砂装饰是需要依赖工具的装饰，即空气喷枪。空气喷枪主要由空压机、软管（直线管和曲线管）及喷枪相关附件组成，缺一不可。

1）基础组成。

① 空压机用于压缩储存空气，是气压的主要来源。

② 软管一边连着空压机，一边连着喷枪，是负责传输气压的纽带。

③ 喷枪及相关附件是空气喷枪的具体执行部件，原料通过此部位表达在甜品装饰中。液体杯或者喷壶是存放液体涂料的位置。空气喷枪有不同的口径，可根据用途选取。

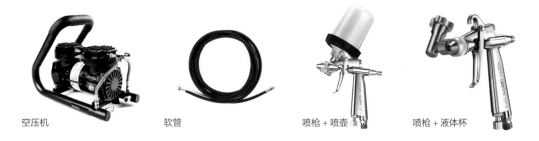

空压机　　　　　　　软管　　　　　　喷枪 + 喷壶　　　　喷枪 + 液体杯

2）喷枪构造。

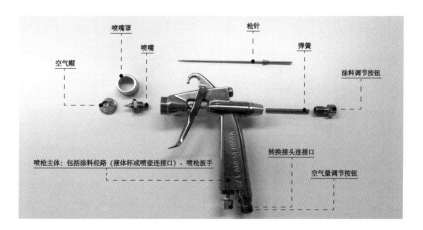

① 空气帽：保护枪针免遭损伤。

② 喷嘴罩：用来连接空气帽和喷嘴。

③ 喷嘴：涂料喷出的地方，中间有一根枪针。

④ 喷枪主体：包括涂料经路（液体杯或喷壶连接口）、喷枪扳手。在用可可脂喷涂时，若可可脂凝固，可用热烘枪加热涂料经路。

⑤ 空气量调节按钮：用于调节气压，控制雾化的粗细。

⑥ 转换接头连接口：用于连接软管和喷枪。

⑦ 弹簧：一种利用弹性来工作的机械零件，为喷枪扳手的运动提供重要的帮助。

⑧ 涂料调节按钮：用于调节涂料喷出量。

⑨ 枪针：是喷枪中最娇贵的部件，在拆卸和组装时注意切勿弯折针尖，它控制着喷嘴的启闭。

喷枪主体在其他配件的连接下，相互配合，通过气压的推动，使喷枪中的液体（涂料）产生雾化的效果。

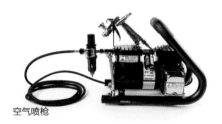

空气喷枪

3）认识空气喷枪工作原理。空气喷枪的工作原理是利用空压机提供的气压，在气压的作用下，使液体（涂料）通过喷枪分散成均匀的雾滴，产生雾化现象，即液体涂料通过喷嘴或用高速气流使液体涂料分散成微小雾滴的物理操作，然后通过喷涂的方式具体体现在装饰上，使这些雾滴能够在短时间内均匀地吸附在制品表面。

通常情况下，空气喷枪对于液体分散的粗细程度决定了雾化效果；喷涂则是在涂料处理成雾滴时，对喷制的对象继续进行下一步的操作，喷涂的过程中一定有雾化的存在才能产生较好的喷砂效果。

（2）喷砂材料　根据空气喷枪的作用原理，可以了解到可用于空气喷枪的材料必须是液体。液体材料通过空气喷枪作用在产品表面，形成一定的装饰效果，不同的材料性质形成的装饰效果不同。

1）水性材料。水性材料指含水量非常大的材料或半成品，如水溶性色素等，这类材料通过空气喷枪雾化后喷涂在甜品表面，喷涂的量较少时会有上色效果，但是水在产品表面上铺展后不会产生颗粒感；喷涂的量比较多的话，水相互结合会产生连续性的铺展效果，产生的效果与直接淋面类似，不过淋面层会薄一些。

2）非水性材料。一般甜品使用的喷砂材料都是非水性材料，是指含水量较小或者不含水分的材料或者半成品，多是可可脂、巧克力或两者的混合物。这类材料通过空气喷枪后，雾化过后的材料作用在温度低的甜品表面，遇冷后微小雾滴状的巧克力或可可脂会瞬间凝固成小的颗粒状，经过不断地喷涂，小颗粒不断聚集在甜品表面，形成毛茸茸的磨砂质感。

可可脂是从可可原浆里提取出来的天然植物油脂，是制作巧克力的必备原材料之一。可可脂的熔点低于人体的温度，以 27℃ 为节点，可可脂在 27℃ 以下时，呈固体状态；27℃ 以上时，可可脂开始随着温度的上升慢慢熔化，35℃ 会完全熔化。这就是可可脂在室温能保持固态，进入人的口中又能很快熔化的主要原因。

巧克力与可可脂混合物的喷砂作用

通常情况下，常使用的喷砂材料是将可可脂与巧克力按照 1∶1 的重量比混合。选用白巧克力时，可以用色淀进行调色处理，形成多色喷砂材料。

（3）适合喷砂装饰的甜品类型　喷砂装饰在一定程度上与筛粉效果是类似的，都是在作用物表面制作出颗粒感，都有梦幻感。所以，在作用物表面和环境温度合适的情况下，都是可以进行喷砂作业的。常见的有慕斯及其他冷冻后的一般甜品。

（4）喷砂操作流程

1）准备喷涂材料。可可脂制品与代可可脂制品都可以作为喷涂材料使用，但为了最佳融合度，两类产品不可混用。可可脂（或代可可脂）与纯脂巧克力（或代脂巧克力）按重量比 1∶1 混合，混合温度保持在 35~45℃。

2）喷砂调色。不同的喷砂颜色会给蛋糕营造不一样的风格和感觉，如咖啡色沉稳，红色热情，橙色活泼等。调色时，需选用油溶性色素或色淀，采用粉状色淀时，需要用均质机融合完全，若没有完全融合，会影响后期装饰效果。

当然，喷砂所使用的颜色可以是巧克力原本的颜色，能凸显对应的巧克力主题。

3）实际喷涂。

① 喷枪预热：预热喷枪时，可以用热烘枪或吹风机，并将涂料放在温暖的环境中。若涂料与喷枪的温差过大，当涂料进入喷枪时（尤其是涂料经路部分）先接触喷枪的涂料会凝固，造成堵塞，影响喷涂操作。

注意：如果喷枪中的可可脂凝固，喷不出液体时，可以用热烘枪加热，直至喷枪中的可可脂完全熔化即可。

② 喷涂距离：取出需要喷涂的甜品，在合适的喷涂距离（25~30 厘米）操作。若喷砂的距离太近，喷幅面积小，形成的喷砂较厚重，若是带有颜色的涂料，则表面颜色过深，影响口感和外观。

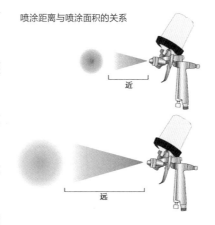
喷涂距离与喷涂面积的关系
近
远

③ 喷涂方式：喷涂时，一般小型甜品可以采用集中式统一喷涂，较大型的甜品多数情况下需要单个进行喷涂。

④ 喷涂量要适当：喷涂时要少量多次地进行喷涂，喷涂量太多，产品表面会因为太厚而开裂。

4. 巧克力件装饰

巧克力的塑形方法多变，在熔化至凝固之间，可塑造出多种样式。常见的巧克力装饰件有以下几种制作方式。

（1）**涂抹定型类**　用工具将调温巧克力涂抹在胶片纸上，在未完全凝固前，可以通过刮板、压模等工具进行形状切割，还可以通过弯曲胶片纸带动巧克力变形，凝固后能形成各式巧克力。

常见的巧克力片、巧克力圈、巧克力羽毛、花瓣、巧克力弹簧等都可以通过此方式制作。

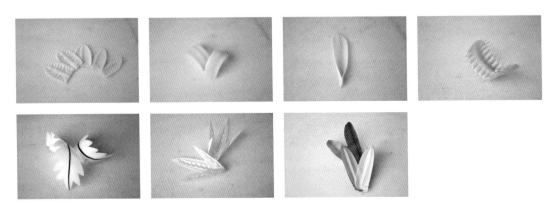

（2）**挤裱定型类**　将调好温的巧克力装入裱花袋内，在胶片纸上挤出形状，放入冰箱中冷藏定型即可。

（3）**刨屑型**　用挖球器在调温巧克力或者巧克力块表面由上向下刮出半圆弧形小球。挖弧形球必须注意巧克力的软硬度，巧克力尽量偏软，在柔软状态下才能挖出比较整齐的弧形球，如果巧克力过冷只会刮出小的碎屑；反之，巧克力太软则会粘住挖球器。

（4）**铲花型**　将调温巧克力在大理石面上来回抹制，使其产生

直接刨屑型

韧性，后期铲制时不易破碎，方便造型。该种装饰件对操作者技术要求极高，操作难度大。

（5）**组合型**　将用各式方法制作成的巧克力件通过粘连可以组合成更多的样式。花型是比较常见的组合型巧克力装饰件。

（6）**巧克力装饰件保存的注意事项**　巧克力装饰件应当冷藏保存，不可冷冻，否则会破裂。

1）保存温度。巧克力装饰件的保存温度应保持在15~18℃，避光，不可太阳直射，储藏温度不宜变化过大，从储存地取出时与室温相差不宜超过 7℃，储存温度不可低于 15℃。

成品展示

2）保存湿度。巧克力装饰件的保存湿度应保持在45%~55%，应密封，避免与空气接触，防止变干、氧化。

3）保存环境。巧克力装饰件应与具有刺激性气味和强烈味道的食材分开储存。尤其是调温巧克力对于异味非常敏感，保存时必须远离外界的异味，保持环境卫生，防止昆虫破坏、侵蚀。

5. 奶油馅料装饰

可以用于装饰的奶油馅料，最大的特点是有"稳定的形状"，在甜品组合中可以呈固体状态。主要有两种，一种是馅料本身制作完成时属于固体或半固体状态，可以直接塑形；一种是馅料属于流体或半流体状态，没有形状，需要借助食品胶凝固或用模具塑形，塑形完成后才能用于装饰，其被赋予的装饰作用与甜品的组合结构有关。

（1）**固体或半固体状态的奶油馅料**　馅料本身呈现固体状态，可以直接用于塑形，类似香缇奶油等。

1）裱花嘴塑形。通过各式的裱花嘴进行不同的运动轨迹，塑造不同的造型。

2）涂抹塑形。将奶油馅料放置于甜品表层区域内，用抹刀进行涂抹装饰。传统的奶油蛋糕就是全覆盖式的涂抹塑形，这类装饰不但能够给外形加分，也有非常好的遮瑕效果。

3）勺子塑形。用勺子在奶油馅料中挖取馅料，可制成橄榄形。

（2）**流体或半流体状态的奶油馅料**　馅料本身不可以用于挤裱，但通过冷冻后能够固形，可

以外露在甜品表面，有装饰意义。通常情况下，这类馅料中会加入凝结类材料，多数还需要模具来塑形。

凝结剂的作用是维持奶油馅料的外形，根据季节的不同，使用的比例不同。使用的原则是尽量减少到能够维持外形的最低量即可，这样才能制作出入口即化、回味轻盈的奶油制品。如果是即食产品，可以根据实际情况选择不加凝结类材料。市售凝结类材料非常多，有吉利丁、果胶、卡拉胶等功能性材料，也有慕斯粉、布丁粉、果冻粉等复合型凝结材料。

蒂格蕾

蒂格蕾饼底配方

蛋白	300 克	榛子粉	75 克
细砂糖	165 克	低筋面粉	120 克
蜂蜜	15 克	泡打粉	2 克
盐	0.5 克	无盐黄油	300 克
糖粉	165 克	耐高温巧克力豆	110 克
扁桃仁粉	75 克	牙买加朗姆酒	10 克

制作过程

1）将蛋白、细砂糖、蜂蜜和盐倒入盆中，隔热水搅拌均匀。

2）加入过筛的糖粉、扁桃仁粉、榛子粉、低筋面粉和泡打粉，用手动打蛋器搅拌均匀。

3）将无盐黄油熬煮成焦黄油，再降温至70℃，加入"步骤2）"中，搅拌均匀。

4）当"步骤3）"的温度降至30~35℃时，加入耐高温巧克力豆和牙买加朗姆酒，拌匀，装入裱花袋中，注入萨瓦林硅胶模具中，直至8分满。

5）放入风炉中，以190℃烘烤约15分钟，出炉轻震烤盘，室温放置冷却后再脱模。

小贴士　焦黄油的制作方法：先将黄油加热熔化，再持续加热至黄油产生焦煳香气，颜色变为深褐色，离火。为了防止锅壁的余温对黄油液体产生进一步的影响，可以在离火后隔冰水降温。

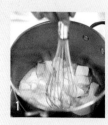

巧克力甘纳许配方

黑巧克力	400 克
牛奶巧克力	100 克
淡奶油	450 克
转化糖	15 克

制作过程

将淡奶油和转化糖倒入锅中，加热至70℃，关火，倒入黑巧克力和牛奶巧克力的混合物，用手动打蛋器搅拌均匀（也可用均质机进行搅拌）。

组合过程

待蒂格蕾饼底完全冷却后，在中心注入巧克力甘纳许即可。

巧克力熔岩蛋糕

榛果甘纳许配方

淡奶油	843 克	黑巧克力	189 克
玉米淀粉	21.6 克	杏仁酱	54 克
牛奶巧克力	378 克	50% 榛子酱	432 克

制作过程

1）将淡奶油和玉米淀粉倒入锅中，边搅拌边加热，煮至沸腾。

2）将牛奶巧克力、黑巧克力、杏仁酱和榛子酱倒入量杯中，加入"步骤1）"，用均质机搅拌均匀。

3）将"步骤2）"装入裱花袋中，挤入直径4厘米的圆形硅胶模具中，放入速冻柜冷冻至硬。

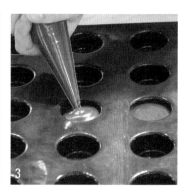

巧克力面糊配方

蛋白	228 克	发酵黄油	45 克
蛋白粉	3 克	蛋黄	48 克
细砂糖	90 克	低筋面粉	33 克
黑巧克力	300 克		

制作过程

1）将蛋白、蛋白粉和细砂糖倒入搅拌桶中，用网状搅拌器搅打至干性发泡。

2）将黑巧克力和发酵黄油混合，隔温水熔化，再加入蛋黄和过筛的低筋面粉，搅拌均匀。

3）将"步骤1）"分次加入"步骤2）"中，先用手动打蛋器稍微搅拌，再用橡皮刮刀翻拌均匀。

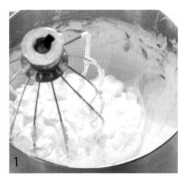

甘纳许配方

淡奶油	130 克	牛奶巧克力	112 克
牛奶	100 克	黑巧克力	112 克
山梨糖醇	17.5 克	幼砂糖	34 克
寒天	5.3 克	无盐黄油	22 克

材料说明

寒天是先从藻类中提取的黏性物质，再加工制成的一类膳食纤维，属于天然凝结剂。根据寒天含水量的高低分为高强度寒天和低强度寒天，使用时要根据产品质量对用量进行酌情增减。

制作过程

1）将牛奶、淡奶油、寒天和山梨糖醇倒入锅中，煮沸，离火，降温至70℃。

2）将牛奶巧克力、黑巧克力和幼砂糖倒入量杯中，加入"步骤1）"，用均质机搅拌均匀，再加入无盐黄油，搅拌均匀，装入裱花袋中备用。

组合准备

在直径5厘米、高5厘米的圈模中贴边放入一张油纸，卷成圆柱形。

组合过程

1）将巧克力面糊装入裱花袋中，挤入围有油纸的圈模中，至3分满。

2）将竹扦插在冻硬的榛果甘纳许上，放入"步骤1）"中，拔出竹扦，继续挤入巧克力面糊，直至8分满。

3）放入烤箱，以上、下火各180℃烘烤15分钟左右，出炉，脱模，在中心处戳孔，取出内部蛋糕屑。

4）在处理好的蛋糕孔中挤入适量甘纳许即可。

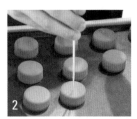

梨子焦糖

焦糖巴伐利亚配方

细砂糖	395 克	吉利丁块	84 克
淡奶油	1344 克	香草香精（可加可不加）	少许
蛋黄	168 克		

制作过程

1）将672克淡奶油和香草香精（非必须，只为增加风味）一起加入锅中。

2）用中火加热，期间用手动打蛋器搅拌均匀。煮沸即可，离火，备用。

3）取360克细砂糖放入另一个干净的锅中。

4）用小火加热至糖熔化，并用刮刀不断搅拌，使其受热均匀，成焦糖色。

5）将煮沸的"步骤2）"混合物缓慢地加入"步骤4）"中。

6）慢慢用手动打蛋器混合均匀，并继续加热至沸腾。

7）离火，加入35克细砂糖。

8）继续加入蛋黄，用手动打蛋器搅拌均匀。

9）继续加热，煮沸。

10）离火，加入吉利丁块，用手动打蛋器搅拌均匀。

11）倒入不锈钢盆中，放入冰箱中急冻，降温至35℃左右，备用。

12）将剩余的淡奶油放入搅拌缸中，用网状打蛋器高速打发至浓稠有纹路的状态。

13）将一部分打发淡奶油加入"步骤11）"中，用手动打蛋器搅拌均匀。

14）搅拌均匀后，再倒回剩余的打发淡奶油中，继续搅拌均匀。

15）将搅拌均匀的混合物装入裱花袋中，备用。

梨子慕斯配方

梨子果蓉	375 克	吉利丁块	70 克
蛋黄	125 克	淡奶油（需打发）	225 克
细砂糖	75 克		

制作过程

1）将梨子果蓉、蛋黄和细砂糖加入奶锅中，用手动打蛋器搅拌均匀，小火加热到85℃。

2）离火，加入吉利丁块，继续搅拌均匀。

3）倒入盛器中，放入冰箱急冻降温，备用。

4）用网状搅拌器将淡奶油打发至浓稠状态。

5）将打发至中性的淡奶油分3次加入"步骤3）"的混合物中，用手动打蛋器搅拌均匀。

6）将搅拌均匀的混合物装入裱花袋中。

7）再将馅料挤入Sf027的硅胶模具中，轻震模具，放入冰箱急冻1个小时左右。

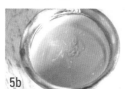

香料饼底配方

蜂蜜	205 克	细砂糖	60 克
牛奶	105 克	全蛋	105 克
肉桂粉	2.5 克	蛋黄	105 克
肉豆蔻粉	0.5 克	低筋面粉	185 克
茴香粉	0.5 克	泡打粉	4.5 克
香草粉	1.5 克	牛奶巧克力碎	60 克

材料准备

将牛奶巧克力碎切得更碎一点。

制作过程

1）将蛋黄、全蛋和细砂糖倒入搅拌缸中，用网状打蛋器搅打至呈浓稠细腻的绸缎状，颜色微微发白。

2）将低筋面粉、泡打粉、香草粉、肉桂粉、茴香粉、肉豆蔻粉、牛奶和蜂蜜放入不锈钢盆中，用手动打蛋器搅拌均匀。

3）将"步骤1）"和"步骤2）"混合，用刮刀混合翻拌均匀。

4）再加入牛奶巧克力碎，用刮刀搅拌均匀。

5）将混合物倒入边长23.5厘米、高5厘米的正方形硅胶模具中。

6）轻震模具（使其没有气泡），放入风炉，以170℃烘烤12~14分钟。

7）烘烤完成后，取出，放在网架上，晾凉。

8）将蛋糕脱膜。

9）用直径为4厘米的圆形切模切出小圆形。

10）将切割好的小圆饼放在垫有油纸的烤盘上，放入冰箱冷藏，备用。

顿加豆油酥饼底配方

黄油（软化）	150克	低筋面粉	150克
糖粉	70克	香草香精	适量
扁桃仁粉	70克	顿加豆	1/2 颗
全蛋	22克		

制作过程

1）将顿加豆磨碎在低筋面粉里。

2）将软化后的黄油和糖粉倒入搅拌缸中，用扇形搅拌器中速搅打。

3）再加入全蛋，继续高速搅打。

4）加入香草香精，继续搅打。

5）加入扁桃仁粉。

6）再将低筋面粉和顿加豆碎的混合粉加入搅拌缸中，先低速搅拌，基本混合均匀后，再中速搅拌（混合物中加入粉类原料后，需先调慢速度，避免粉类飞溅）。

7）搅拌成无干粉状后取出，放在油纸上。

8）将油纸对折，用擀面杖隔着油纸将面团擀平。

9）擀至2~3毫米厚（可用刮刀将面团边缘不规则的地方铲下来，补充至缺失的部分，使其成为一个规则的长方形，便于后续的切割）。

10）放入冰箱冷藏，松弛。

11）1个小时后取出，用直径为6厘米的圆形切模切割饼底。

12）放在垫有硅胶垫的烤盘上，室温保存备用。

13）放入风炉中，以170℃烘烤10分钟。

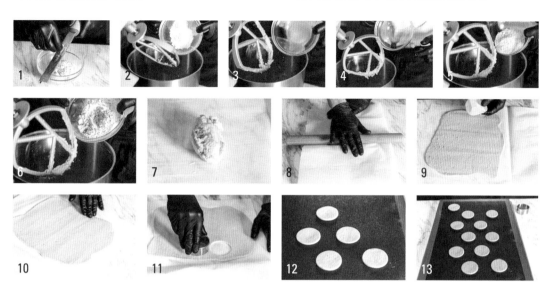

小贴士　剩余的饼底，用保鲜膜贴面包裹，放入冰箱冷藏可保存两三天。

绿色镜面淋面配方

水	150 克	吉利丁块	120 克
细砂糖	200 克	白巧克力	330 克
葡萄糖	400 克	绿色色淀	适量
淡奶油	100 克		

制作过程

1）将水、葡萄糖和细砂糖放入锅中，煮至103℃。

2）加入淡奶油，用刮刀搅拌均匀。

3）在量杯中加入吉利丁块、白巧克力和绿色色淀。

4）再将"步骤2）"的混合物倒入量杯中。

5）用均质机搅拌均匀。

6）贴面覆上保鲜膜，放入冰箱冷藏保存，备用。

小贴士　1）想要调制适合产品的绿色，可加入少许黄色色淀。

2）使用前，用均质机均质均匀再进行淋面，避免有结块。

巧克力泥装饰配方

巧克力泥　　　　　　　　　适量

制作过程

1）取配方需要重量的巧克力泥，放入微波炉加热至软。

2）搓成细长条状。

3）再切成2cm左右的长条。

4）将小长条的一头按平。

5）放置在铺有油纸的烤盘上，放入冰箱冷藏，备用。

   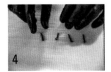 

小贴士　巧克力泥面团制作完成后可冷藏保存1个月。

知识拓展

巧克力泥配方

黑巧克力（熔化）	400 克	白砂糖	50 克
葡萄糖	200 克	水	50 克

制作过程

1）将白砂糖加水煮沸制成糖浆。

2）将葡萄糖和糖浆一起加热至50℃。

3）倒在熔化的巧克力中，混合均匀，贴面覆上保鲜膜，放入冰箱冷冻保存（可保存1个月

左右）。

4）使用前放入微波炉，加热5秒钟左右即可使用。

组装辅料

红色喷面　　　　　　　　　适量

转化糖浆　　　　　　　　　适量

辅料说明

红色喷面是以白巧克力∶可可脂＝1∶1的比例混合后加入少许红色色淀调制而成。

组装过程

1）将裱花袋中的焦糖巴伐利亚挤入梨形模具中，
约5分满。

2）将一颗脱模后的梨子慕斯放入梨形模具中。

3）挤入焦糖巴伐利亚，至9分满。

4）放入一个切割过的香料饼底，填满模具。急冻
1个小时左右，冻成型即可。

5）将梨子慕斯脱膜，放在垫有油纸的烤盘上。

6）取出绿色镜面淋面，回温至35℃左右，用均质
机均质均匀。

7）用竹扦插在梨子慕斯上，放入装有绿色镜面
淋面的量杯中，使淋面完全覆盖梨子慕斯。

8）再提起梨子慕斯，使多余淋面滴落。

9）放置在切割过的顿加豆油酥饼底上，静置2分
钟左右，待淋面稍稍凝固，再拔掉竹扦。

10）将制作完成的巧克力泥装饰插在梨子慕斯（竹
扦插口的位置）上，放入冰箱，冷冻固形。

11）取出，喷少许红色喷面。

12）在黑色托盘上挤一点转化糖浆（固定用），
再放上一个完成的梨子蛋糕。

芒果乳酪小慕斯

粉色淋面配方

水	300 克	吉利丁粉	20 克
糖	500 克	红色色粉	适量
果胶粉	10 克	白色色粉	适量
葡萄糖浆	175 克		

制作过程

1）将水、450克糖放入锅中，煮至糖化、沸腾状态。

2）将果胶粉与50克糖混合均匀，加入"步骤1）"中，再次煮至沸腾，用手动打蛋器搅拌均匀。

3）关火，加入葡萄糖浆，稍微煮至沸腾并搅拌均匀后离火。

4）加入泡发好的吉利丁粉，搅拌均匀后过筛入量杯中。

5）少量多次地加入白色色粉和少许红色色粉。

6）将均质机与量杯保持45度倾斜，将内部材料搅打均匀。

7）贴面包上保鲜膜，入冷藏或冷冻降温。

杏仁饼底配方

杏仁粉	148 克	蛋白	230 克
糖粉	150 克	细砂糖	100 克
蛋黄	80 克	蛋白粉	2.3 克
全蛋	130 克	低筋面粉	124 克

制作过程

1）将全蛋、蛋黄、糖粉、杏仁粉放入打蛋桶中混合搅拌均匀，隔水加热至35℃，搅打至绸缎状。

2）将蛋白、细砂糖、蛋白粉放入打蛋桶中，搅打至中性偏湿状态。

3）取1/2打发蛋白加入"步骤1）"中，大致搅拌均匀后，加入低筋面粉，翻拌均匀，最后加入剩余的打发蛋白混合、拌匀。

4）将面糊倒入烤盘中，用刮刀抹平，入烤箱，以上、下火各190℃烘烤12分钟即可。

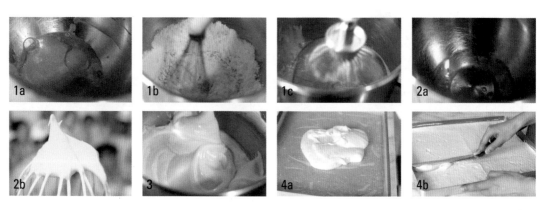

| 小贴士 | 加热蛋黄会破坏蛋黄的张力，便于后期打发，注意加热温度不要超过45℃，否则杏仁粉会因为温度过高，溢出油脂，导致饼底口感偏硬。 |

芒果啫喱配方

芒果果蓉	338 克
转化糖浆	45 克
香草香精	7.5 克
朗姆酒	15 克
吉利丁粉	6.5 克
柠檬汁	10 克

制作过程

1）在锅内放入一部分芒果果蓉，加热至沸腾。

2）关火，加入吉利丁粉（浸泡变软后）加热至熔化，搅拌均匀。

3）加入转化糖浆，搅拌均匀，再加入剩余的芒果果蓉，搅拌均匀。

4）依次加入柠檬汁、朗姆酒、香草香精，混合搅拌均匀。

5）在模具底部包上保鲜膜，倒入"步骤4）"，厚度约1厘米，放入冰箱急冻成啫喱。

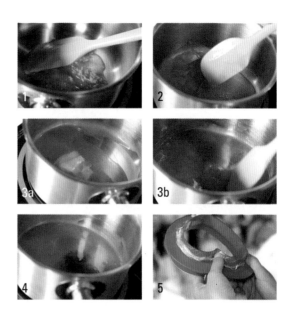

小贴士　　　1）倒入模具的啫喱高度用尺子测量，前期可以称一下这个高度所需要用到的啫喱重量，后期直接称重即可。

　　　　　　2）本配方中加热果蓉的目的是为了熔化吉利丁粉，转化糖浆、香草香精、朗姆酒、柠檬汁只需要混合均匀，即可发挥作用。

榛果黄油薄脆片配方

黄油薄脆片	40 克
榛子酱	50 克
牛奶巧克力	10 克

制作过程

1）将牛奶巧克力放入盆中，隔水加热至熔化。

2）在盆中加入榛子酱与牛奶巧克力，搅拌均匀。

3）加入黄油薄脆片，搅拌均匀。

4）将榛果黄油薄脆片放在油纸上，用擀面杖擀开、擀薄，入急冻柜冷冻定型，备用。

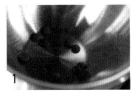

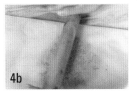

乳酪慕斯配方

奶油奶酪	534 克
牛奶	268 克
幼砂糖	134 克
吉利丁粉	27 克
淡奶油	534 克
柠檬汁	6 克

制作过程

1）将奶油奶酪软化，搅打至顺滑。

2）将牛奶、幼砂糖放入锅中，稍微加热后加入吉利丁粉（浸泡变软后），混合，离火，降温。

3）将"步骤2）"少量多次地加入"步骤1）"中，搅拌均匀。

4）过滤入盆中，加入柠檬汁，隔冰水降温。

5）将淡奶油打发，分次加入"步骤4）"，搅拌均匀。

6）装入裱花袋中，备用。

组合过程

1）取出芒果啫喱，脱模，冷冻备用。

2）取出榛果黄油薄脆片，回软后用模具压出形状，再入急冻柜定型。

3）取出杏仁饼底，用心形模具压出形状。

4）在心形硅胶模具中挤一层乳酪慕斯，震平。

5）在慕斯中间放上芒果啫喱，用手稍微压一下。

6）在芒果啫喱上再挤一层乳酪慕斯，震平。

7）取出榛果黄油薄脆片，用火略烤表面，粘上杏仁饼底，再入急冻柜冷冻定型后放入慕斯中。

8）用手稍微压一下后用乳酪慕斯将缝隙挤满，抹平后冷冻定型。

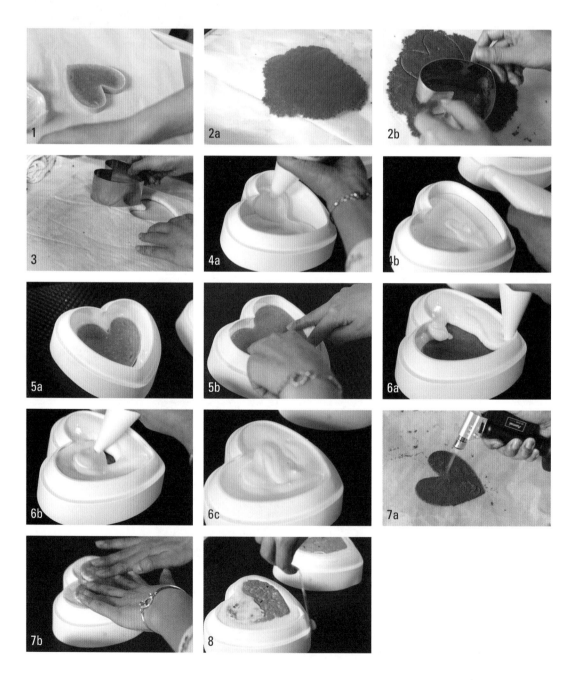

装饰配方

粉色淋面	适量
巧克力花	4 朵
薄荷叶	适量
金箔	适量

材料说明

1）淋面需提前调节好温度与状态，以达到最佳效果。

2）巧克力花是购买的成品，3朵大的，1朵小的。

制作过程

1）脱模前准备好淋面、网架，确保淋面温度在32℃左右。

2）取出慕斯，从硅胶模外圈开始脱模，先脱边缘，再脱整体。

3）开始淋面，待底部淋面凝固不脱落时，用抹刀挑起慕斯在网架
  上转一圈，去除底部多余材料。

4）装盘，用巧克力花、薄荷叶装饰，金箔点缀。

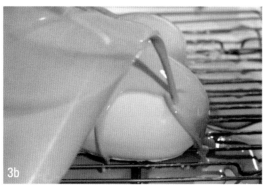

复习思考题

1. 产品的创意设计一般考虑哪些方面？
2. 产品的创意设计如果从配方着手的话，需要考虑哪些方面？
3. 常见的产品结构有哪些？
4. 创意甜品制作的新材料选择需要遵循哪些原则？
5. 常见的甜品装饰器皿有哪些？
6. 简述几种创意甜品装饰的方法。

项目 9

厨房管理

▼ ▼ ▼

厨房管理
- 西点厨房生产与管理
  - 西点厨房生产组织管理、人员安排
    - 西点厨房生产计划的管理
    - 西点厨房生产流程的管理
    - 西点厨房生产安全的管理
    - 西点厨房人员调配管理
  - 厨房规划与布局
    - 厨房规划
    - 厨房布局
  - 厨房生产设备管理
    - 成熟设备
    - 成熟设备的使用及保养
    - 机械设备
    - 机械设备的使用及保养
    - 恒温设备
    - 恒温设备的使用及保养
  - 厨房卫生与安全管理
    - 厨房卫生
    - 厨房安全管理
  - 西点产品的品质鉴定标准
    - 蛋糕的品质鉴定标准
    - 面包的品质鉴定标准
    - 清酥类点心的品质鉴定标准
    - 混酥类点心的品质鉴定标准
    - 泡芙的品质鉴定标准
- 菜单策划
  - 菜单的种类与特点
    - 根据餐饮形式和服务项目分类
    - 根据市场特点分类
    - 根据菜单价格结构分类
  - 菜单策划
    - 菜单的作用
    - 菜单内容的基本构成
    - 菜单的排版
    - 菜单产品的图片
  - 菜单定价
    - 定价原则
    - 定价策略
    - 定价技巧
  - 西点厨房专业英语
    - 西式面点常用原料
    - 西式面点常用品种
    - 西式面点常用设备
    - 西式面点常用工器具
    - 烘焙加工工艺
    - 烘焙状态描述
- 成本控制
  - 原料采购成本控制
    - 采购标准设计原则
    - 采购标准透明化
    - 采购管理的分级制度
    - 采购的总成本
  - 原料储存成本控制
    - 健康有效的周转效率
    - 科学的分类储存
    - 科学的存取方式
    - 做好食材保质期的管理
  - 厨房生产成本控制
    - 厨房员工的管理
    - 厨房标准化管理

9.1 西点厨房生产与管理

9.1.1 西点厨房生产组织管理、人员安排

西点厨房的生产组织管理需要建立在生产计划管理基础之上，再依照生产流程管理进行安排和规划，并在实施生产管理过程中做好相关安全管理工作。

1. 西点厨房生产计划的管理

（1）确定生产任务 生产任务需要按照"以销定产"的原则制订，即按照每天的销售量制订每天的计划，再确定相关人员的安排，以确保食品生产的安全和新鲜度。

做好日常生产任务，遇到大型活动时，要及时调整品种、产量等。

（2）合理安排生产计划 生产任务确定后，需要对现有的操作人员的技术力量、机械设备、工器具等进行全面考虑，制订完善的生产计划，做好任务流程管理、完成后的检验等工作，保证生产计划顺利完成。

2. 西点厨房生产流程的管理

生产流程的管理主要是指西点厨房在生产加工流程中对每个工种、每道工序的管理，要严格执行和检验每个工种、每道工序的操作要领及标准，对产品的规格、操作流程中的一切客观条件，如设备、温度、时间、搅拌速度和时间都要制订一套有依据、量化的、实际的要求，使生产流程的管理更科学、合理。

3. 西点厨房生产安全的管理

生产安全的管理需要贯穿整个生产管理当中，主要包含两个方面，即卫生安全管理与操作安全管理，一切以安全第一为原则，杜绝一切不安全因素。

4. 西点厨房人员调配管理

（1）根据厨房组织结构类型寻找合适的人选 西点制作中涉及的技术类型比较多，从产品品类上划分，有面包、蛋糕、裱花、翻糖、糖艺等；从技术环节划分，有烘烤、成型、装饰等。企业或者店面在设定西点厨房的组织架构时，可以从自身的情况出发，设置一版符合生产需求的架构模式，再根据岗位特征，寻找合适的人选。

比如，有的店面只销售现烤面包、生日裱花蛋糕、常温点心等，那么后厨内的岗位设置一般有面团成型岗、烘烤岗、裱花装饰岗等，该类岗位操作反复，需要操作人员耐心、细心，并有心去钻研；如果店面有翻糖等工艺型产品出售，所需技术人员需要有良好的审美能力，且做事细心踏实，能够长时间"伏案工作"。

岗位配有合适的人员，可以减少后期的管理成本，且有助于挖掘每个人的潜力，帮助员工成长，创造更大的价值。

（2）**岗位之间的平衡与人才培养**　在西点厨房中，每个岗位有各自的技术特点，有难有易，这也导致部分岗位有人争着去，部分岗位无人问津。在岗位分配上，要用适合的方法公平分配，如考核的方式。

同时，为了让员工都能进一步提升自我能力，需要定期给予培训和交流的机会，岗位之间有轮换的可能，使员工有不断向上的能量。

（3）**岗位人员之间的平衡与互补原则**　在相同岗位上，建议把具有不同专长或者性格迥异的人进行合理搭配，组成一个较为合理的组织结构，在减少内耗的同时，也能使每个人都有更好的发挥空间。

9.1.2　厨房规划与布局

1. 厨房规划

厨房规划需要确定厨房的规模大小、形状、内外风格、装修标准、设备摆设等，还需考虑人员部门规划相关的位置摆放等，尽力打造出良好的工作环境，提高厨房工作效率，降低人力成本。厨房规划基本要求如下。

1）需要保证生产的畅通和连续。

2）人员安排位置合理、协调，方便生产和管理，有助于工作效率的提高。

3）需要考虑部分产品生产的特殊性，优先考虑设备设施的摆放位置，确保产品出产顺利，保证质量。

4）注意厨房通风、温度、照明系统及噪音处理。

5）注意厨房内外环境的氛围营造，避免过多挤压空间等造成人员心理负担。

6）注重厨房冷热水处理及其他方便操作设施，减轻员工日常工作压力，提高工作效率。

7）注重厨房安全设施摆放位置，注意消防通道的建设，合理设置安全出口。

2. 厨房布局

厨房布局是具体确定厨房部门、生产设施和设备的位置等工作内容，合理的厨房布局能够充分利用厨房的空间和设施，减少厨房操作的次数、时间，减少操作者来回流动的时间和距离，利于人力成本的减少。

（1）**设备布局的基本要求**　西点的制作需要在适宜的场地和设备下进行，所以在进行设备布局的时候尽可能做到以下几点：

1）设备的配套性。主要设备及辅助设备之间应相互配套，满足工艺要求，保证产量与质量，并与建设规模、产品方案相适应。

2）设备的通用性。设备的选用应满足现有技术条件下的使用要求和维护要求，与安全环保相适应，确保安全生产，尽量减少"三废"排放。

3）设备的先进性。设备的选用应水平先进、结构合理、制造精良，连续化、机械化和自动化程度较高的设备具有较高的安全性和卫生要求。

4）布局的合理性。烤箱等大型设备应安装在通风、干燥、防火且便于操作的地方，设备之间需要保持安全间距，防止发生事故，且存放空间需便于设备保养和维修。燃气灶等设备不能安装在封闭空间内，应保持空气的流通。电冰箱等恒温设备应存放在阴凉避光的地方，防止阳光直射影响制冷效果。

（2）设备布局的方法

1）直线排列法。又称一字型厨房，是指将生产设备按照菜肴的加工程序，从左至右以直线排列的排列法，烹调设备的上方安装排风设施和照明设备。这种布局方法适用面较广。

此类布局需要对流程规划非常清晰，若各区域贯穿畅通，可以极大减少走动距离；若流程混乱，则运动量会大大增加且易引发纷争事故。

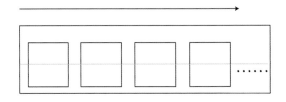

2）带式排列法。带式排列是指将厨房分成不同的生产区域，每个区域负责某种单项加工，各区域之间用隔层分开以减少噪音影响，且易于管理。每个区域的设备可采用直线法排列。

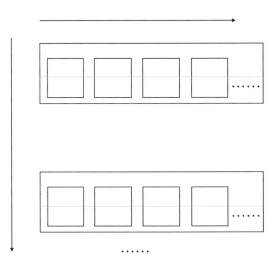

3）"L"形排列法。将厨房设备按照"L"的形式进行倒向排列，这种排列方法主要用于面积有限且不适合直线排列法的厨房，可以较好地利用空间。

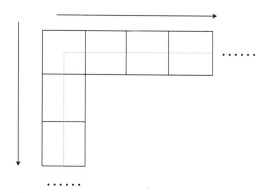

4）海湾式排列法。如果厨房中存在几个区域，如中点、西点、西餐、冷菜等，每个区域可以按照"U"形进行设备排列，合围式布局可以提供更多的高效协作。多个"U"形区域组成的样式即为海湾式排列。

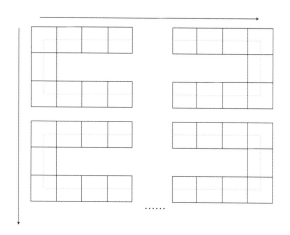

9.1.3　厨房生产设备管理

1. 成熟设备

西点制作中常用的成熟设备有烤炉（烤箱）、燃气灶、油炸炉、微波炉等。

（1）烤炉（烤箱）

1）烤炉的含义。烤炉是利用电热元件发出热量烤制食物的厨房电器。烤炉通过电源或者气源产生的热能使炉内的空气和金属传递热，使制品成熟。

烤炉按不同要求配备加热器、温控仪、定时仪、传感器、涡轮风扇、加湿器等装置。

2）烤炉的基本原理。烤炉工作时，操作人员通过仪表等来获得烤炉内部的温度值，再通过控制面板进行调控。

仪表可以布置在真空室外壁，传感器可以同时接收对流热、传导热和辐射热。烤炉一般采用先加热真空室壁面，再由壁面加热制品的方式工作，同时由温度表盘显示出温度。

如果烤炉带有热风循环系统，如风炉，那么内部气体流动性会更好，热风循环系统一般由送风马达、风炉和电热器组成，送风马达带动风轮送出冷风，冷风经过电热设备加热，携带热能后经风道进入烤炉内部。热风循环系统有利于提高空气温度的均匀性。

3）烤炉的种类。一般烤炉分为工业用烤炉和家用烤箱两大类。其中工业用烤炉按形式和功能分为层式平炉、风炉、旋转烤炉、隧道烤炉等；按热源分为电烤箱和燃气烤箱。家用烤箱常见的有嵌入式烤箱和台式小烤箱等。

层式平炉

风炉

台式小烤箱

（2）**燃气灶** 燃气灶是明火加热用的设备，一般分为大型厨房灶具和小型家用灶具两大类。气源有管道煤气、管道天然气和液化石油气等。明火加热成熟是西点制作中常见的工艺之一。

（3）**油炸炉** 油炸炉是使油炸制品成熟的设备。油炸炉一般用电热管作为加热装置，装配温控仪后，可以自动控制设定的油温。油炸炉内也能盛放水，具有使用方便、清洁卫生、便于操作等优点，是西点制作中常见的成熟设备之一。

（4）**微波炉** 微波炉是利用微波对物料进行加热，是对物料的里外同时加热。在西点制作中，常用于加热、熔化原料，如熔化黄油、巧克力等。微波炉使用方便、加热迅速、清洁卫生。

微波炉

2. 成熟设备的使用及保养

（1）烤炉的使用及保养

1）烤炉的使用。烘烤属于技术性工作，操作者必须掌握所使用烤炉的特点和性能，并熟悉设备的《使用说明书》，了解烤炉的基本结构和性能，熟练掌握操作规程，并严格按照操作规程进行操作。

①初次使用烤炉前应详细阅读《使用说明书》，避免因使用不当发生事故。

②制品烘烤前，烤炉必须进行预热，待温度达到工艺要求后才可进行烘烤。

③根据制品的工艺要求合理选择烘烤时间。

④在烘烤过程中，要注意观察制品的外表变化，及时进行温度和时间上的调整。

⑤烤炉在使用完毕后，应立即关闭电源，待温度下降后及时清理烤炉内的残留物。

⑥严禁在烤箱内部或者周围放置易燃物，使用时注意远离窗帘、布帘、幕墙或者类似物品，以防造成火灾。

⑦严禁将密闭的容器放在烤炉内加热，会有爆炸的危险。

2）烤炉的保养。日常工作中，注重烤炉的保养，可延长烤炉的使用寿命，也是保证制品质量的重要手段。

① 保持烤炉内外清洁，保证机器干净、卫生。

② 保持烤炉内的干燥，不要将潮湿的用具直接放入烤炉内。

③ 日常检查各部件是否运转正常。

④ 烤炉如果长期不使用，应将烤炉内外擦洗干净，置于干燥通风处，盖上防尘工具。

（2）燃气灶的使用及保养

1）燃气灶的使用。

① 在使用前，一定要先确认燃气灶的开关处于关闭状态，然后打开气源总阀门。

② 燃气设备的使用应掌握"先点火、后开气"的原则，防止发生意外。

③ 每天下班前要确定关闭气源总阀门。

2）燃气灶的保养。

① 保持灶具的清洁卫生、火眼的畅通。

② 进气软管长期使用会老化或者破损，形成安全隐患。因此，进气软管有老化现象时应及时更换。

③ 观察燃气灶各零件是否存在老化、锈死等情况，以消除隐患。

（3）油炸炉的使用及保养

1）油炸炉的使用。

① 油炸炉使用时，在通电后将温控仪调至所需的温度刻度，发热管开始工作。

② 到达设置温度后（一般有指示灯提示），可以放置油炸制品，如设备配置定时器，可设定油炸时间。

2）油炸炉的保养。

① 油炸炉使用完毕后应及时清洗，一般可用清洁剂喷在油炸炉表面后用软刷刷洗，再用清水冲洗干净。

② 清洗油炸锅的过滤网时应将过滤网取出，放入温水中用刷子刷洗干净。

（4）微波炉的使用及保养

1）微波炉的使用。

① 在使用微波炉之前，应检查所用器皿是否适用于微波炉。

② 微波炉需要放在平整、通风的场所，且需与其他物品保持 10 厘米左右的空隙。

③ 加工少量制品时，要多加观察，防止过热起火。

④ 从微波炉内拿出制品和器皿时，应当使用隔热手套，避免高温引发烫伤。

⑤ 如果微波炉发生损坏不能继续使用，必须由专业维修人员进行检修。

⑥ 加热的物品不宜过满，不宜加热罐装、带壳类食物。

2）微波炉的保养。微波炉保养的主要内容是清洁，在进行清洁时，需要注意以下几点。

① 在清洁之前，应将电源插头从电源插座上拔掉。

② 日常使用后，立刻用湿抹布将炉门上、炉膛内的脏物擦掉。

③ 微波炉使用一段时间后，内部空间中会有异味，可以将柠檬或者食醋加水放在炉内加热煮沸，即可消除异味。

3. 机械设备

（1）**搅拌机**　食品搅拌机是用来搅拌奶油、面糊、面团的设备，一般可以分为面包面团搅拌机、多用途搅拌机和小型台式（桌式）搅拌机等。

1）面包面团搅拌机。该种搅拌机又称和面机，是专门用于面包制作的机械设备，主要用于搅打面包面团。面包面团搅拌机具有功率大，一次加工面团数量多的特点。

面包面团搅拌机　　　　多用途搅拌机

2）多用途搅拌机。多用途搅拌机又称打蛋机，主要利用搅拌器的机械运动将蛋液等搅打至起泡。多用途搅拌机带有多种变速功能，如低速、中速、高速等，常用于奶油打发、面糊混合、和面等。

多用途搅拌机的搅拌器有圆球形（网状）、钩形、扁平形（扇形）3 种类型。其中圆球形常用于鸡蛋类、奶油类打发，能够在短时间内在材料中充入大量的空气，使材料膨发；钩形搅拌器常用于面包面团类搅拌，但多用途搅拌机容积和功率较小，一般只适用少量面团的制作；扁平形搅拌器适用于饼干面团等较硬材料的搅拌混合。

小型台式（桌式）搅拌机

3）小型台式（桌式）搅拌机。此类搅拌机类似于"缩小版"的多用途搅拌机，调速档较少或者没有，适用于少量产品的搅拌打发。体型较小，操作方便，可以直接放在桌子上，是裱花间、家庭西点制作的常用机械设备。

（2）**酥皮机**　酥皮机又称压面机、开酥机，主要作用方式是将揉制好的面团通过酥皮机

酥皮机 1　　　　　　酥皮机 2　　　　　　酥皮机 3

可调节的压辊之间的间隙压成所需厚度的坯料，方便面团后期的再加工。

酥皮机适用于起酥类面包面团和混酥类制品面团的制作，其擀叠效果比手工制作稳定且效率高，可以大大降低劳动强度。

（3）切片机　切片机是利用一组排列均匀的刀片的机械运动对制品进行切片加工的机械设备。

切片机适用吐司面包、没有果料的油脂蛋糕的切片加工。运用切片机加工的制品具有厚薄均匀、切面整齐的特点。

（4）成型机　成型机是用于面团分块、滚圆、搓条等外形加工及定型的专用机械设备，常见的有面团分块机、面团揉圆机、面团搓条机等。通过机械成型操作，能提高产品成型的稳定性，减轻劳动强度。

（5）喷砂机　喷砂装饰可以呈现雾感、丝绒质感，使甜品具备低调的奢华感，是目前法式甜品中最为重要的装饰之一。喷砂作业需要使用空气喷枪。

甜甜圈多样式成型机1

甜甜圈多样式成型机2

空气喷枪－喷嘴与喷壶1

空气喷枪－喷嘴与喷壶2

空气喷枪－整体

空气喷枪的工作原理是利用空压机提供的气压，使液体（涂料）通过喷枪，在气压的作用下，分散成均匀的雾滴，产生雾化现象，即液体涂料通过喷嘴或用高速气流使液体涂料分散成微小雾滴的物理操作，然后通过喷涂的方式具体体现在装饰上，使这些雾滴能够在短时间内很好地吸附在制品表面。

4. 机械设备的使用及保养

（1）搅拌机的使用及保养

1）搅拌机的使用。

①使用搅拌机前应先了解设备的性能、工作原理和操作规程，严格按照规程操作。

②搅拌机不能超负荷工作，应避免长时间使用影响搅拌机的使用寿命。

③ 在使用搅拌机前，应先检查各部件是否完好，待完全确认后再开机。

④ 如果在设备运行过程中听到异常声音，应立即停机检查，排除故障后方可继续进行操作。

⑤ 设备上不应堆积放置杂物，避免异物掉入机械内损坏设备。

2）搅拌机的保养。

① 搅拌机带有变速箱设备的应该及时补充润滑油，保持一定的油量，减小摩擦，避免齿轮产生磨损。

② 要定期对设备的主要部件、易损部件、电动机等进行维修检查。

③ 经常清洁机械设备，清洗时要确认切断电源，防止事故发生。

（2）酥皮机的使用及保养

1）酥皮机的使用。

① 使用前先检查压辊是否干净。

② 启动机器，检查压辊方向是否符合标志方向。

③ 压面操作时，先启动机器，再转动调距手柄，使压辊之间的间隙达到所需的距离。

④ 严禁将硬质杂物混入面坯中，避免损坏设备。

2）酥皮机的保养。

① 日常工作完毕后应清洁酥皮机的上下刮板、上下辊轮、面团承接板和输送带等多个区域。

② 经常上油保养酥皮机各传动系统。

③ 经常检查酥皮机输送带的松紧度与偏离度。

（3）切片机的使用及保养

1）切片机的使用。

① 切片机需放置在平稳的地方，不可在整体机身不稳定甚至晃动的情况下进行工作。

② 使用前需要确认切片机的刀片是否清洁卫生。

③ 切片机不能切割带有硬质果料的面包及蛋糕，防止损坏刀片。

2）切片机的保养。

① 日常工作完毕后要清洁切片机，将各处的面包、蛋糕的碎屑清扫干净。

② 定期对切片机的刀片进行维护保养，保证刀片的锋利程度，避免影响设备的正常使用。

5. 恒温设备

恒温设备是制作西点不可缺少的设备，主要用于食品原料、半成品或成品的冷藏、冷冻及发酵。常用的恒温设备有电冰箱和发酵箱。

（1）电冰箱 电冰箱是现代西点制作中的常用设备，按照构造的不同，可分为直冷式电冰箱和风冷式电冰箱；按照功能的不同，可分为冷藏电冰箱和冷冻电冰箱；按照形式的不同，可分为电冰箱和电冰柜。

1）直冷式电冰箱和风冷式电冰箱。直冷式电冰箱是利用冰箱内空气自然对流的方式来冷却食品，比较高效、节能，比较常见。风冷式电冰箱是利用空气进行制冷，空气温度高、蒸发器温度低，两者直接发生热交换，空气的温度就会降低，同时冷气被吹入冰箱。风冷式电冰箱就是通过这种不断循环的方式来降低温度。风冷式电冰箱一般不会结霜。

电冰箱 - 风冷式

知识拓展

直冷式电冰箱为什么会结霜？

霜是水蒸气的白色结晶物，当水蒸气突然遇到温度很低的物体时，会在其表面凝结成霜。

直冷式电冰箱由压缩机、冷凝器、干燥过滤器、毛细管、蒸发器及连接管道等主要部件组成制冷系统，蒸发器与冷冻室的内壁直接接触进行热交换。

当冰箱中的空气遇到温度较低的冰箱内壁时，就会在其表面形成霜，这也是直冷式电冰箱有霜的根本原因。在结霜后，热交换的效率会有所下降，造成制冷能力的下降，需要手动去除才可以。

风冷式电冰箱的原理是利用空气进行制冷，蒸发器与冰箱内壁分开，当高温空气经过蒸发器时，由于空气温度高、蒸发器温度低，两者直接产生热交换，空气温度降低，同时冷风被吹入冰箱中。以此往复来降低冰箱的温度。

但水蒸气只要遇冷就会凝结，而空气中一直都存在水蒸气，所以风冷式电冰箱依然会有霜的形成，但这类冰箱形成的霜是凝结在蒸发器上面，它的蒸发器在冰箱的内部，使用者无法直接观察到，于是便形成了"无霜冰箱"的概念。

目前，风冷式电冰箱蒸发器上的霜主要是通过热蒸发来去除，即当冰箱持续工作一段时间后，冰箱会暂停制冷，启动除霜加热系统，将这部分霜加热变成水，再通过专用的导管排出，这个流程操作由风冷式电冰箱自动完成，属于自动除霜。

2）冷藏电冰箱和冷冻电冰箱。冷藏食品是把食物储存在低温设备里，以免食物发生变质、腐败的一种保鲜手段。冷冻是降低温度使物体凝固、冻结，冷冻能抑制微生物的繁殖，防止有机体发生腐败，便于储藏和运输。

一般冰箱的冷藏区温度设置为 0~5℃，冷冻区温度设置在 -10℃以下。

另外，随着市场需求的增加，急速冷冻柜的应用也越来越多，温度可调控至 -35℃左右。急速冷冻可以使产品保持水分及品质，图示机器空机时从 23℃下降至 -38℃仅需 30 分钟；产品从常温降至 -7℃需 25~45 分钟。

3）电冰箱和展示柜。在西点行业中，一般展示柜以产品展示为主，电冰箱以原料即产品储存为主。在西点制作中，电冰箱经常被设计成兼具案台功能的工作台冷柜。

急速冷冻柜

工作台冷柜

（2）**发酵箱**　发酵箱的工作原理是靠电热将水槽内的水加热蒸发，使发酵面团等产品在一定的温度和湿度下充分地发酵、膨胀。发酵箱在使用时水槽不可无水，以免干烧使设备遭到严重的损坏。面包面团在发酵时，一般先将发酵箱调节到理想的温度、湿度后再进行面团发酵。

发酵箱

发酵房

常见的发酵箱种类很多，按照是否能够自动补水分为自动发酵箱和半自动发酵箱，按大小分为发酵箱和发酵房等多种规格。

随着现代面包工业的发展需求，还出现了具有延时醒发功能的冷藏发酵箱。

6. 恒温设备的使用及保养

（1）**电冰箱的使用及保养**

1）电冰箱的使用。

① 电冰箱应放置在空气流通、远离热源且不受阳光直射的地方，箱体四周应留有 10~15 厘米以上的空隙，便于通风降温。

② 电冰箱内必须按规定整齐放置储藏的食品，存放的食品不宜过多且需要定期清理，食品之间要留有一定的空隙，以保持冷气畅通。

③ 电冰箱内存放食品应生熟分开，食品不能在热的情况下放入电冰箱中。

④ 使用电冰箱时应尽量减少开关电冰箱门的次数，以减少冷气的流失。

2）电冰箱的保养。

① 要定期清除电冰箱内的积霜，除霜时要切断电源，取出电冰箱中存放的食物，使积霜自动融化。

② 在电冰箱运行过程中，不要经常切断电源，这样会使压缩机超负载运行，缩短电冰箱的使用寿命。

③ 长期停用电冰箱时，应将电冰箱内外擦洗干净，风干后将箱门微开，用防尘工具遮挡好，放在通风干燥处。

（2）发酵箱的使用及保养

1）发酵箱的使用。

① 半自动发酵箱使用前要给发酵箱底盘水槽内加水。

② 开启电源开关，将温度、湿度调至所需值，预热。

③ 使用完毕要及时关闭电源。

④ 发酵箱的湿度一般控制在78%左右，发酵湿度过高，烘烤后成品表面会出现气泡，容易发生塌陷。

2）发酵箱的保养。

① 应定期对发酵箱进行清洁，保持卫生。清洗时，要使用中性的清洁剂，严禁使用带腐蚀性的酸、碱或带毒性的清洁剂进行清洗。

② 发酵箱停止使用时，应切断电源。长时间停用或进行维修保养时应首先切断电源并拔下电源插头，需要维修时必须请专业的维修人员进行维修。

9.1.4 厨房卫生与安全管理

1. 厨房卫生

为了保证食品安全，国家和地方制定了一系列的法律、法规，西点行业的食品安全法律、法规的基本要求包括原料的采购、原料及成品的储存、原料加工、食品加工、生食加工、清洁和消毒、从业人员卫生、虫害控制、场所、设备、设施、工具等各个环节的卫生要求。

（1）个人卫生要求

1）相关法律、法规规定。《中华人民共和国食品安全法》第三十三条、《餐饮业食品卫生管理办法》第十五条。

2）具体要求。

① 食品生产经营者应当建立并执行从业人员健康管理制度。患有痢疾、伤寒、病毒性肝炎等消化道传染病的人员，以及患有活动性肺结核、化脓性或者渗出性皮肤病等有碍食品安全的疾病的人员，不得从事接触直接入口食品的工作。

食品生产经营人员每年应当进行健康检查，取得健康证明后方可参加工作。

② 食品加工人员的卫生要求。

a. 工作前、处理食品原料后或接触直接入口食品之前都应当用流动清水洗手。

b. 不得留长指甲、涂指甲油、戴戒指。

c. 不得有面对食品打喷嚏、咳嗽及其他有碍食品卫生的行为。

d. 不得在食品加工和销售场所内吸烟。

e. 服务人员应当穿着整洁的工作服；厨房操作人员应当穿戴整洁的工作衣帽，头发应梳理整齐并置于帽内。个人卫生做到"四勤"，即勤洗手、剪指甲，勤洗澡、理发，勤洗衣服，勤换工作服。特别是保持手的清洁对食品从业人员尤为重要。

（2）环境卫生要求

1）相关法律、法规规定。《中华人民共和国食品安全法》第三十三条、《餐饮业食品卫生管理办法》第十四条。

2）具体要求。

① 进入食品操作间工作时，要做到"三净"，即工作服、工作帽、工作鞋干净。进入食品专间的操作人员要做到"四净"，即工作服、工作帽、工作鞋、口罩保持干净。

② 作业场所的卫生要求。食品制作场所必须符合国家有关卫生规范要求，选址地的水源要符合国家规定的生活饮用水卫生标准，无任何有害物质的污染。

③ 食品专间的卫生要求。食品专间需设计独立隔间，配备独立式空调、温度计、专用工具清洗消毒水池、直接入口食品专用冷藏设施、净水设施、紫外线灯等。

（3）设备及器具卫生要求

1）相关法律、法规规定。《中华人民共和国食品安全法》第三十三条、《餐饮业食品卫生管理办法》第二十四至二十六条。

2）具体要求。

① 工具、用具、容器具要实行"四过关"，即一洗、二刷、三冲、四消毒。经常使用的工器具可用电子消毒柜存放，以达到较好的消毒效果。抹布要勤洗、勤换，不能一块抹布多种用途，以免交叉污染。

② 冷藏设备的卫生要求。

a. 食品冷藏前应无质量问题、无污染。

b. 冷藏设备内严禁存放药品和杂物，以防食品受到污染。

c. 冷藏设备应定期清洗、消毒，定期除霜，防止有害微生物污染。

③ 其他设备的卫生要求。

a. 保持成熟设备及烤盘等的卫生，每天清洁。

b. 食品加工工具及设备与食品接触的部分最好能够拆卸，便于检查、清洗和消毒。

c. 案台使用后，一定要及时彻底清洗干净。一般先将案台上的物料清扫干净，用水刷洗后，再用湿布擦干净。

④ 食品容器的卫生要求。

a. 食品容器与食品的接触面应平滑、无凹陷或裂缝，以避免食品碎屑、污垢等聚集。

b. 生、熟食品盛器应能够明显区分。

⑤ 餐具清洗的卫生要求。

a. 餐具及直接接触入口食品的盛器，其清洁程度与食品的安全卫生密切相关，必须保证餐具及盛器的卫生及安全。

b. 餐具可以采取人工清洗和化学消毒的方法进行消毒。常用的方法有煮沸、蒸汽消毒（一般 100℃保持 10 分钟以上）、红外线消毒（一般 120℃保持 10 分钟以上）和含氯消毒液消毒（通常在 250 毫克 / 升的溶液中浸泡 5 分钟）。

c. 常用的制作直接食用食品的工器具，如裱花嘴、裱花袋，因经常裱制直接食用的鲜奶油等，在使用前及使用后需严格进行消毒处理，保证食品卫生安全。

2. 厨房安全管理

（1）用电安全　电器设备失火多是电器线路和设备的故障及使用不规范引起的。

1）为了保证电器设备的安全，做到安全使用电器设备，需要做到以下几点。

① 定期检查电器设备的绝缘状况，禁止带故障运行机器。

② 要防止电器设备超负荷运行，并应采取有效的过载保护措施。

③ 设备周围不能放置易燃易爆物品，应保证良好的通风。

④ 操作人员必须经过安全防火知识培训，会使用消防设施、设备。

⑤ 操作机械设备人员必须经过培训，掌握安全操作方法，有资质和有能力操作设备。

⑥ 电器设备使用必须符合安全规定，特别是移动电器设备必须使用相匹配的电源插座。

⑦ 经常清洁电器设备，但需注意别留下水滴，以防触电。

2）突发触电事故处理。如果发生有人触电的情况，需要使用正确的方法进行处理和救护。

① 如果开关在事故附近，需立即断开开关总阀和保险盒，用最短的时间使触电者远离电源，是抢救触电者最重要的一环。

② 如果断开开关比较有困难，可用干燥的木棒、扁担、竹竿等不传电物体挑开触电人身上的电线。

③ 如果无法断开开关且无法挑开电线，可用带有干燥木把的铁锹、斧子等把电线砍断，切断电源。

④ 切忌用手直接触碰电线或者触电人身体的裸露部分，以防救护人自己触电。

⑤ 救护时，要确定触电者身边无水，防止救护者自己触电。

3）突发触电事故的现场医疗急救措施。当触电者脱离电源后，由医疗救护组根据触电者的具体情况，迅速对症救护，现场应用的主要救护法是人工呼吸法和胸外心脏按压法。

对触电者按以下 3 种情况分别处理。

① 如果触电者伤势不重，神志清醒，但有些心慌，四肢发麻，全身无力，或者触电者在触电过程中曾一度昏迷，但已清醒过来，应让触电者安静休息，不要走动，并由医生前来诊治或送往医院。

② 如果触电者伤势较重，已失去知觉，但心脏还有跳动和呼吸，应使触电者舒适安静地

平卧，周围不要围人，以使空气流通，脱开他的衣服以利呼吸；如果天气寒冷，要注意保温。并速报 120 医疗急救中心或送往医院。

③ 如果触电者伤势严重，呼吸停止或心脏停止跳动，或二者都已停止，应立即施行人工呼吸和胸外心脏按压，并速报 120 医疗急救中心或送医院，且途中不得停止抢救。

（2）**燃气安全**　气体燃料又称燃气，在西点制作工艺中常用的燃气有天然气、人工煤气和液化石油气，这些燃气都具有产生一氧化碳等有毒气体的能力，易燃、易爆。所以燃气的正确安装、使用，对安全生产具有重要意义。

1）燃气设备的安装。有明火设备的地方易发生火灾，需做好必要的防火工作。企业建筑工程和内部装修防火设计必须符合国家有关技术规范要求，建筑工程和内部装修防火设计应送公安消防监督机构审核批准后方可组织实施，且不得私自改动。施工完成后，应向公安消防监督机构申请消防验收，一般防火措施如下。

① 燃气设备必须安装在阻燃物体上，同时便于操作、清洁和维修。

② 各种燃气设备使用的压力表具必须符合要求，做到与使用压力相匹配。

③ 燃气源与燃气设备之间的距离及连接软管的长度等必须符合规定。

2）燃气设备的安全使用。

① 燃气设备必须符合国家的相关规范和标准。

② 如果燃气设备需要人工点火时，要做到"以火等气"，不能"以气待火"，防止发生泄漏事故。

③ 凡是有明火加热设备的，在使用中必须有人看守。

④ 燃气、燃油设备要按要求进行定期保养、检测。

⑤ 对于容易产生油垢或者积油的地方，如排油烟管道等必须经常清洁，避免着火。

⑥ 相关员工需要了解哪些是生产操作中的不安全火灾隐患，需要懂得火灾预防措施及扑救初起之火的方法。

⑦ 相关员工需要会火警报警方法，会使用各种消防器材，会扑救初起之火。

3）突发火灾事故处理。

① 迅速判断起火位置、起火性质、火势情况等，报告相关领导或者管理员。

② 迅速利用附近的灭火器材进行灭火，阻止火势的蔓延。

③ 当部分起火有发展到整体着火的趋势时，拨消防火警专用电话 119 通知消防队支援灭火，且尽可能防止火势乘隙扩大。

④ 报告火情时应报明火警的具体位置、火势情况和自己的身份，报告词应迅速、准确、清楚。

⑤ 消防灭火时，首先应关闭排风机、鼓风机、空调开关、切断火源，根据火势情况切断电源。

⑥ 正确使用消防器材，迅速有效地扑灭火灾，一般火灾采用灭火器喷射灭火，较大火灾

应用高压水枪喷射灭火。但切记厨房油锅着火或者电器着火，严禁用水灭火，以免油锅溢出散布火苗，扩大火灾面积或者损坏电器。

4）对烧伤人员的急救处理。

① 如果伤员身上有火，且衣服较难脱下时，应尽可能躺卧在地上，不停地滚动，直到扑灭火焰。切忌带火奔跑或用手拍打。

② 灭火后应立即取下伤者身上佩戴的饰物，避免因为它们不散热对伤者造成更大的伤害。

③ 如果伤者感觉烧伤处灼热、疼痛，可以浸在缓缓流动的凉水中，至少 10 分钟。如果伤口不方便浸泡，可以用湿毛巾或湿布盖住伤处，然后不断浇冷水，使伤口尽快冷却降温，减轻热力引起的损伤。

④ 不能直接用物品去涂抹皮肤的烧伤处，如防腐剂、油脂、凡士林等，应持续降温直至稳定下来，离开凉水时不会增加疼痛感。

⑤ 穿着衣服的部位烧伤严重，不要先脱衣服，否则易使烧伤处的水泡皮一同撕脱，造成伤口创面暴露，增加感染机会。而应该立即朝衣服上浇冷水，等衣服局部温度快速下降后，再轻轻脱去衣服或用剪刀剪开衣服、脱去，最好用干净纱布或者布覆盖创面，并尽快送往医院治疗。

⑥ 在简单处理后，用消毒干燥布条将受伤部位包扎起来，以防感染；在包扎手指或者脚趾受伤部位前应用布条将每个指头或者趾头彼此分隔开来，以防彼此粘连。

⑦ 对于休克伤员（症状：目光呆滞、呼吸快而浅、出冷汗、神志不清、身体颤抖、面色苍白、四肢冰冷等），要使伤员平卧，将两腿架高约 30 厘米，并给伤员盖上毛毯或者衣服，用以保暖，并大声呼唤患者使其恢复意识。及时尽快包扎伤口、减少污染，及时尽快送医。

（3）器具的安全使用

1）塑料容器的使用安全。塑料是以高分子聚合物树脂为基本成分，加入用来改善其性能的添加剂制成的高分子材料。塑料制品在制作过程中添加的稳定剂、增塑剂、着色剂等助剂含量超标时具有一定的毒性。

食品包装常用 PE（聚乙烯）、PP（聚丙烯）、PET（聚酯）塑料，因为在加工过程中助剂使用较少，树脂本身比较稳定，它们的安全性很高。安全可靠的塑料制品对人体来说基本是无害的，但是没有质量验证（QS 标志）的产品很有可能给消费者带来健康问题。

塑料容器底部一般应有三角形的循环标记，内有数字，它是塑料回收标志，表明容器的塑料成分。

数字 1：材质为聚对苯二甲酸乙二醇酯，常见于矿泉水瓶、饮料瓶。

数字 2：材质为高密度聚乙烯，常见于购物袋、食品袋。

数字 3：材质为聚氯乙烯，常见于保鲜膜、塑料盒。

数字 4：材质为低密度聚乙烯，常见于保鲜膜、塑料袋。

数字 5：材质为聚丙烯，常见于微波炉饭盒、塑料水杯。

数字 6：材质为聚苯乙烯，常见于一次性水杯。

数字 7：最典型的材质为聚碳酸酯，即 PPC 材质，常见
于奶瓶。

塑料容器是西点制作中的常用容器之一，在使用中要注意塑料制品的使用范围，如哪些塑料可以用于微波加热，哪些不可以；哪些可以盛放食品，哪些不宜盛放。正确区分和使用塑料容器，是保证食品安全的重点之一。

2）金属容器的使用安全。金属容器是指用金属薄板制造的薄壁包装容器。镀锡薄板（俗称马口铁）用于密封保藏食品，是食品行业中最主要的金属容器，但在酸、碱、盐及湿空气的作用下易锈蚀，在一定程度上限制了它的使用范围。如蜂蜜是湿且呈酸食品，不宜用金属容器保藏，因为酸性食品会与金属发生化学反应或使金属元素溶解于食品中，储存时间越长，金属溶出越多，食用危害性越大，达到一定量可引起中毒。

3）刀具的使用安全。各种刀具是较为常见的手动工具，也是易发事故的工具之一。在使用刀具时，要避免做不妥当的动作，避免意外事故的发生。刀具应存放在较为明显的地方，不要放在水中或者案板下等不易觉察的地方，避免发生意外的割伤事故。根据不同的使用场景，选择适合的刀具，减少劳动损伤的可能。

4）锅具的使用安全。锅具是进行热加工的主要器具之一，应根据不同的制品选择不同的锅具，在使用时要注意操作安全。在使用锅具前，要确保锅具的完整性和锅柄是否牢固，避免发生意外；对于易生锈的锅具，应认真清洗，防止锈蚀物融入食物中；在加热过程中，操作人员不能离开，防止食物溢出熄灭燃气灶，导致事故。

5）其他用具的使用安全。食品用具、容器的安全使用是食品安全的重要环节之一，西点制作中的工具、用具应该做到一洗、二冲、三消毒，制作过程中使用的抹布要勤洗、勤换，一块抹布不能多种用途。

9.1.5　西点产品的品质鉴定标准

1. 蛋糕的品质鉴定标准

（1）蛋糕类产品的基本评价

1）形态。蛋糕形态端正、平整、饱满，表面无凹陷，顶面无异样凸起。

2）色泽。蛋糕的表面呈淡棕色或黄色，内部呈浅黄色，色泽均匀一致。

3）组织。蛋糕膨松，气孔均匀且富有弹性，无粘连。

4）口味。蛋糕松软可口，不黏牙，甜度适中。

5）卫生。蛋糕无杂质、无污染、无异味。

（2）蛋糕产生质量问题的原因与解决方法

常见质量问题	序号	可能的原因	对应的解决方法
产品表面色泽过深	1	配方中的糖过量	适当减少糖量
	2	配方中水分含量少	适当增加水量
	3	烘烤的面火温度较高	调节上下火至适当温度
体积膨胀不够	4	面粉含量过高或者面粉蛋白质含量过高（筋力过大）	调整配方中的比例
	5	鸡蛋占比失调或者蛋液使用温度偏低	调整配当比例或者调整材料温度
	6	搅拌不足或者搅拌时间过长	调整搅拌时间至产品的正确状态
	7	膨松剂使用量不足	当其他变量改变困难时（尤其鸡蛋与面粉），可以适量增加膨松剂
	8	油脂的可塑性、融合性不佳	选择其他优质油脂
	9	烘烤温度过高或者过低	应根据蛋糕大小正确调整烤箱的温度和时间
蛋糕在烘烤过程中塌陷	10	配方比例不对，液体量过大	调整配方比例，适当减少液体用量
	11	蛋液搅拌过度	调整搅拌时间，掌握正确的搅拌状态
	12	烘烤温度不足、烘烤时间不足，致使蛋糕未完全成熟；或者烘烤温度过高，使蛋糕外熟内生	应根据蛋糕状态，正确调整对应的温度和时间，使蛋糕整体完全成熟
蛋糕出炉后顶面凸起，开裂严重	13	使用面粉蛋白质过高（筋力太大）使蛋糕面糊坚韧，气体膨胀不匀，致使顶面凸起开裂	选择其他面粉，或者在制作中替换适量玉米淀粉以降低面粉整体的筋力
	14	面粉搅拌时间过长	掌握正确的搅拌时间与搅拌状态
	15	烘烤温度过高，使产品表皮形成得过早	调整烘烤温度和时间，尤其是面火温度
蛋糕表面有斑点	16	糖的颗粒较粗，烤后在表面形成斑点	正确混合糖及其他材料，必要时可以选择其他糖类
内部组织粗糙，质地不均匀	17	搅拌不当，搅拌不匀	掌握正确的搅拌技巧、时间和状态
	18	膨松剂使用过多	适当使用膨松剂

2. 面包的品质鉴定标准

（1）面包类产品的基本评价

1）形态。面包形态端正、饱满、大小一致，无塌陷。起酥类面包层次清晰分明。

2）色泽。面包表面呈金黄色，色泽均匀一致，表面无异样黑斑。

3）质感。面包气孔均匀，内部富有弹性。

4）口味。面包不黏牙，口味适中。

5）卫生。面包整体无杂质、无污染、无异味。

（2）面包产生质量问题的原因与解决方法

常见质量问题	序号	可能的原因	对应的解决方法
面包体积过小	1	酵母用量不足，用法错误或酵母存放时间过长、存放不当使酵母失活	选择优质酵母品类，正确存放酵母和使用酵母
	2	使用面粉的蛋白质含量较低（筋力不大），面团持气能力差	替换面粉，选择蛋白质含量较高的面粉
	3	搅拌不足或者搅拌过度	正确掌握搅拌时间和搅拌程度，至面筋充分扩展，有良好的弹性和延伸性，面团柔软
	4	盐的用量不足或者过量，影响酵母的发酵能力	调整盐的用量
	5	最后醒发状态不佳，醒发温度不够或者醒发时间不够	正确掌握面包的最后醒发温度、湿度和时间。一般面包醒发至原体积的 1.5~2 倍大小
面包内部组织粗糙	6	使用面粉的蛋白质含量较低（筋力不大），面团持气能力差	替换面粉，选择蛋白质含量较高的面粉
	7	搅拌时速度过快，搅拌时间过长，会增加面团整体温度，使面团发酵过快，导致面团内部组织粗糙	调整搅拌速度，以搅拌至面筋充分扩展为目的，以中速搅拌为宜
	8	发酵时间过长，使面团发酵过度	正确掌握面团的发酵时间
	9	最后醒发时间过长、温度过高，使面团发酵过度	正确掌握面团最后醒发的状态，调整合适的醒发环境和时间
面包表皮颜色过深	10	搅拌时间不足，未达到完全扩展状态，后期发酵不足，造成面团表皮颜色过深	正确掌握面团搅拌状态与搅拌方法
	11	面包糖量过高，使变色反应过大	调整糖的用量
	12	烘烤温度，尤其面火温度过高	调整烘烤温度和时间
	13	烤箱内部水汽不足，湿度不够，影响面包表皮颜色	烤箱内加些水汽，增加湿度，再进行烘烤
面包表皮过厚	14	面包进炉时烤箱温度过低	根据面团特性，准确设定所需预热温度，确保达到面包所需的入炉温度
	15	最后醒发阶段湿度不足，造成表皮干燥结皮	正确掌握最后醒发的湿度和时间，防止面包表面结皮干燥
	16	产品制作时间过长，导致面团整体发酵过度，造成塌陷或者表皮过厚的现象	正确掌握面包制作流程，各个流程做到不拖沓，使面包发酵至合适状态
	17	面团含水量或者含油量不足，整体润滑度不够	在产品制作中适当增加糖、奶、油脂等材料的用量

常见质量问题	序号	可能的原因	对应的解决方法
面包入烤箱前或入烤箱初期塌陷	18	使用面粉的蛋白质含量较低（筋力不大），面团持气能力差	替换面粉，选择蛋白质含量较高的面粉
	19	酵母用量过大，导致发酵过度	调整酵母的使用量，正确使用酵母
	20	盐的用量过少或者过多，造成面筋形成效果差	调整盐的使用量，或者适当增加面包改良剂的使用量
	21	最后醒发过度	正确掌握最后醒发的醒发时间和温度
	22	面团醒发完成后在移动过程中幅度过大，破坏了面团内部的面筋网络	移动过程中动作要快，同时要轻
	23	搅拌时间过长或者面团温度太高，破坏了面筋的形成	在保证面筋完全扩展的条件下，减少搅拌时间
面包风味不佳	24	原材料选用不佳	替换成优质原材料
	25	发酵时间不足，风味没有呈现出来；或者发酵时间过长，面团变味	正确掌握发酵时间，保证面团产生正常的风味
	26	生产过程中受到污染	保持生产环境的卫生

3. 清酥类点心的品质鉴定标准

（1）清酥类点心的基本评价

1）形态。清酥类点心形态端正，大小一致，层次清晰。

2）色泽。清酥类点心表面呈金黄色，色泽均匀，无焦黑。

3）质感。清酥类点心疏松、无粘连。

4）口味。清酥类点心酥松，甜咸度适中，不黏牙。

5）卫生。清酥类点心无杂质、无污染、无异味。

（2）清酥类点心产生质量问题的原因与解决方法

常见质量问题	序号	可能的原因	对应的解决方法
层次不清晰	1	油脂可塑性差或者使用量少，导致层次不分明	选用熔点高、可塑性较强的油脂，或根据产品特性，调整油脂用量
	2	折叠层次不够或者折叠方式错误，导致层次不分明	正确掌握折叠方法，折叠次数不宜过多或过少，避免层次模糊
	3	使用的工具不锋利，尤其使用刀具进行切割成型时	使用锋利的分割成型工具，避免糊层
	4	烘烤温度过低或者烘烤温度不稳定，导致产品膨胀不足和油脂外溢，从而造成产品层次不清晰	正确掌握烘烤温度，烘烤过程中不能随意打开炉门，在确保定形后可适当调低温度，烘烤至产品完全成熟

常见质量问题	序号	可能的原因	对应的解决方法
形态不端正	5	油脂和面团的软硬度不一致，造成油脂分布不均匀，在烘烤受热后使成品膨胀不均匀	面团与油脂的软硬度须一致
	6	折叠擀制时面坯厚薄不均匀，折叠后导致成品厚薄不均匀，产生不清晰的层次效果	擀制面坯需要均匀用力，使用酥皮机可提高效率，降低失败率
	7	折叠方法错误造成面坯中间有空洞或者其他瑕疵，导致成品膨胀不均匀	正确掌握折叠的方法
	8	成型方法不当造成面坯厚薄不匀或者大小不一，导致成品烘烤时受热膨胀不均匀	正确使用模具和工具，擀制时注意用力均匀，确保成型一致
成品收缩	9	油脂选择不佳	替换优质油脂，建议选择含水量较小的油脂
	10	冷水面团（未包裹油脂前的面团）中含盐量过多	调整冷水面团中的盐量
	11	面团在成型过程中未松弛，导致面团收缩	冷水面团在折叠前须完全松弛；在折叠过程中，需根据状态及时进行冷藏松弛，避免面团收缩、油脂外露，影响成品膨胀，造成成品收缩
	12	烘烤前，面团松弛不足	面团在成型后，需要松弛 15 分钟左右

4. 混酥类点心的品质鉴定标准

（1）混酥类点心的基本评价

1）形态。混酥类点心形态端正、厚薄均匀，大小一致。

2）色泽。混酥类点心的表面呈淡棕褐色、色泽均匀、无焦黑。

3）质感。混酥类点心疏松，内部略微带有均匀的气孔。

4）口味。混酥类点心酥松，甜咸度适中。

5）卫生。混酥类点心无杂质、无污染、无异味。

（2）混酥类点心产生质量问题的原因与解决方法

常见质量问题	序号	可能的原因	对应的解决方法
成品颜色过浅	1	产品含糖量过少	适当调整配方中的糖量
	2	烘烤温度低或者烘烤时间不足	正确掌握烘烤的时间和温度
疏松性差	3	面粉的蛋白质含量太高，即筋力太大，达不到成品疏松的要求	选用低筋面粉或者中筋面粉，或者加入适量的玉米淀粉来减少筋力
	4	面团搅拌过度，增加了面团的韧性	正确掌握面团的搅拌状态，避免过度搅拌

常见质量问题	序号	可能的原因	对应的解决方法
疏松性差	5	使用的油脂、糖、蛋量少，产品柔软度不够	调整产品的配方比例，使面团达到合适的状态
	6	化学疏松剂的使用量不足	如果配方中的材料比例调整不当，可以根据产品需求，添加适量的疏松剂，一般用量是面粉用量的 0.4%~1.0%
	7	使用的糖颗粒较粗，糖的易溶性可以很好地帮助面团柔软，颗粒太粗会影响产品的成品状态	替换较细的糖或者使用糖粉
成品形状不完整	8	配方中的油脂用量过多，油脂比例影响糖、蛋的比例，成品疏松和产品完整需要各个成分之间的相互平衡，避免油脂过多，成品塌陷	正确掌握油脂用量，适当调整配方比例
	9	油脂选用得不合理，不宜使用起酥性较强的油脂	选用熔点略高、可塑性较强的油脂，避免成品松散
	10	油脂与糖的混合搅拌时间过长，导致面团过度膨松	正确掌握油脂与糖的混合搅拌时间，不宜过长，至稍微疏松泛白即可，过度膨松会使成品成型差或不成型

5. 泡芙的品质鉴定标准

（1）泡芙类产品的基本评价

1）形态。泡芙形态端正，大小均匀，不塌陷、不凹底。

2）色泽。泡芙表面色泽呈棕褐色，色泽均匀，表面无异样、焦黑状。

3）质感。泡芙外壳松脆，内部软韧。

4）口味。泡芙松、脆，内部馅料软滑，甜度适中。

5）卫生。泡芙无杂质、无污染、无异味。

（2）泡芙产生质量问题的原因与解决方法

常见质量问题	序号	可能的原因	对应的解决方法
膨胀不理想	1	面团未烫透，水分蒸发量较少	正确掌握面团烫熟流程，加热至锅底呈现薄薄一层白色糊状物即可
	2	鸡蛋用量较少，面糊状态较干	正确调整鸡蛋用量，逐次加入蛋液时须确保搅拌均匀，直至面糊能呈现自然下垂的状态

（续）

常见质量问题	序号	可能的原因	对应的解决方法
膨胀不理想	3	烘烤温度太低或者烘烤时间不足	正确设定烘烤温度，并掌握泡芙正确的烘烤方式，一般可以先高温定型，再适当调低10~15℃烘烤至全熟，温度太低，易导致泡芙外壳较厚，且体积较小；如果未烘烤成熟，出炉后易发生塌陷
	4	烘烤过程中多次打开炉门，使内部温度和气流不稳定	正确掌握烘烤方式，烘烤过程中不可随意打开炉门，尤其在制品未完全定型前
表面颜色过深或过浅	5	烤箱温度过高或者过低，导致产品表面颜色过深或过浅，或者烘烤时间过长或过短	正确掌握和控制烘烤温度和时间

9.2　菜单策划

9.2.1　菜单的种类与特点

根据不同的划分方法，菜单有多种分类方式。

1. 根据餐饮形式和服务项目分类

（1）中餐菜单　以中式餐食为主要产品内容的菜单种类，菜单中常见分类有凉菜、汤、炒菜、炖菜、主食、点心等。

（2）西餐菜单　以西式餐食为主要产品内容的菜单种类，菜单中常见分类有前菜、汤、主菜、沙拉、甜品等。

（3）宴会菜单　多是餐饮企业结合自身的综合资源，根据设宴主题、进餐对象的餐饮需求和具体情况，将不同类型的众多菜点及水果点心，以一定的原则和形式进行有效组合而形成的菜品展示。

常见的宴会菜单有生日宴、团拜宴、商务宴等，有中餐宴会菜单、西餐宴会菜单等宴会菜单；有国宴、正式宴、便宴等宴会菜单形式。

宴会菜单标准明确，编排格式非常讲究，所涉及材料与形式多样且丰富，内容产品搭配合理、灵活多变。宴会菜单一般放置于宴会桌面上，展示形式精美典雅，具有文化艺术特色。在设计宴会菜单时，需要结合综合资源能力，并充分尊重消费者的民族习惯、民俗习惯与消费意愿，注重礼节与礼仪。

（4）**促销菜单**　以特定的促销产品为主要内容的菜单种类。

（5）**自助餐菜单**　自助餐可提供的产品较为广泛，其特色是顾客自己动手挑选产品，菜单自由度高，顾客选择性也较高。

（6）**客房送餐菜单**　客房送餐菜单是用于客房送餐服务的，是将住店客人预定的菜肴和酒水送到客房，使客人能在房间内用餐的服务。

（7）**酒水单**　各类饮品、酒水的菜单。

2. 根据市场特点分类

（1）**固定菜单**　该指代的"固定"不是绝对固定，可根据需求进行不定时的少量更新。

（2）**循环菜单**　是指按照一定的天数、周数或月数的周期进行循环使用的菜单。

（3）**即时性菜单**　是某一时段内企业根据食材原料的供应情况而制订的一类菜单。

3. 根据菜单价格结构分类

（1）**零点菜单**　是指每个产品都有单独标价的菜单类型，适用范围广泛。

（2）**套餐菜单**　是指若干产品整体打包作为一个套餐，菜单上只体现套餐价格。

9.2.2　菜单策划

1. 菜单的作用

菜单是餐饮企业向顾客推销展示餐饮产品的一览表和说明书，是餐饮经营和管理的关键和基础工具，是餐饮经营的核心环节之一。

1）菜单决定了餐饮所需材料的采供计划，决定了采购仓储等部门的工作核心。

2）菜单决定了餐饮所需设备的选择和购置。

3）菜单决定了餐饮场所的面积、设计风格与布局及软装的环境气氛的营造。

4）菜单决定了餐饮人员的岗位设置、员工组成、员工的整体素质和技能水平的整体走向。

5）菜单是餐饮主题、等级水平、经营特色的直观展示和标志，也决定了餐饮服务程序、服务规格和服务标准。

6）菜单直接或间接地决定了餐饮总成本。

7）菜单的呈现是餐饮企业与顾客之间的信息交流桥梁，也是沟通、反馈的交流渠道和实际载体。

8）菜单是一个广告宣传品，是一种基本工具。

2. 菜单内容的基本构成

菜单一般含有名称、规格、价格及菜品的描述介绍等，展现形式有文字、图片等。现代菜单已逐步与电子设备紧密结合，有时也可以视频形式展示。

3. 菜单的排版

菜单作为一种营销工具，以直接展示菜品的方式使顾客快速形成对餐厅的主观印象和判断。

菜品内容的展示风格与排版样式有直接关系，在设计排版过程中，需要考虑以下几点。

（1）**要突出重点**　要树立自己的经营特色，突出重点特色产品，避免过多平常的产品占据较大的空间或者重点位置，以免给顾客平庸的感觉。

（2）**要简化选择**　菜单设计要为顾客的选菜、点菜降低难度，而不是增加难度。如果顾客在挑选许久后，依然无法做出较为满意的选择，顾客有可能会选择离开。可以在菜单设计中增加较为醒目的提示，如"必选菜"等，如"冷食""热食"，如"辣度指数""酸度指数"等。

（3）**要合理搭配**　要考虑不同时段、不同季节等因素的影响，再结合自身的综合资源进行合理的展示，将产品适时进行组合、更替，可制作多份不同消费偏好的菜谱类型。

4. 菜单产品的图片

图片是一种信息传递的载体，在无图片的情况下，文字也能较为准确全面地传达产品信息，完成菜单的基本职责。但文字难以发挥最佳的营销效果，缺乏对产品的解释维度，尤其是一些较难理解的产品名称。

相比较文字或者数字，图片可以瞬间刺激顾客的感官体验，好的图片效果可以引发顾客的好奇和食欲，从而促成消费。当然，并非一定要为每款产品设置图片，这还需要从菜单设计出发，考虑每款产品的特色及营销点，使每张产品图片在有限的菜单空间上发挥出较高的价值。

9.2.3　菜单定价

合理的产品价格不仅能够赢得顾客的喜爱，还可以进一步增加企业的营业额。

1. 定价原则

不同需求的定价策略是不同的，但基本依据两个基本点。

1）需要明确产品成本，包括主料、辅料等制作所涉及所有原料的成本。

2）产品的最终定价应在目标客户群的接受范围内。

基于以上两点，只有覆盖了产品成本的定价，才有盈利的可能；只有在目标客户群的接受范围内的定价，产品才能得到认可。

2. 定价策略

在两个基本点的基础上，一般会有 3 种定价策略。

（1）**合理价位定价策略**　在确保利润的前提下，以餐饮成本为基础定价，如可以将定价设置为产品成本的两倍。

（2）**高价位定价策略**　高价格意味着高溢价，如产品成本占菜品定价的 20% 及以下。这种定价需要配备独特的服务标准和产品，需要对目标客户的消费习惯精准把握。

（3）**低价位定价策略**　低价位意味着需要多销才能实现较大的盈利，一般可以作为新产品的宣传手段，也可以作为吸引顾客的引流产品。此外，在食材积压的情况下也可以用此种方式快速清库存。

3. 定价技巧

合理科学地进行定价可以较好地平衡顾客心理和产品效益之间的关系，产品质量依然是核心关键点。

（1）**根据目标客户群定价**　一般来说，高档商业区的目标客户对价格不会十分计较，但是对产品质量、服务、环境等要求较高；而社区、学校周边等目标客户对产品质量、产品价格等要求较高。

在产品定价时，常用的有尾数定价策略，通过保留尾数，让顾客在心理上感到了实惠，如 28.9 元与 30 元的差别，前者在顾客看来，会便宜很多，但其实只是便宜了 1.1 元。

（2）**根据竞争对手定价**　产品定价是经营中的重要环节，定价环节中需要关注同一时间、同一商圈下的不同品牌之间的定价情况。

（3）**根据利润定价**　以利润为主要考虑方面来制订价格。

9.2.4　西点厨房专业英语

1. 西式面点常用原料

（1）面粉类

面包粉	Bread flour	蛋糕粉	Cake flour
面粉	Flour	黑麦面粉	Rye flour
全麦面粉	Whole wheat flour		

（2）乳制品

奶酪	Cheese	淡／稀奶油	Cream
牛奶	Milk	脱脂奶粉	Nonfat dried milk
奶粉	Powdered milk	酸奶	Yoghurt

（3）油脂

黄油	Butter	人造黄油	Margarine
油	Oil	色拉油	Salad oil
起酥油	Shortening	植物油	Vegetable oil

（4）蛋品

| 鸡蛋 | Egg | 蛋白 | Egg white |
| 蛋黄 | Egg yolk | | |

（5）糖制品

红糖	Brown sugar	翻糖	Fondant
葡萄糖	Glucose	白砂糖	Granulated sugar
蜂蜜	Honey	糖粉	Icing sugar
转化糖	Invert sugar	麦芽糖	Malt sugar/Maltose
糖浆	Syrup		

（6）果料及果酒

肉桂	Cinnamon	柠檬	Lemon
芒果	Mango	橙子	Orange
葡萄干	Raisin	红葡萄酒	Red wine
白兰地	Brandy	朗姆酒	Rum
白葡萄酒	White wine		

（7）辅料

琼脂	Agar	杏仁	Almond
泡打粉	Baking powder	小苏打	Baking soda
面包改良剂	Bread improver	巧克力	Chocolates
可可脂	Cocoa butter	可可酱	Cocoa paste
可可粉	Cocoa powder	炼乳	Condensed milk
玉米淀粉	Corn starch	玉米糖浆	Corn syrup
方糖	Cube sugar	吉士粉	Custard powder
干酵母	Dry yeast	乳化剂	Emulsifier
香精	Essence	鲜酵母	Fresh yeast
鱼胶片 / 吉利丁片	Gelatin	果酱	Jam
果冻	Jelly	柠檬汁	Lemon juice
杏仁膏	Marzipan	薄荷	Mint
盐	Salt	椰丝	Shredded coconut
香草	Vanilla	酵母	Yeast

2. 西式面点常用品种

面包	Bread	蛋糕	Cake
糖果	Candy	焦糖布丁	Caramel pudding
曲奇饼干	Cookie	甜甜圈	Donut
汉堡包	Hamburger	冰激凌	Ice cream
果冻	Jelly	慕斯	Mousse
薄饼	Pancake	派	Pie
布丁	Pudding	塔	Tarts
提拉米苏	Tiramisu	吐司	Toast

3. 西式面点常用设备

搅拌机 / 和面机	Dough mixer	设备	Equipment
烤炉	Oven	醒发箱	Proofer
转炉	Revolving oven	起酥机	Sheeting machine
工作案台	Bench	面团搅拌机	Blender

4. 西式面点常用工器具

烤盘	Baking pan	碗	Bowl
刷子	Brush	油纸	Butter paper
开罐器	Can opener	容器	Container
叉子	Fork	刀	Knife
量杯	Measuring cup	裱花袋	Piping bag
裱花转台	Revolving cake stand	擀面杖	Rolling pin
锯刀	Saw blade	秤	Scale
剪刀	Scissors	刮板	Scraper
抹刀	Spatula	勺子	Spoon
温度计	Thermometer	吐司模	Toast mold
蛋抽	Whisk		

5. 烘焙加工工艺

加入	Add	烘烤	Bake
拍打	Beat	混合	Blend
煮	Boil	炖	Braise
刷	Brush	（使）冷却	Chill
切碎	Chop	着色	Colour

切	Cut	装饰	Decorate
蘸	Dip	分割	Divide
（使）蒸发	Evaporate	（使）发酵	Ferment
折叠	Fold	冷冻	Freeze
油炸	Fry	在食物上加装饰菜	Garnish
在食物表面浇液浆	Glaze	磨碎	Grate
揉捏	Knead	（使）制成	Mature
熔化	Melt	（用机器）切碎	Mince
（使）混合	Mix	用模具制作	Mould
削皮	Peel	在蛋糕上裱花	Pipe
灌注	Pour	打孔	Punch
擀薄	Roll out	揉圆	Round
刮	Scrape	封口	Seal
去壳	Shell	撕碎	Shred
筛	Sift	小火煮	Simmer
切成薄片	Slice	扩散	Spread
压、挤、榨、捏	Squeeze	蒸	Steam
搅拌	Stir	过滤	Strain
品尝	Taste	解冻	Thaw
搅打 / 打发（奶油、蛋白）	Whip	包裹	Wrap

6. 烘焙状态描述

黏附的	Adherent	坏的	Bad
苦的	Bitter	淡而无味的	Bland
编成辫子的	Braided	棕色的	Brown
充满气泡的	Bubbly	膨胀的	Bulgy
浇上焦糖的	Caramelized	奶酪味的	Cheesy
冷藏的	Chilled	粗糙的	Coarse
冷的	Cold	紧密的	Compact
软的	Cottony	奶白色的	Creamy white
新月状	Crescent	易碎的	Crumbly
脆皮的	Crusty	立方的	Cubic
深色的	Dark	美味的	Delicious

稠密的	Dense	干燥的	Dry
暗淡的	Dull	有弹性的	Elastic
均分的	Even	快速的	Fast
固定的	Fixed	易碎裂成屑的	Flaky
平的	Flat	异味	Foreign flavour
新鲜的	Fresh	冷冻的	Frozen
金黄色的	Gold	好的	Good
磨细的	Ground	黏性的	Gummy
坚硬的	Hard	重的	Heavy
均匀的	Homogeneous	热的	Hot
即食的	Instant	打成结的	Knotted
大的	Large	轻的 / 颜色淡的	Light
长的	Long	疏松的	Loose
有大理石花纹的	Marbled	温和的	Mild
烘焙过度的	Overbake	淡色的	Pale
差的	Poor	刺激性的	Pungent
不齐、凹凸不平的	Ragged	生的	Raw
油腻的	Rich	咸的	Salty
浅的	Shallow	尖的	Sharp
闪光的	Shiny	短的	Short
丝滑的	Silky	银质的	Silver
简单的	Simple	缓慢的	Slow
小的	Small	光滑的	Smooth
柔软的	Soft	固体的	Solid
酸味的	Sour	有斑点的	Spotted
不新鲜的	Stale	黏的	Sticky
硬的	Stiff	有条纹的	Streaky
气味强烈的	Strong	鲜美多汁的	Succulence
甜的	Sweet	软的	Tender
厚的	Thick	稀的	Thin
紧的	Tight	老的 / 咬不动的	Tough
未经烘烤的	Unbaked	一致的	Uniform
不牢固的	Weak	湿的	Wet

9.3　成本控制

成本是商品经济的价值范畴，是商品价值的组成部分。企业为进行生产经营活动，必须耗费一定的资源（含人力、物力、财力等），其所耗费资源的货币表现称为成本。

企业的竞争主要是价格和质量的竞争，而价格的竞争归根到底是成本的竞争，成本包含原材料、生产、储存、固定资产折旧、工资等费用。

9.3.1　原料采购成本控制

原料采购是生产活动的起点，在企业生产活动中占有重要作用。降低采购成本是企业提高收益的关键手段，采购管理是企业生产中的核心环节之一。

1. 采购标准设计原则

采购流程涉及供应商、采购员、厨房、仓管等多个环节，内容较为复杂，所以需要明确采购的基本原则。

1）建立采购标准、流程和计划，遵守《中华人民共和国食品安全法》的相关规定。

2）落实供应商开发计划和绩效管理方案。

3）建立供应商评估组织。

4）建立供应商评估标准。

5）加强专业学习和调研技巧。

6）建立企业内部供应商信息收集系统并不断更新。

7）设定供应商发展目标。

8）建立公平、公正、公开、客观的淘汰标准。

2. 采购标准透明化

面对数量众多的供应商，为了提高采购效率，必须遵循透明化原则，严格按照采购标准执行相关操作，这样才能使采购管理相关的绩效考核做到有据可依。

3. 采购管理的分级制度

对于不同的原料采购，采购管理的侧重点也不同，相应的评估标准和绩效管理需要有一定的区别。大型餐饮企业，采购环境复杂，需要建立采购分级管理制度，不同环境下的采购行为应开发不同的绩效管理方案，并在之后的合作中，不断优化采购效率。

4．采购的总成本

在进行采购时，想要实现最优化采购，需要明确采购的目的，并认识到最低价并不是首要考虑的因素。因为在采购成本构成中，不仅包括物料价格，还包括运输成本、包装成本、装卸成本、仓储管理成本、品质成本等多类细分项目的成本。采购总成本计算公式如下。

采购总成本 = 原料价格 + 订单处理成本 + 采购管理成本

（1）**原料价格**　包含供应商的收购成本、经营成本、仓储物流成本及供应商利润等。

（2）**订单处理成本**　也称为上下游接口成本，包括订单识别与分析成本、谈判成本、合同及检验成本等。

（3）**采购管理成本**　指企业在采购管理过程中涉及的运营综合成本，包括退换、补货的成本。

采购成本控制不只是价格的控制，而是一个系统化的工程，单纯的降低采购价格，可能会给后期带来诸如质量风险、技术风险、供货不及时的风险等。

9.3.2　原料储存成本控制

在企业生产中，尤其对于食品行业来说，除了采购环节外，仓储环节也是比较重要的，很多食品安全事故都发生在这个环节。新鲜的原料未经有效储存很容易变质，轻则导致原料的浪费，重则会引发食品安全事故，直接增加经营成本，甚至破产。

正确有效的存储不但可以节省空间，还可以节省人工成本。

1．健康有效的周转效率

建立正确有效的原料周转效率，避免原料积压造成不必要的浪费，且浪费存储成本。可以有效利用异地采购，掌握合适的采购时机，合理利用送货时间，灵活地使用仓储空间。

2．科学的分类储存

所有原料都应根据分类存放，基本分类有蔬菜、肉类、罐头、干货等。对于具有特殊质地的原料，需要用特殊的存放方法，如水分较多的食材、味道过浓的产品。易变质的原料应分开存放，避免原料加速变质。

3．科学的存取方式

日常使用的原料应该靠近仓储门存放，便于存取，节约时间。仔细分辨原料储存的注意事项，对于熟食或高温半成品，选择温度适宜的场合存放。尽量提高原料的存取速度，避免过长时间破坏仓储环境。

4. 做好食材保质期的管理

需要制订产品的保质期管理工作，避免产生临期原料或原料积压，避免原料浪费。

9.3.3 厨房生产成本控制

1. 厨房员工的管理

良好的工作环境可以积极调动员工的工作效率，并提高工作质量。

（1）**为员工构建愉快的工作氛围** 厨房内部的工作并不轻松，为了使员工心情愉悦，生产经理或者厨师长应该多多鼓励工作稍有欠缺的员工，帮助员工调节情绪和工作状态，使整体局面积极向上。

（2）**调动员工的积极性** 生产经理或者厨师长需要根据工作环境制订相应的活动方案，激发员工自我技能的提升，提高员工自我创造力，为生产做出贡献。

（3）**厨房事务的处理要公平、公正** 员工产生摩擦时，相关领导要在合适的时机介入，积极缓和矛盾。必要的时候根据奖惩制度对员工进行公平、公正的评判，并获得员工的理解和配合。

2. 厨房标准化管理

厨房管理流程化和标准化能让每位厨房员工都能按照标准、流程操作，可避免食材浪费和产品差异，避免安全事故。标准化管理是厨房较为有效的管理方法。

（1）**考勤标准** 日常出勤是对厨房员工的基本要求，适用于所有厨房员工。其标准化操作可以最大化约束员工出勤情况，确保基本的人力成本不浪费。

（2）**着装标准** 为了厨房的生产安全及卫生情况，厨房员工的着装要符合操作便利的需求，统一着装，按时清洗，注意消毒工作，确保生产环境安全卫生。

（3）**检查标准** 在厨房中产生的多数行为都需要按照规章标准进行，发生后，需要有对应的人员进行检查核对，之后根据奖惩制度评断，确保规章制度的顺利连续实施，推动厨房各级员工按照标准进行工作。

（4）**考核标准** 考核工作是对一段时间内的员工综合素质或者单项技术的考核，是一项常规工作，也是推动厨房管理流程化和标准化的重要内容。一般来说，厨房考核可以每季度进行一次，由店长、生产经理或者厨师长协同人力资源部、行政部门进行考核，可以分"大考"和"小考"。考核中需要确保考核流程、考核结果公平、公正、公开。

在客观公正的考核基础上，根据每位员工的综合表现，按照既定的规章制度给予相应的奖励或者惩罚。

复习思考题

1. 厨房布局中对设备布局的基本要求有哪些?

2. 设备布局的一般方法有哪些?

3. 一般从哪几个方面对蛋糕类产品进行评价?

4. 西点厨房人员的配置管理原则有哪几点?

5. 列举厨房生产设备中成熟设备的使用特点。

6. 列举厨房生产设备中恒温设备的使用特点。

7. 列举厨房生产设备中搅拌设备的使用特点。

8. 简述菜单定价策略。

9. 较为常见的菜单样式有哪几种?

10. 成本一般从哪几个方面进行控制?

项目 10

技术创新与培训

▼▼▼

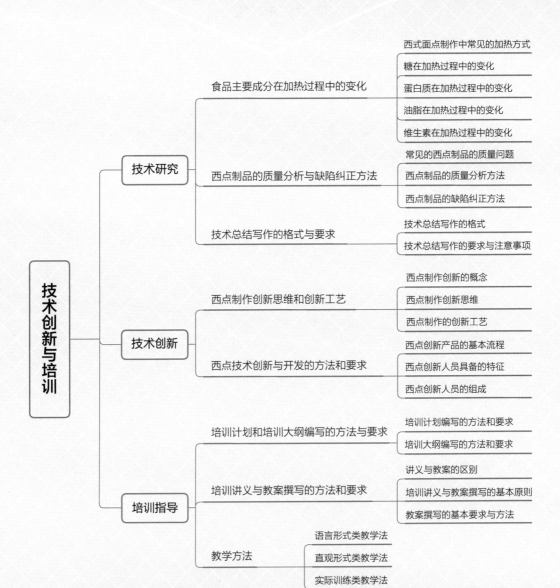

技术创新与培训
- 技术研究
  - 食品主要成分在加热过程中的变化
    - 西式面点制作中常见的加热方式
    - 糖在加热过程中的变化
    - 蛋白质在加热过程中的变化
    - 油脂在加热过程中的变化
    - 维生素在加热过程中的变化
  - 西点制品的质量分析与缺陷纠正方法
    - 常见的西点制品的质量问题
    - 西点制品的质量分析方法
    - 西点制品的缺陷纠正方法
  - 技术总结写作的格式与要求
    - 技术总结写作的格式
    - 技术总结写作的要求与注意事项
- 技术创新
  - 西点制作创新思维和创新工艺
    - 西点制作创新的概念
    - 西点制作创新思维
    - 西点制作的创新工艺
  - 西点技术创新与开发的方法和要求
    - 西点创新产品的基本流程
    - 西点创新人员具备的特征
    - 西点创新人员的组成
- 培训指导
  - 培训计划和培训大纲编写的方法与要求
    - 培训计划编写的方法和要求
    - 培训大纲编写的方法和要求
  - 培训讲义与教案撰写的方法和要求
    - 讲义与教案的区别
    - 培训讲义与教案撰写的基本原则
    - 教案撰写的基本要求与方法
  - 教学方法
    - 语言形式类教学法
    - 直观形式类教学法
    - 实际训练类教学法

10.1 技术研究

10.1.1 食品主要成分在加热过程中的变化

1. 西式面点制作中常见的加热方式

西式面点的加热一般是基于 3 种方式，即热传导、热对流、热辐射。

（1）**热传导** 热传导是指热量从温度高的地方往温度低的部位移送，达到热量平衡的物理过程。隔水加热、煮鸡蛋、电磁炉加热等都属于热传导。

（2）**热对流** 热对流是只针对液体与气体的热的传导现象，气体或者液体分子通过受热产生膨胀与移动，进行热的传递。风炉烘烤属于热对流。

（3）**热辐射** 热辐射是指物体以电磁波方式向外传递能量的物理过程，远红外线烤箱、微波炉就是利用电磁波的方式进行热辐射加热。

2. 糖在加热过程中的变化

（1）单糖、双糖、低聚糖和多糖的基本含义

1）单糖是指不能被水解成更小分子的糖。食品中的单糖以六碳糖为主，包括葡萄糖、果糖、半乳糖等。

2）双糖又称二糖，是由两个单糖分子经缩合反应除去一个水分子而成的糖。西式面点中常见的双糖如下。

名　称	类　别	成　分
乳糖	双糖	葡萄糖＋半乳糖
麦芽糖	双糖	葡萄糖＋葡萄糖
海藻糖	双糖	葡萄糖＋葡萄糖
蔗糖	双糖	葡萄糖＋果糖

3）低聚糖又称少糖类，是指含有 2~10 个糖苷键聚合而成的化合物，食品制作中较为常见的低聚糖是双糖。

4）多糖是由许多单糖分子（一般超过 10 个）通过苷键连接而成的高分子化合物，由于连接的方式不同，可以形成直链多糖、支链多糖和环状多糖。

从多糖的水解产物上来说，水解后只生成一种单糖的多糖称为匀多糖，如淀粉、糖原、纤维素等；水解产物是两种以上的单糖或者单糖衍生物的多糖称为杂多糖，如阿拉伯胶等。

多糖无固定熔点、无甜味、大多数较难溶于水，也难溶于有机溶剂，不显还原性。

（2）**还原性糖与美拉德反应**　还原性糖是指具有还原性的糖，还原性是指在化学反应中原子、分子或者离子失去电子的能力，分子中含有游离醛基或酮基的单糖或者含有游离醛基的二糖都具有还原性，常见的有葡萄糖、果糖、半乳糖、乳糖、麦芽糖等。

美拉德反应，又称羰（tang）氨反应、非酶棕色化反应，是指含有氨基的化合物（氨基酸和蛋白质）与含有羰基的化合物（还原糖类）之间产生褐变的化学反应，属于食品工业中的一种非酶褐变。非酶褐变是指在不需要酶的作用产生的褐变，主要有美拉德反应和焦糖化反应。

美拉德反应在西式面点中体现在较多方面，主要是食品在加热处理后或者经过长时间贮藏后，会出现不同程度的变色，即非酶褐变反应，如蛋糕、面包等产品在烘烤后表面的变化、焦糖的熬制等。

（3）**焦糖化反应**　焦糖化是指糖类在受热到一定的程度时，分子开始瓦解分离而产生的化学反应。焦糖化反应属于褐变反应中的非酶褐变，是指在不需要酶的作用产生的褐变作用。

焦糖化是在食品加工过程中，在高温的条件下促使含糖产品产生的褐变，反应条件是高温、高糖浓度。

1）焦糖化温度。糖和水加热到不同的温度所呈现的状态和可控性都有很大不同。

从160℃开始，焦糖颜色开始由白变黄，170℃开始完全变黄，170~180℃之间开始从黄变褐，其中的甜味越来越淡，苦味越来越重。

焦糖化是这个过程最主要的反应。普通砂糖大都是蔗糖，蔗糖的焦糖化温度是170℃，葡萄糖是150℃，果糖是105℃。所以，如果加入的糖种类不同，或同时加入几种糖类，要密切关注糖浆的颜色变化，以上温度就不能成为主要标准了。

同时，也需要考虑材料的纯度问题，有杂质的话需要格外注意颜色变化。

2）焦糖和水。焦糖熬制有加水和不加水两种。

质量很好的糖锅，可以先将细砂糖加热熔化，然后再分次加水熬煮至规定状态。

一般的糖锅，建议加水一起熬制，加水可以加快熔化细砂糖，并有效避免煳锅。加水可以延长煮制时间，使糖充分反应，让焦糖的风味更加明显。但是加水过多就需要很长时间去熬煮，一般水、糖用量适合比例为1:3，或者水量稍少一点。

3）焦糖的风味。在实际西点制作中，往往根据需求会在糖水里面加其他物质，如黄油、淡奶油等。这个过程中，糖在发生焦糖化反应时，也会和蛋白质等发生其他的褐变反应，产生更多样化的反应物，香气就更加浓郁了。

需注意，如果在焦糖熬制过程中，突然加入其他材料要特别小心，避免糖浆飞溅造成伤害。

（4）淀粉糊化

1）直链淀粉和支链淀粉。淀粉是一种天然高分子化合物，是由葡萄糖分子聚合而成的多糖，存在于植物的根、茎或者种子中，淀粉组成可以分为两类，即直链淀粉和支链淀粉。

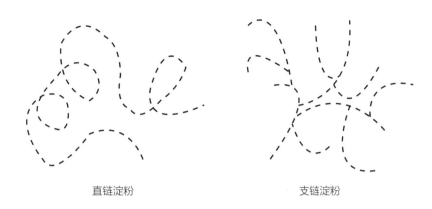

直链淀粉　　　　　　　　　　　　支链淀粉

直链淀粉含量高的淀粉品类吸水能力极佳，如马铃薯淀粉的增稠效果要高于含支链淀粉高的玉米淀粉。

因为分子结构不同，两种淀粉发生糊化的温度和产生糊化的效果有些许不同。

2）淀粉糊化与使用。淀粉在常温下是不溶于水的，当水温加热至 55~65℃时，淀粉粒子开始大量的吸水膨润，淀粉的物理性质发生明显的变化，在继续高温膨润后，淀粉粒子会发生分裂，形成单分子，形成糊状溶液，这个过程称为淀粉的糊化。

不同品种、不同颗粒大小的淀粉，糊化温度不同。淀粉在处于糊化状态时，是呈分散性质的糊化溶液，这个状态下的面团内部黏性非常大，在温度继续增加的情况下，糊化状态下的水分开始被蒸发，分散的淀粉粒子逐渐失去水分，这时候的淀粉能够在产品中固定在某一位置上，用以稳定产品内部的组织结构，帮助并促使产品内部成型。

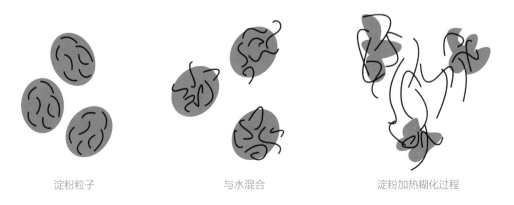

淀粉粒子　　　　　　　　　　与水混合　　　　　　　　　淀粉加热糊化过程

淀粉糊化后可以吸收更多的水分，减小面筋延伸性和弹性，增加产品黏性。糊化的淀粉放入烘焙产品制作中，可以更多地保持产品的柔软度和含水量，泡芙是较有代表性的产品之一。

知识拓展

一般淀粉转化葡萄糖的过程 ···

在西式面点制作中，常使用的多糖有淀粉，其一般的转化过程如下：

$$淀粉 \xrightarrow[酶]{水解} 麦芽糖 \xrightarrow[酶]{水解} 葡萄糖$$

淀粉在人体可以进行水解，如我们在食用无糖面包时，多次咀嚼后能尝出明显的甜味，这是因为淀粉受唾液中的淀粉酶的催化作用，进行了水解，生成了一部分葡萄糖。

同理，一般多糖转化成单糖的方式是在对应酶的作用下产生水解反应，如下：

$$多糖 \xrightarrow[酶]{水解} \begin{array}{c}低聚糖\\(含双糖)\end{array} \xrightarrow[酶]{水解} 单糖$$

淀粉发生水解反应在西式面点制作中，尤其是面包制作中有着十分重要的作用。

淀粉是由葡萄糖分子聚合而成的，是面粉中的主要物质，也是糖类的"大宝库"，其中面粉中的受损淀粉（每种面粉中的含量不一样）能在面团发酵过程中产生分解。

在面粉中存在着天然的淀粉酶，即 α-淀粉酶与 β-淀粉酶，两种酶的作用产物是不同的。首先是 α-淀粉酶使受损淀粉发生分解，生成小分子糊精，糊精再在 β-淀粉酶的作用下生成麦芽糖，麦芽糖再在酵母菌分泌酶的作用下生成葡萄糖，最终为酵母生长所需。

（5）果胶凝结

1）果胶的基本介绍。果胶是一种较为复杂的多糖，是甜品制作中常用的凝结剂和增稠剂。大多数陆生植物都含有果胶，尤其是水果类产品。

市售果胶多来源于柠檬、苹果等水果，不同植物中果胶的含量大不相同，使用酸或者酒精来提取，多以粉末状或者液体形式呈现。

果胶本身的组成影响果胶的溶解性，常见的果胶需要与酸性材料、糖混合使用才能产生较好的凝胶效果。这是因为某些果胶分子溶于水溶液后，会因为自身带有负电荷而相互排斥，要想形成凝胶，就必须有其他的材料能帮果胶分子减弱排斥。

一般有两种方式，一是加入糖，糖具有吸水性，能够与水结合，可以帮助果胶分子结合得更加紧密；二是加入酸性材料，酸性材料能减弱电荷排斥。

通常情况下，常用的苹果类果胶形成的凝胶具有一定的弹性，柠檬皮类果胶形成的凝胶易碎且硬度较高。这两类果胶较常用，且依赖糖量和酸性环境。

2）果胶的一般使用特性。果胶加热溶解于溶液后，离火，降温至 40~80℃ 完成定型，具体凝固点根据果胶类型和果胶使用量而定，重新熔化需要加热至 70~85℃，与口腔温度相差较大，达不到入口即化的效果，所以果胶类产品入口呈碎状。

正确使用果胶一般需要满足以下几个方面：

① 需要一定的糖量，糖浓度在 58%~68% 之间。

② 需要一定的酸性环境，pH3.6 左右。

③ 具有可逆反应，即可重复使用。

④ 需要在有水或者含有果汁的环境下起作用，但是需注意不要影响果胶分子的浓度，可以参考果胶的使用说明，不同种类的果胶使用量有一定的区别，一般在 0.5%~2%，浓度再高要注意使用效率，避免还未定型，凝胶已经形成了。

⑤ 需要高温加热，保证果胶的溶解度，至少达到 80~85℃，一般加热至沸腾状态。

⑥ 需要分散果胶重量后，再与溶液混合。因为果胶粉质细腻，质量轻，直接与水混合极容易发生"抱团"，加大溶解难度，所以一般在与溶液混合前，先与砂糖混合均匀，再倒入溶液内混合、加热、溶解。

在满足以上 6 点的条件下，果胶会充分发挥自己的特性。如果达不到以上的使用条件，果胶依然会有一定的增稠或凝结效用，只是效果会有不同程度上的损失。

3. 蛋白质在加热过程中的变化

（1）**蛋白质的变性**　蛋白质是由氨基酸以"脱水缩合"的方式形成多肽链，经过盘曲折叠形成的具有一定空间结构的物质，其空间结构复杂，但每一种蛋白质的构成、氨基酸种类排序是一定的。

蛋白质变性是蛋白质的一个重要性质，是指在一定的物理或者化学条件下蛋白质分子内部结构和性质发生了改变。导致蛋白质变性的方法有很多，化学方法有加强酸、强碱等，物理方法有加热、搅拌、紫外线照射等。如我们日常生活中的煮鸡蛋，其在变化过程中破坏了蛋白质分子中的氢键，没有化学键的断裂和生成，也没有新物质生成，是蛋白质物理变性的代表性示例。

（2）**蛋白质的热变性作用**　一般在 60℃左右，蛋白质会产生变性，发生凝固现象。

在面包制作过程中，超过 80℃左右时，面团内部的蛋白质与蛋白质合成的面筋网络结构就会完全凝固，帮助面团内部组织形成与稳定。

蛋白质的热变性可以改善食品口感，使其易于消化，可以帮助产品成型。但是过度变性也会使产品口感不佳，使材料的营养丢失，所以需要注意产品在加热成熟的过程中对温度及时间的掌控。

（3）**明胶（吉利丁片）凝结**

1）明胶的基本介绍。严格意义上来说，明胶是胶原蛋白在加热处理后生成的一种产物，是一种大分子胶体，属于蛋白质范畴，英文名称 Gelatin，是一种常见的凝结剂。

吉利丁粉和吉利丁片属于常用的工业类明胶。

工业明胶的制作原材料常用的有猪皮、动物骨头、牛皮等，通过酸性溶液的浸泡破坏原材料中胶原蛋白的结构，接着以不同的温度进行明胶分子的提炼，再进行过滤、净化、调整酸碱度、蒸发、消毒、干燥等流程制作出薄片明胶或粉状明胶，即常见的吉利丁片、吉利丁粉。

一般情况下，得到的吉利丁产品内明胶成分在 85%~90%，其余是水分、盐、葡萄糖等，不同浓度的明胶所产生的凝胶效果有些微差别，针对明胶类产品的品质测定有专业的名词——布伦，这是以发明专业明胶品质测定装置的奥斯卡·布伦的名字命名的，布伦数越高，明胶产品的凝结能力越高。

2）明胶的作用方式。明胶与大多数蛋白质的物理性质差别很大。一般蛋白质受热之后会慢慢展开，然后产生彼此键结，持续加热后会成为不可逆的网络结构，形成固态，可以联想鸡蛋经过煮制之后的变化。

明胶经过一般性加热之后，明胶分子也会四散发生碰撞，开始键结，但是结合力量不大，对分子的束缚能力比较小。冷却后，分子运动减慢，因为明胶分子比较长，交缠变得频繁，逐渐形成结构，阻碍水分子移动，外在表现出凝结状态。

① 明胶分子是胶原蛋白加热处理后的长链分子，在水溶液内呈分散式展开。

② 在加热状态下，水分子和明胶分子持续运动，相互碰撞。

③ 当明胶溶液开始冷却，明胶分子也会逐渐相互交缠围成网络结构，阻碍水分子的移动。表现在外部就是溶液慢慢变成凝胶状态。

| 分散 | 受热碰撞 | 凝结 |

4. 油脂在加热过程中的变化

在常温下，油脂有液体和固体，动物脂肪一般为固体，称为"脂"；植物脂肪一般为液态，称为"油"，动物脂与植物油一般统称为油脂。

将油脂添加在食品制作中，可以给产品带来更丰富的口感、风味和营养等。油脂在加热过程中，一些特性会充分表达出来，给产品带来较大的变化。

（1）**油脂的起酥性**　油脂在与其他产品混合烘烤后，能产生不同程度的膨松性和酥松性，比较有代表性的是千层类产品。

千层面团是油与面以折叠的方式形成不融合的面团层次，再通过多次整体折叠形成多层不融合的结构类型。千层面团层次的产生依靠油脂均匀被折入层层的面皮之间，经高温加热烘烤后，千层面团内部的水分转化成水蒸气，在水蒸气的压力下层与层之间逐渐形成分离，面皮之间的油脂将面层分开，加之水蒸气的膨发将面团撑起，从而形成肉眼可见的层次。千层面皮的酥脆同样源自于高温烘烤，高温加热时油脂作为传热介质作用于面皮，从而形成千层酥皮特有的酥脆口感。

（2）**油脂中的脂溶成分**　材料中的一些气味分子、营养分子等不易溶于水而易溶于油脂，在加热条件下，材料与油脂能够进行充分融合，有助于提高产品整体的香味和营养成分。

（3）**传热媒介** 油脂是非常好的传热媒介，加热到一定温度，可以使油炸食物的表面脱水，呈现干、脆、焦黄的状态。

油脂的导热效率不比金属和水，传热温和，能够均匀且紧密地接触到产品，所以油炸是较为常见的烹饪方法，面包制作中常见的甜甜圈、咖喱包都是通过油炸制作的。

（4）**油脂的不同熔点** 油脂的种类非常多，在西点制作中，需要注意对不同油脂温度的控制，避免油脂状态的改变有碍产品制作，同时需注意加热条件下对油脂的影响。如黄油在低温状态下呈较硬的状态，在20℃左右呈较软的膏状，温度继续上升，不同品牌的黄油开始不同程度的熔化，使用黄油时，要根据产品的制作工艺选择合适状态下的黄油。

5. 维生素在加热过程中的变化

维生素是维持人体正常生理功能所必需的一类有机化合物，大部分的维生素在人体内不能自行合成或者合成数量很少，不能满足机体的需要，需要从外部食物中获取。

维生素的种类很多，通常按溶解性质可以分为脂溶性维生素和水溶性维生素两大类，前者常见的有维生素A、维生素D、维生素E、维生素K，后者常见有维生素B_1、维生素B_2、烟酸、维生素C等。

食品中的脂溶性维生素主要存在于动物性食品中，水溶性维生素主要存在于植物性食品中，在食品加工过程中，从清洗、初加工到加热成熟，各类维生素会因为水解、受热、氧化等多原因引起不同程度的损失。

在食品加热过程中，多数维生素会有极大的损失，如维生素C，加热的时间越长，损失得就越严重。

10.1.2 西点制品的质量分析与缺陷纠正方法

1. 常见的西点制品的质量问题

（1）**产品出现过度成熟或不完全成熟现象** 西点制作中常见的成熟技术有烘烤、油炸等，需要一定的温度对产品进行不同方式的加热，直至成熟。在操作过程中，受产品摆放方式、产品大小、产品盛器等多方面的影响，对不同设备的控制很大程度上要依赖现场操作者的技术能力及反应能力，可能会出现烤焦、炸糊、不完全成熟的现象。

（2）**产品中出现异物** 产品在生产加工过程中，涉及材料混合、设备使用、技术加工等多个环节，其中任意环节出现管理不规范、操作不认真的情况都有可能造成异物掉落产品中。另外，在产品成熟后，陈列或者展示过程中也可能吸引蚊虫等。

（3）**产品体积、大小不一致** 多数西点产品最终的体积大小、组织口感等与产品内部的气体膨胀、组织弹性有很大关系，如面包、蛋糕、泡芙等。造成外形不均的原因有很多，如材料比例不合适、材料混合不均匀、材料使用不恰当等。

（4）**产品结构、组合、搭配等不协调、怪异**　在层次较多的产品中，组合搭配需要考虑色彩、形状、质地、口味等要素，最终目的是使产品整体和谐，如果是无章法的堆砌，只会造成杂乱感。同时，操作者的技术能力也是重要的影响因素之一，如裱花中的花卉挤裱，技术高低会直接影响花型的外形完整度、整齐度、和谐度。

（5）**产品带有异味**　若西点制作的材料、设备、包装材料没有按照规定存放、使用，还有制作工艺欠缺、操作者操作不规范等，可能会造成食品出现变质腐败、味道异常等问题，影响产品整体质量。

（6）**产品已过期**　因管理不规范，导致过期产品未能及时下架。

2．西点制品的质量分析方法

西点产品的品质评价一般会使用多种方法来分析检验。

（1）**感官检验法**　感官检验是通过人体的各种感官器官所具有的视觉、嗅觉、味觉、听觉和触觉，再结合平时积累的实践经验，借助工器具对食品的色、香、味、形等质量特性和卫生状况做出判定和客观评价的方法，也称感官分析、感官评价。

感官检验法操作简便、快速灵活，外界限制条件少，是食品检验中较长用到的重要方法之一。根据使用的感官器官不同，检验方法也不同，包括视觉检验、嗅觉检验、味觉检验、听觉检验、触觉检验。

1）视觉检验。检验者通过对食品的外观形态、外表光泽、内部组织等来分析食品的质量，多用于检验产品的新鲜度、完整度、成熟度等。

2）嗅觉检验。检验者通过嗅觉器官检验食品的气味来分析食品的质量，多用于检验产品的纯度、新鲜度、是否酸败等。

3）味觉检验。检验者通过味觉器官对食品的口感和风味进行分析，来评价食品的香味、滋味、口感等，多用于检验产品是否酸败、成熟程度、发酵程度、组织和谐程度等。

4）听觉检验。检验者在一定的环境下通过听觉器官对产品发出的声音做出反应来分析食品的质量，主要是对食品的制作程度、成熟度等方面进行评测，如通过听取面团搅拌时与缸壁碰撞的声音来判断产品的制作程度，通过敲打面包或蛋糕的表面的声音来判断产品的成熟度。

5）触觉检验。检验者通过触觉器官对食品进行直接接触，对产品的脆性、弹性、硬度、黏度等方面进行评测，用于检验产品质量的优劣。

感官检验虽然简便，且多数情况下不受环境影响，但是其最终分析与评测是较主观的，是一种感觉评价，此类检验法与检验者的经验有很大关系，也不能完全排除主观因素，最终的评测用语没有确切的数字。

用感官检验法对产品进行评测，以下是三种较常用到的实践方法。

1）差别检验法。选择两个或两个以上的样品进行比较，判断它们之间的感官差别。

2）类别检验法。选择两个以上的样品进行评价，从其中选出好坏优劣，判断它们之间的差异大小和差异方向，继而得出样品之间较为突出的差异点。

3）描述性检验法。经过多种方法和经验对产品质量能够做出较为合理、清楚的评价文字，具体可有外观描述、风味描述、组织描述、定量描述等。

（2）**物理检验法**　通过对食品的某些物理性质的测量可间接得出食品中某种成分的含量，进而判断被检测食品的纯度和品质，如测量食品的温度、密度、沸点、透明度等。常用的方法有相对密度检测法、折射检验法、旋光法。

（3）**化学检验法**　使用化学检验对食品进行检验，一般体现在重量分析和容量分析两个方面，常用的方法有挥发法、沉淀重量法、滴定分析法等。

（4）**仪器分析法**　在食品分析中常用的仪器分析法有光学分析法、电化学分析法、色谱分析法等，主要是以物质的物理量和物理化学性质为基础的分析方法，需要借助较为特殊的仪器。

（5）**微生物分析法**　主要是应用微生物学的理论和方法，来判定被检验食品能否食用、生产环境是否达标、原辅料是否安全等，可以为卫生管理相关工作提供科学依据，并且能够为预防或者减少食物中毒等提供帮助，常分析的指标有大肠菌群、霉菌等其他菌群。

3. 西点制品的缺陷纠正方法

（1）**相关人员严格落实卫生规范**　在西点制作的各个环节中的参与人员、操作人员都需要严格按照相关规章制度工作，包括操作环境卫生、个人卫生、材料与设备管理等，确保工作场合无异味、无毛发、无纤维、无污渍、无灰尘，直接接触食品制作的人员要注意清洗消毒，注意佩戴口罩、帽子、手套。如果发现管理漏洞，要及时补充修订。

（2）**操作人员要严格执行相关的工艺要求**　为保证产品的质量一致，首先要明确操作规范，并对员工进行培训考核，各岗位人员掌握必要的技能后才能独立上岗；其次为避免偶发事件发生，产品需要有必要的质量监督措施，减少残次品出品的概率；第三对于难度比较大的产品，可以将工序进一步进行拆解，根据工序类型增加更加专业的操作人员，如在制作多类型造型蛋糕时，可以将各工序分给若干环节的专业技术人员。

（3）**规范材料的储存与使用**　为避免材料污染、变质，储存材料的环境要确保一定的温度与湿度，地面干燥无污染。材料使用完毕后要整理干净，必要时要清洁消毒。对于产品的保质期要有严格的管理，确保无过期材料。材料使用遵循先进先出的原则，并注意分类存放，注意材料的密封性，避免材料之间的气味影响。

（4）**工器具的规范使用**　用于制作的工器具要定期清洁、消毒，使用完成后要注意水渍的处理，储存空间要保持干燥，避免器具生锈、发霉，避免引发异味。

（5）**相关人员的健康管理制度**　从事食品生产的相关人员要确保持健康证上岗，每年需定期进行健康检查，进行必要的体检。

10.1.3　技术总结写作的格式与要求

1. 技术总结写作的格式

（1）技术总结封面格式

××××× 技术总结

题　　目：＿＿＿＿＿＿

姓　　名：＿＿＿＿＿＿

联系电话：＿＿＿＿＿＿

所在城市：＿＿＿＿＿＿

所在单位：＿＿＿＿＿＿

（2）技术总结正文写作格式

标题

姓　　名：＿＿＿＿＿＿

单　　位：＿＿＿＿＿＿

摘要：（摘要正文）××××××

关键词：（文中关键词语）××××××

（正文）××××××

参考文献：

（序号）××××××

……

（3）**正文内容**　正文内容一般由3个部分组成。

1）前言。概括技术总结的基本情况，说明总结内容、对象和背景，以及基本经验和主旨。以精练的语言叙述本次技术总结的价值与意义。

2）主体。主体内容需包含技术内容所达到的成绩和收获，以及自身对技术的主要经验体会，可以从成绩、条件、实施做法等多方面进行阐述，并总结经验和认识，通过理性的分析、研究、概括，做出较为科学的判断，总结出规律性。同时，需要提出问题和教训，结合相关知识给出解决方法和有根据的结果。

一般主体的写作可以采用以下几种方式。

① 一般方式，也称惯用式，即"情况说明——成绩说明——经验总结——提出问题——解决方法"。

② 小标题式。围绕技术总结主旨，按照逻辑顺序，将主体内容分成若干个小部分，逐步进行阐述叙述。

③ 贯通式。按照一般逻辑，采用从上至下或从前向后的方式总结事物发展的全过程。

3）结束语。叙述未来的努力方向或者目标，针对问题，提出设想。

（4）**技术总结写作的一般步骤**

1）组织素材。通过自己的专业知识，查找相关素材。

2）确定观点与主题。围绕核心内容，确定自己的观点。

3）组织内容。

4）起草、修改、定稿。

2. 技术总结写作的要求与注意事项

1）明确目的和指导思想。内容需要符合相关政策、法规、条例等，明确主要内容，确定指导思想。

2）内容数据可靠。数据准确，使用得当，相关内容需要经过反复验证。

3）论点明确、引证有力、论证严密。总结中的确定性意见及支持意见的理由要充分且有力，能够经得起验证和推敲，论证严密，实事求是，使人信服。

4）结论判断正确。结合相关内容做出结论，该结论要具有概括性、科学性、总结性。

5）内容统一协调，语言准确、简明、生动，无空话、废话，语言精粹。

10.2 技术创新

10.2.1 西点制作创新思维和创新工艺

1. 西点制作创新的概念

西点类产品的创新就是在西式面点生产要素（原料、技法等）和生产条件（人员、设备等）相结合的基础上产生新的产品的过程。

创新的过程有两种类型，包括技术性变化创新和非技术性组配创新，两种创新带来的产品应该是一个真正意义上的创新产品。创新产品需要在两方面有所体现，一是需要有新原料、新工艺、新调味、新组合、新包装等方面的展现，二是创新产品需要具有可操作性和市场延续性，非艺术类产品还需具备食用性。

在讨论一个产品是否为创新类产品时，需要考虑这两方面是否有所体现，如果只具备其中一个方面，该产品的创新就不够完整。需要注意避免只重视创新而忽视实用，需要考虑工艺流程的用时、产品组合的营养价值、制作的卫生条件等；同时要避免只注重实用而忽视创新，如只改变产品的名字而其他内容不变等。

2. 西点制作创新思维

产品创新是一个系统工程，这个过程不但是在创造一个新的产品，同时也是创造美的过程，是具有重要意义的。在进行产品创新时，一般要从以下几个要素考虑。

（1）必要要素创新 必要要素创新是指产品本身内在的创新，是创新的基础条件和主要意义。

1）技术性变化创新。技术性变化创新是指在产品创新过程中依据技术的变化获得新产品，技术性创新主要指产品成型方式和成熟方式等方面的变化，这些方面可以组合使用用于创新，也可以单独使用进行产品的改良创新。

技术性变化的创新要求创新人员对技法的掌握有一定的基础，熟悉行业中的成型技巧、装饰技法、成熟方法等，有较强的产品加工技能，具备产品开发的技术能力。

2）非技术性组配创新。非技术性组配是指在产品创新过程中依据原料的种类变化获得新产品，主要是指产品用料的变化，包括主材料、辅材料、调味料、装饰材料等，如改变产品的主要配方比例组成或者更换材料、改变材料添加或者组合次序等，这类创新和技术本身无关，不需要借助技术。非技术性组配创新要求创新人员充分了解和掌握相关行业的专业理论、产品文化等，有开发创新的基础条件。

（2）**"必要要素 + 非必要要素"组合创新**　非必要要素创新是指除却产品本身外的创新，这些因素的存在与否对产品的质量不会构成明显的影响。非必要因素可以帮助产品的创新特征表现得更加突出，但是在产品创新开发的过程中，非必要因素并不是首要考虑的要素。

非必要要素创新可以给予产品的外部更多的表现，如产品的名字。需要注意，非必要要素创新并不是产品创新的核心。

在必要要素创新的基础上，添加非必要要素创新进行叠加，这类创新方法更加全面，更能获得满足顾客全方位需求的产品，可以通过必要要素加一个或者多个非必要要素进行组合创新。

3. 西点制作的创新工艺

工艺上的创新主要是指生产方法、工艺设备等方面的创新举措，并对生产技术、操作程序、方式方法、规则体系等有具体的创新体现。有效的工艺创新对于企业本身来说是"新"的，但不意味着它对于整个行业或者整个市场是"新"的。

工艺创新的引发点可能来自于新材料、新组合、新设备等，目前西点在家庭厨房、企业饼房、中央工厂等层面都有不同程度的发展，随着工业化的发展，越来越多的高科技设备与材料投入实际生产中，对西点工艺影响比较大。

（1）**新原料带来的创新**　新原料的范围可以来自国内，也可以来自国外；可以是主材料、辅材料或者调味材料等。如海藻糖在日本烘焙行业中较为常见，它是由两分子葡萄糖组成，结构与麦芽糖相似，甜度是蔗糖的 45% 左右，属于非还原性糖，在一定温度范围的加热条件下，与氨基酸、蛋白质共存，短时间内也不会发生褐变反应，对食品表面烘烤上色有一定的减弱作用，且具有很强的持水性，能很好地锁住食品中的水分，可以防止淀粉老化，对烘焙食品，尤其是需要冷藏的烘焙食品效果较好。

（2）**新组合带来的创新**　新组合涉及的范围比较广，可以跨行业，也可以跨古今，对于产品创新来说，"新"是必要的，组合合理也是必要的。新组合需要符合现代人的消费需求和饮食习惯，要不违背当地文化传统，符合当代价值观和审美，不能一味追求创新而失去商业底线。

在西点中，甜品与食品工艺结合是比较有代表性的组合方式，如慕斯与糖艺组合，食品工艺是产品需求表达的一个重要的延伸方法和渠道，可以加深甜品本身的含义，使产品在食用价值的基础上有更加多元的阐述。

（3）**新设备带来的创新**　在西点制作中，搅拌、成型、成熟、装饰等多个环节涉及的设备非常多，对于单一产品来说，任何一个环节的设备或者工具器材发生改变，都可能对产品工艺带来影响。如窑炉面包的成熟设备是传统式窑炉，与一般烤箱烘烤有较大区别，设备的不同直接影响成品的组织、口感等。

10.2.2　西点技术创新与开发的方法和要求

1．西点创新产品的基本流程

产品的开发和创新是一个综合性工作，在具体执行的过程中，一般有如下几个环节。

（1）**产品内容确认**　无论是全新产品，还是改良性产品，产品制作的内容都需要整理清楚。针对不同性质的产品开发，产品内容涵盖的信息点会不同，如教育培训类的产品信息单会比较简单，主要核心围绕的是工艺流程环节等；企业类产品开发的设计单会相对比较复杂，包括产品生产成本等方面的问题也是比较关注的焦点。

（2）**材料选择**　依据产品设计单，进行材料、设备等产品制作相关的内容确认。

（3）**工艺流程确认**　对产品制作的流程工艺进行确认。

（4）**产品试做**　根据以上确认的信息，进行产品试做，并根据条件留下影像或者图片资料。

（5）**内部评价**　在产品出产后，组织有关人员进行评测，并将评测结果生成报告。

（6）**产品改进**　针对试做和评价的反馈，进行产品内容调整，进一步修改产品设计单。

（7）**内部评价和市场评价**　产品改进后，经过内部评价后反馈良好，可进一步进行试销，将评价范围从内部扩大至外部，并收集反馈信息。

（8）**综合反馈信息**　将各个阶段的反馈进行综合、分析。

（9）**复改定型**　对产品进行反复试做、评价、反馈修改，直至信息确定。

（10）**产品市场推广**　根据产品特点，制订相应的市场营销策略。

2．西点创新人员具备的特征

（1）**具有充分的理论储备知识和丰富的操作技能经验**　参与产品创新的人员在企业中是知识层次、文化素养等各方面素质都比较高的群体。他们拥有企业发展所需要的技术创新知识，其技术创新知识与企业的其他资源相结合，能够转化为具有市场价值的产品和服务，为企业带来利润与市场价值。

（2）**具有丰富的一线工作经验**　在一线工作时，可以更多地获取来自市场的反馈，接触流行产品的信息也最直接，了解各类产品生产的难易程度，对产品工艺流程等方面的创新具有较好的经验。

（3）**具有开创精神，有很强的抗压能力**　在产品创新的过程中，遇到的难题和困难会比较多，工作可能出现多次反复的情况，且来自多方面的压力也会比较大，需要具备一定的心理素质。

（4）**具有高效的工作效率**　产品创新的环节较多，可能由不同部门、不同专业的人员组成，为了确保环节正常推进，需确保各个环节的沟通渠道畅通，整体效率要有所把握。

（5）**具有极强的责任心**　产品创新的过程较为漫长和反复，需要依托企业及各部门的支持，创新产品需要面对市场和顾客，创新的过程和结果都需要参与者认真负责。

3. 西点创新人员的组成

产品创新是一个综合性的工作，从立项开发到完成评测、正式投入生产或者培训是一个较为漫长的过程，需要多个环节、多个人员的相互配合，常见人员构成如下。

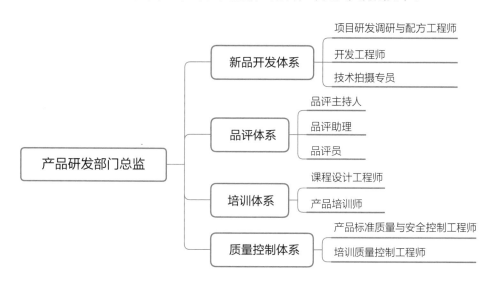

（1）**新品开发体系**　该体系工作内容主要是项目调研、开发。

项目研发调研与配方工程师需要有较强的市场敏锐度，熟悉食品行业，具有较强的分类、分析能力。能够进行市场调研、了解市场趋势变化，能够筛选并确认优质项目，有较强的规划能力、分析能力和创新意识。

产品立项后，专业的开发工程师需要根据产品设计单进行具体的开发工作，需要确定工艺关键点，需保证制作产品的稳定性、安全性、可操作性、可重复性等。

在进行过程中，可以由专业技术人员留下摄影和图片资料用于存档。

（2）**品评体系**　新品开发完成后，需要由专业的品评人员进行有组织的品评。

品评主持人负责品评的主持工作，维持品评现场的秩序，组织相关人员进行品评准备、品评记录、品评总结报告等事项，品评助理辅助其工作。

专业品评员需要对食品行业有较多了解，对西点行业及相关行业要具备足够的理论知识和实践操作能力，对产品有良好的品评能力。

（3）**培训体系**　新品确定完成开发任务后，在正式投入制作前，培训体系人员需要对涉及新产品的相关人员进行培训，确保产品的正常生产有序、安全地进行。

（4）**质量控制体系**　关于产品的质量控制有两个方面，一是产品"从无到有"的过程中需要监督与控制，在后续生产过程中也要定期进行质量安全控制；二是针对产品培训的质量控制。

10.3 培训指导

10.3.1 培训计划和培训大纲编写的方法与要求

1. 培训计划编写的方法和要求

关于西式面点的培训，针对不同的人群需求需要设定不同的培训计划，在实际执行前要先做好预先的系统设定，完成一个较为全面的培训方案，以确保后续工作能够扎实地开展，一般涉及以下几个方面。

（1）明确培训意义与需求 确定培训需求主要是找到设定本次培训活动的核心焦点，确定适合需求的培训内容，挑选适当的培训方法，使员工通过培训能够达到培训需求，为企业发展和个人发展展现更好的知识和技能。

所以，确定培训意义和需求是培训效果的关键和起点，可以观察、总结员工现状、部门现状、企业发展等多方面的需求，综合分析员工个人、组织纪律、工作质量与效率等实际问题，得到一个或者多个符合分析结果的需求。这里需注意，预期的培训效果要大于现有的职能展现，培训才具有意义。

为了更好地明确需求，可以通过培训调查问卷、访谈、面谈等方法广泛听取员工的意见。

培训需求调查表示例如下。

××××部门培训需求调查表						
填表部门：			填表日期：			
序号	培训实施对象	培训主题/项目	培训形式	培训目的	培训时间/周期	实施部门
1						
2						
3						
4						
5						
6						
7						
8						
9						
10						

序号	培训实施对象	培训主题/项目	培训形式	培训目的	培训时间/周期	实施部门
制表人			签字：	日期：		
部门负责人意见			签字：	日期：		
填表备注说明：						
培训实施对象选项：总监级、中层管理人员、基层员工、全体员工等						
培训主题/项目选项：岗位技能培训、新员工入职培训、人事制度培训、管理思维培训、团队建设培训等						
培训形式选项：课堂培训、实施训练、户外培训、OJT培训等						
培训时间/周期选项：1个周、1个月、1个季度、半年、1年，或者根据需要						
实施部门选项：部门内部、集团人力资源部、外请培训机构等						

（2）**明确培训对象** 对任何岗位来说，培训对象的能力和需求皆不同，依此设计培训内容的起始难度、深度、宽度会有很大不同，培训需要"因地适宜"，切实摸准培训需求和培训对象的痛点。一般企业的培训重点对象包括：

1）新员工。对企业新进员工进行培训，可以帮助他们更加顺利地进入工作状态，了解相关人事制度等，对融入企业有很好的助力作用。

2）骨干力量员工。对企业的骨干力量进行培训，可以进一步地提升他们的工作能力，明确个人和企业发展目标，树立更为清晰的职业规划目标。

3）有上升空间的员工。企业发展过程中会出现许多优秀的员工，可能由于资历、见识等给个人职业发展造成一定的阻碍，但是其综合素质极佳，有较大的上升空间，是比较值得培养的员工。

4）需要掌握其他技能的员工。一般有两种情况，一是企业需要复合型人才，如技术人员需要管理知识；二是企业需要部分员工进行转岗，针对转岗人员进行新岗位的培训。

（3）**明确培训目标** 说明培训对象经过培训之后要达到何种状态，可涉及理论、技能、综合素质等多方面。

根据需求确定的培训目标一般都较抽象，为了达到这一目标，需要进行分层细化工作，使其具有落地的可能性和操作性。最终的目的是需要员工通过培训后，了解、学习、掌握某些技能和知识，并运用这些知识去具体实践，得到一个良好的结果，有一定的改变。

将目标细化、明确，转化成各个层面上的小目标，针对小目标设定具体的操作计划，科学、有效、顺利地完成总目标的设定。

（4）**概述培训内容及培训要求** 培训内容一般包含3个层次，分别是知识培训、技能培训和素质培训，3 个层次的培训内容、培训方式和培训重点都不一样，是不同的培训方向。

培训内容从培训的基本项目上来说，西式面点主要体现在 4 个方面，分别是基本素质培训、职业知识培训、专业知识与技能培训和社会实践培训。

专业类西式面点师培训，对知识概念、技能操作、综合素质、社会实践等多个方面都有不同程度的涉及，不同层级对应不同的培训内容和培训要求。

（5）说明培训时机及用时

1）培训的时机。培训的时机是培训计划中需要明确的信息，该信息是培训计划从准备实施到具体实施的转折点，需说明选择该时机的科学性，避免因为其他事情产生随时更换的情况，给培训造成不好的影响。一般培训的时机选择有以下几种情况。

① 有新员工加入时。一般新员工入职后，对工作环境、组织架构、人事行政、企业文化等方面不熟悉、不了解，需要将相关信息传达给他们，需要进行一定的培训。这类培训可以是集体，也可以是单独的。具体可以根据企业大小来定，一般对于具体职位的工作程序和行为准则，可由直接主管和人力资源部进行一对一培训；对于企业组织、岗位架构等方面的问题可集体培训，如在 1~3 月份入职的新员工，可在 3 月底进行一次集体培训。

② 企业引入新设备、新材料、新的管理模式等重大环境改变时。当员工的工作场景出现集体的、重大的改变时，为了使员工尽快熟悉，可以对员工进行相关的培训。

③ 员工即将晋升或者岗位轮换时。当员工开始或者准备从事新的工作岗位，为了使员工更好地适应新岗位，可以对员工进行培训。

④ 员工能力需要提升的时候。这个主要发生在员工自身能力达不到岗位需求，企业不得不进行培训的状态下。

2）培训时间。培训时间的确认需要综合考虑培训内容和培训对象，并结合培训时间的选择分析影响正常工作的程度，还与培训场地、培训讲师、每天受训时长等多方面因素有关。

培训时间可以是 3 天、1 个周、1 个月、3 个月等，对于特殊人员的培训也可以更长，具体选择需要有关方面共同决定。

（6）说明培训预算 预算涉及人力成本、场地使用、设备、工具及材料等方面。

1）培训的人力成本。不同的培训规格所需人员不同，如主管对下属的一对一培训和主管对部门人员的整体培训是不同的，相关人力成本有区别。

如果培训涵盖综合技能、知识概念、综合素质等多层次内容时，所涉及的方面会更多，如行政人员、仓储人员、采购人员、财务人员等，在众多人员中，培训讲师占最核心地位。

培训讲师一般来自于企业内部推荐或者外聘，一般讲师需具备特殊知识和技能、丰富的岗位从业经验，有一定的表达能力，能对培训需求完整阐述，能完成培训目标规定的内容。

内部讲师和外聘讲师结合是较为普遍的培训方式。

2）培训的场地。根据培训内容和方式的不同，培训场地的选择具有不同的针对性，一般可以分为内部培训场地及外部培训场地两大类。

内部培训场地可以最大化的节省费用，且组织方便，但是因其较为固定，培训形式单一，产生的效果会比较有限，内部培训场地主要用于工作现场的培训和部分技术、知识概念、企业文化、人事制度、工作态度等方面的培训。

相对于内部培训场地来说，外部培训场地需要付一定的场地费，组织难度较大，花费时间也更长，但是外部场地可以根据需求更有方向地去选择，选择空间比较大，对于特殊设备、工作场景、工具设施等培训项目具有较好的培训效果。

3）设备、工具及材料等。培训的内容和方式不同，培训期间所需的工具、材料、设备等会有较大差别，为了使培训更好地进行下去，需要对相关费用进行预估，对于特殊物品需要提前确认，以免后期发生不能正常培训的状况。

（7）**培训方法** 培训方法是在实施培训的过程中使用的方式和手段，常见的有讲授法、问答法、演示法、实验法等，不同的方法适用不同的培训内容，合适的方法可以使培训更加生动、内容更加深刻。

（8）**培训计划的拟定** 在上述情况皆明确后，培训计划的拟定和编写也是重要工作之一，是工作梳理和实施纲领。需要对培训内容的开展进行较为全面的说明。

培训计划一般有根据企业战略发展目标设计的长期培训计划，也有短期培训计划，还有针对某一技能的单项培训课程。

培训计划的基本内容包括培训目标、培训原则、培训需求、培训要求、培训时间、培训方式等，不同的培训计划拟定的核心重点不同。

1）长期培训计划是从企业战略发展目标出发的，其设计需要掌握企业组织架构、部门功能和人员组成，了解行业和企业未来发展的方向和趋势，了解各级部门的发展重点以及各岗位人员的发展需求。

2）短期培训计划可以以年为单位，或者半年度、季度、月度等，短期培训可以由若干个单项培训课程组成，其主要内容涉及培训对象、培训内容、培训方法、培训预算等，培训内容与长期培训计划的目标需保持一致。作为长期培训计划的重要分支，短期培训没有单项培训课程内容详细。

3）单项培训课程是建立在长期培训计划和短期培训计划的基础上的，其计划的拟定需要非常详细，一般涉及课程目标、培训内容、培训形式、培训方式、培训时机与时长、考核方式、培训目标、培训讲师、培训场地等细节的描述和策划。

（9）**培训效果的评价** 在经过一段时间的培训后，对培训效果进行评价可以从以下几个方面着手。

1）对培训工作本身的评价。结合受训者的综合反应对本次培训内容进行讨论分析评定，给组织培训的相关人员和相关课程等做出评价。

2）对培训工作本身和受训者的综合评价。在培训课程中，可以设定考核项目，通过考核结果可以看出受训者相关的技术能力提升以及培训的目标呈现。

3）对受训者的后续工作能力的评价。在经过培训后，可以通过考核受训者在工作中的表现来评价培训的总体效果，如对比培训前后的工作成果等。

2．培训大纲编写的方法和要求

以培训计划确认的相关内容作为背景条件，再对培训内容进行逻辑梳理，用简单的文字概括培训课程的主要内容，编写成培训大纲。培训大纲主要涉及以下几个方面。

1）介绍培训的指导思想、基本原则、培训意义、培训对象、培训目标等基本信息。

2）说明培训课程的设置及课时分配。示例如下。

示例

烘焙专业教学计划表（半年制）

专业：　　　　　　　　学制：　　　　　　　　编制日期：　　　年　　月　　日

课程	序号	学科	学期安排		各学期周数及周学时数							
			考试	考查	总数	理论	实训	一 第19周	二 第19周	三 第19周	四 第19周	五 第19周	六 第19周
公共课程	1	职业素养											
	2	焙烤相关英语											
专业基础课程	3	食品营养与卫生											
	4	焙烤食品工艺学											
	5	食品微生物学											
	6	美术											
专业课	7	面包课程											
	8	蛋糕课程											
	9	甜品课程											
	10	饼干课程											
	11	裱花课程											
	12	西餐课程											
综合实践课程	13	就业指导											
	14	综合实训											
周课时数													
各学期课程门数													
总学时数													

3）概述模块内容及章节目录，说明课程类型，并说明使用对应的课时怎么达到学习目标，完成培训计划中的培训目标。如裱花项目中，需要概述裱花章节内包含哪些具体的分类及产品，在规定课时内有多少理论课、实践课、实验课等，并说明通过这些课程如何达到综合培训目标。

4）说明考核方式。在完成对应的产品培训后，需要与人力资源部等相关部门对培训人员进行技术、理论或者综合类素质评价，采用笔试、实操等多种方式对相关培训人员进行考核。

10.3.2 培训讲义与教案撰写的方法和要求

1. 讲义与教案的区别

（1）**讲述重点**　以制作的目的性来说，讲义重点讲述的是培训课程"教什么"，即教学的知识信息，可只涉及基本的教授内容，并不包括对教学过程的设计；教案讲述的是培训课程"该怎么教"，即教学的组织管理信息，是教师的教育思想、智慧、动机、经验、个性和教学艺术性的综合体现，能展现教师的教学风格，反映教师的教学水平，是教学基本文件。

（2）**编写风格**　讲义风格没有固定的，更多的是一个教师对课程内容的自我阐述，有较为独特的个人风格，所以不同老师的讲义可能大不相同。

教案通常有固定的格式，有相对固定的基本结构，其结构能够体现课程教授的基本实施步骤，且教案内容的适用范围较广，对从事同学科、同性质、同层次的老师都有较大的借鉴意义。

2. 培训讲义与教案撰写的基本原则

（1）**针对性与实用性原则**　针对培训目标进行讲义和教案的编写。内容中所提到的理论观点、技术观点及解决问题的方法，必须与现实相结合，且能解决现实问题，或提出指导解决问题的方案和意见，决不能故弄玄虚，决不能将未经实践检验、未被证实了的内容写进去。

（2）**系统性与科学性原则**　讲义与教案编写的总体思路要以培训项目为依据，与整体需求吻合，内容上的取舍要从全局的目标需求出发，要通盘考虑。涉及的框架设计、教学模式、章节内容等也要围绕组织整体，达到最佳的适用效果。

（3）**创新性原则**　编写讲义和教案时要坚持开拓创新，所提出的观点内容要反映时代特点，讲述的理论应该是现代的、全新的，其思想思路应具有创新性，不要拘泥于旧模式，不局限于传统做法。尤其是在探索教案的内容实施步骤时，可更多地依托现代科技，如将多种媒介进行有机结合，使内容展现的形式多变新颖，激发学员的学习兴趣。

（4）**反映市场现状与发展原则** 随着西点市场的不断开拓，西点产品的品种及相关行业的更新速度都比较快，所以在讲义与教案中，除了正在应用的传统技术外，也要有计划地吸纳新技术和新技能，要做到培训的核心内容与当代社会相契合。但是需注意，所选择的理论和产品必须是经过市场检验的，慎重选择，表述客观，防止让学员有所误导。

3. 教案撰写的基本要求与方法

作为教学的基本文件，教案可具有统一的模板，但模板内容需要满足教学需求，模板填充需要体现教师观点与风格。

教案编写的基本内容一般涉及 3 个层面，即课程整体内容、章节内容、单次课程，这 3 个层面涉及领域由大到小，各个层面侧重点各不相同。

（1）**课程的内容、教学基本要求、教学方法等的确认** 该层面内容是教案撰写的方向，体现课程培训的目的与要求，一般涉及以下几个方面。

1）教学大纲。教学大纲是根据学科内容及体系、教学计划的要求编写的教学指导文件，以纲要的形式规定了课程的教学目的、教学任务、知识及技能的范围以及体系结构、教学进度和教学方法的基本要求。

教学大纲的结构一般分为 3 个部分，即说明、本文和附录。说明部分是阐述开设本门课程的意义、教学的目的任务、教学内容选编的依据与原则、教学重点和教学方法的建议与指导、教学难点分析与建议。

教学大纲的本文是大纲的主体部分，一般以篇、章、节、目等形式编制成严密的教学体系，直接反映了该课题的主线内容、知识结构以及实施环节。

教学大纲的附录是列举各种参考资料以及教学使用工具等。

2）教学日历。教学日历是教师依据教学大纲，完成一段时间的教学任务的具体实施方案。教学日历的制订要明确课程内容与方式、教学进度和学时分配。具体示例如下：

××× 学科 ×× 学期教学日历			
开课学科		课程编号	
课程名称			
授课教师		学年学期	
授课班级			
周次	教学大纲分章节和题目名称	授课类型	学时
第 1 周			
第 2 周			
第 3 周			
第 4 周			

周次	教学大纲分章节和题目名称	授课类型	学时
第5周			
第6周			
第7周			
第8周			
第9周			
第10周			
第11周			
第12周			
第13周			
第14周			
第15周			
第16周			
第17周			
第18周			
第19周			
注：本日历由授课教师填写，一式两份，一份交由教师所在教学管理部门存档，一份教师留存查阅。			
学科负责人签字：			
教学主任签字：			
填表日期：			

3）授课类型。根据讲授内容的不同方式可以将课程分成不同的授课类型，如理论课、产品实践课、实验课、自习课等，无论采用哪种类型用于课程教学，均须从实际出发，以最佳的上课效果来服务课程和学员。

4）教学目的及要求。需要明确通过该课程的教学后，重点要掌握什么技能、方法、知识概念、作用、实际运用等；要明确达到这个目的，需要制订哪些方面的具体要求。

（2）**对各个章节的教学内容、教学方法、教学要求的设计**　围绕教学大纲等方面的确认，展开对各个章节的措施落实，具体涉及课程章节和主题、章节教学目的及要求、章节教学的主要内容、章节的讨论题、章节作业、章节的教学总结等。

（3）**对单次课程的教学内容、教学方法、教学要求的设计**　延续章节内容、教学方法、教学要求的设计，设定单次课程的教学方法（讨论、启发、自学、演示、辩论等）、教学媒介（PPT、录像、模型、挂图、多媒体、实物等）、教学内容（课程重点与难点等）、教学过程（复习、讲授新课的内容、思考、讨论、实践、实验、对比、作业等）。具体示例如下，以产品实践课为例。

_____学科_____学期课程

编号：　　　　　　　　　　　编制：

课程名称		课时		分组	
教学资源	【原材料】 【工具】 【教具】				
教学目标	知识目标				
	技能目标				
	情感目标				
教学重点					
教学难点					
基本功					
时间节点控制 （可依据操作 流程）					
品质要求					
下次课程 内容					

具体实施计划如下。

课时	教学环节 （时间）	教学内容	建议教学 方法
预备	课前准备 10分钟	【学生的学习准备】 【教师的教学准备】	讲授法、 检查法
第1课时	复习提问 5分钟		问答法
	新课引入 10分钟		讲授法
	新课讲授 25分钟		讲授法、 讨论法

课时	教学环节（时间）	教学内容	建议教学方法
第2课时	教师演示 20分钟	【准备】 【制作步骤】 【操作要点】 【基本功】 【品质要求】 【安全要求】 【教学组织】	演示法、讲授法
	学生练习 25分钟	【学生练习】 【教师指导】 【问题预估】	练习法
第3课时	产品点评 20分钟	【产品评价】	讲授法、讨论法
	课堂小结 10分钟	【课堂小结】 1. 知识、技能小结 2. 卫生 3. 安全 4. 纪律	讲授法、讨论法
	作业		练习法

评分标准如下。

序号	项目	评价标准	评分
1			
2			
3			
4			
5			
6			
合计			

10.3.3　教学方法

在正式教学过程中，常见的教学方法有如下几类。

1．语言形式类教学法

语言形式类教学法是教师通过语言系统连贯地向学员传授知识，通过循序渐进的叙述、描绘、解释、推论来传递信息、传授知识、阐明概念、论证规律，引导学员分析和认识问题的教学指导方法。

这是比较常见的、传统的指导方式，传递知识的媒介是语言，作为传递经验和交流思想的主要工具，语言类指导法是指导方法中的主要方法，无论运用何种方法教学，都会有一定占比的语言类指导法。

（1）**讲授法** 讲授法是教师通过口头语言向学员传授知识、技术的方法，包括讲述法、讲解法、讲读法和讲演法。讲授法是较为普遍、最常用的教学方法，也常作为辅助教学方法与其他教学方法共同使用。

（2）**问答法** 问答法是指教师按一定的教学要求向学生提出问题，并要求学生回答，通过问答的形式来引导学生获取新知识、巩固知识的方法，这类方法有利于激发学生的思辨能力，调动学习的积极性，培养学员独立思考的能力和语言表达组织能力。

（3）**讨论法** 讨论法是在教师的指导下，针对教学当中的疑难、争议、发散性等知识组织学生进行独立思考并共同讨论。

2．直观形式类教学法

直观形式类教学法是在培训中借助多媒体、道具等把抽象的知识、科学原理展示给学员，帮助学员加深印象。或者将学员带到实践场景中，给学员更多真实的体验。

（1）**演示法** 演示法是在课程进行中，教师通过使用教具等实物展示、进行实践性制作、进行示范性实验等方式使学员通过实际观察获得知识，演示法可以加深学员对学习对象的印象，形成较为深刻且立体的概念，是西式面点培训中较为常见的教学方法。

（2）**参观教学法** 参观教学法是教师将学员带到校外场所，如生产基地、机器设备厂等，组织学生通过对实际事物和现象的观察、研究，使学生更好地获取知识。

3．实际训练类教学法

培训的意义是帮助员工在实践工作中更好地实现自我价值，帮助学员更好地提升自我能力，实际训练类教学法是指教师在进行演示或者讲授后，学员在老师指导下进行技术练习或者信息比较，提升能力的同时也会帮助学员更好地理解知识与技术。

（1）**练习法** 练习法是学员在老师的指导下，反复地完成一定动作或者活动方式，来完成对技能、技巧或者行为习惯的教学方法，在西式面点教学过程中，一般会采用"教师使用演示法，学员使用练习法"的组合方法来完成学员对产品制作的学习。

（2）**实验法** 实验法是使用一定的设备和材料，通过控制条件变化来观察实验对象变化的方法，从观察现象变化中获取规律性知识，在西式面点的实际应用中比较多见，如实验不同酵母品种对酵种制作的影响，采用实验对比的方法可以让学员更深刻地了解酵母在产品制作过程中的作用和含义。

（3）**实习法**　实习法是将一段时间内学习的知识付诸实践的教学方法，在西点长期培训中较为常见。一般会在学员完成一段较为系统的培训后，相关学校或者培训机构会将学员送到实习基地进行操作实践，使学员在实践过程中，更好的独立思考，更好地将所学的理论与产品知识运用到实际生产过程中。

复习思考题

1. 西式面点制作中有哪些常见的加热方式？
2. 还原性糖在加热过程中可能会发生什么反应？
3. 淀粉糊化有哪些具体表现？
4. 蛋白质热变性作用的具体表现是什么？
5. 西点制品的质量分析方法有哪些？
6. 西点创新人员的组成有哪些体系？

模拟试卷

西式面点师（技师）理论知识试卷

注 意 事 项

1. 考试时间：90 分钟。

2. 请按要求在试卷的标封处填写您的姓名、准考证号和所在单位的名称。

3. 请仔细阅读回答要求，在规定的位置填写答案。

	一	二	三	四	五	总 分
得 分						

得 分	
评分人	

一、填空题（将正确答案填入空格内，每题 1 分，共 20 分）

1. 合理分配原料成本，必须对原料的_____、_____、_____、_____等环节施加控制。

2. 正常情况下，一日三餐热能摄入量的配比为：早餐占_____，午餐占_____，晚餐占_____。

3. 乳化剂的主要作用是使油脂_____，使制品_____、_____。

4. 我国规定合成色素使用量为_____。

5. 面包搅拌过程主要分_____、_____、_____、_____四个阶段。

6. 碳酸氢钠（即_____），使用量过多会使制品_____。

7. 蛋糕分类有_____、_____。

8. 莫士类冷冻甜食是一种含_____成分很高，口感_____、_____的高级西点。

9. 泡芙是英文_____译音，是用_____面团制成的一类点心。其制品具有_____、_____、_____，加馅心后_____、_____的特点。

10. 清酥面团的包油方法有_____、_____。

11. 牛乳的化学成分有_____、_____、_____、_____、_____。

12. 乳化剂的种类很多，有_____和_____两大类，常见的乳化剂有_____、_____、_____等。

13. 西点中常用的弱酸主要有_____、_____、_____。

14. 蛋糕装饰方法主要有_____、_____、_____、_____、_____。

15. 味觉包括心理味觉、_____、_____。

16. 面粉的化学成分有_____、_____、_____、_____、_____、_____。

17. 鲜鸡蛋具有_____性、_____性、_____性。

18. 引起蛋白质变化的因素很多，比较常见的有_____作用和_____变性。

19. 油脂的酸败有_____和_____两种类型。

20. 食品卫生标准的技术指标主要包括_____、_____、_____。

得　分	
评分人	

二、单项选择题（将正确答案对应的字母填入括号内，每题 1 分，共 20 分）

21. 淀粉的糊化作用能提高面团的（　　）。

　　A. 弹性　　　　　　B. 韧性　　　　　　C. 延伸性　　　　　　D. 可塑性

22. 清蛋糕的膨松主要是（　　）作用的结果。

　　A. 物理膨松　　　　B. 化学膨松　　　　C. 生物膨松　　　　D. 巧克力油

23. 泡芙面糊起砂的原因是（　　）。

　　A. 配方中油脂用量过多　　　　　　　　B. 面粉没烫透

　　C. 一次加入的蛋液过多　　　　　　　　D. 糖、盐用量过多

24. 面粉中的（　　）是淀粉的主要成分。

　　A. 面筋质　　　　　B. 蛋白质　　　　　C. 碳水化合物　　　D. 糖分

25. 碳酸氢钠的分解温度为（　　）。

　　A. 30℃　　　　　　B. 60℃　　　　　　C. 90~150℃　　　　D. 30~60℃

26. 面粉中所含营养素以（　　）为主。

　　A. 维生素　　　　　B. 蛋白质　　　　　C. 碳水化合物　　　D. 矿物质

27. 面筋拉长时所表现的抵抗能力称面筋的（　　）。

    A. 弹性　　　　　　B. 韧性　　　　　　C. 延伸性　　　　　　D. 可塑性

28. 为防止食品霉变，主要是控制食品储存时的（　　）。

    A. 温度　　　　　　B. 湿度　　　　　　C. 卫生　　　　　　D. 温度和湿度

29. 沙门氏菌引发的中毒属食物中毒，主要是由（　　）引起的。

    A. 蔬菜　　　　　　B. 植物性食品　　　C. 蛋　　　　　　　D. 动物性食品

30. 糕点的成本是指生产过程中的（　　）。

    A. 原材料耗费之和　　　　　　　　　　C. 全部耗费之和

    B. 部分耗费之和　　　　　　　　　　　D. 水、电、燃料耗费之和

31. 人体内（　　）是水。

    A. 60%~70%　　　B. 50%~60%　　　C. 40%~50%　　　D. 30%~40%

32. 可以直接被人体利用的糖是（　　）。

    A. 白砂糖、绵白糖、葡萄糖　　　　　　B. 葡萄糖、果糖、麦芽糖

    C. 葡萄糖、果糖、乳糖　　　　　　　　D. 葡萄糖、果糖、半乳糖

33. 油脂用于面团中，可使面团（　　）增强。

    A. 可塑性、酥松性　B. 弹性　　　　　　C. 延伸性　　　　　　D. 韧性、可塑性

34. 灰色为（　　）。

    A. 明色　　　　　　B. 暗色　　　　　　C. 有彩色　　　　　　D. 中性色

35. 蛋糕是通过烤炉内的（　　）作用而成熟的。

    A. 热对流　　　　　　　　　　　　　　B. 热辐射

    C. 热传导　　　　　　　　　　　　　　D. 热辐射、热传导、热对流

36. 泡打粉是（　　）。

    A. 化学膨松剂　　　B. 生物膨松剂　　　C. 碱性膨松剂　　　D. 复合膨松剂

37. 制作蛋糕的塔塔粉属（　　）。

    A. 弱酸性　　　　　B. 强酸性　　　　　C. 弱碱性　　　　　D. 强碱性

38. 制作巧克力的室内温度以（　　）为最佳环境温度。

    A. 10℃　　　　　　B. 20℃　　　　　　C. 30℃　　　　　　D. 40℃

39. 酵母生长繁殖最活跃的温度是（　　）。

    A. 20~25℃　　　　B. 28~32℃　　　　C. 35~40℃　　　　D. 50℃以上

40. （　　）能使面团吸水率增强。

    A. 白糖　　　　　　B. 鸡蛋　　　　　　C. 适量的盐　　　　　D. 黄油

得　分	
评分人	

三、判断题（将判断结果填入括号内，正确的填"√"，错误的填"×"，每题 1 分，共 20 分）

41．面粉中的可溶性糖有利于制品色、香、味的形成。　　　　　　　　　　（　　）

42．直链淀粉有助于面团可塑性的形成。　　　　　　　　　　　　　　　（　　）

43．烘烤清酥类制品时，应随时打开烤箱门观察制品的变化。　　　　　　（　　）

44．油脂的变质主要是氧化和酶的作用造成的。　　　　　　　　　　　　（　　）

45．鸡蛋的蛋白质受热至 70~80℃时，开始变性。　　　　　　　　　　　（　　）

46．快速发酵法工艺流程为：中种面团搅拌→种子面团发酵→主面团搅拌→主面团发酵→分块。　　　　　　　　　　　　　　　　　　　　　　　　　　　　　（　　）

47．香兰素是人工合成的常用食品增香剂之一。　　　　　　　　　　　　（　　）

48．在面包制作中，油脂能使面包组织均匀、细腻、光滑，并能增大体积。（　　）

49．熔化巧克力必须隔水熔化，水温小于 50℃，以免返砂。　　　　　　（　　）

50．鸡蛋的构成比例及成分含量是一致的，不受产蛋季节、饲养条件等因素的影响。（　　）

51．起酥油具有较强的可塑性。　　　　　　　　　　　　　　　　　　　（　　）

52．蛋黄完整的鸡蛋一定是新鲜鸡蛋。　　　　　　　　　　　　　　　　（　　）

53．乳化剂是促进水与油脂融合的一种添加剂。　　　　　　　　　　　　（　　）

54．生产报表是反映厨房生产情况的总表。　　　　　　　　　　　　　　（　　）

55．蛋白质在 50℃时会发生凝固现象。　　　　　　　　　　　　　　　　（　　）

56．酵母是化学膨松剂。　　　　　　　　　　　　　　　　　　　　　　（　　）

57．根据用料和加工工艺，蛋糕可分为天使蛋糕和海绵蛋糕。　　　　　　（　　）

58．烤箱是以电为主的设备。　　　　　　　　　　　　　　　　　　　　（　　）

59．油酥面团的酥松性主要是鸡蛋起的作用。　　　　　　　　　　　　　（　　）

60．衡量蛋白质营养价值的标准是看其必需氨基酸的含量是否充足。　　　（　　）

得　分	
评分人	

四、问答题（每题 5 分，共 20 分）

61. 西点行业质量管理的一般内容是什么？

62. 简述西点制作中生产设备、工具的卫生要求。

63. 简述面包体积过小的原因。

64. 简述湿面筋在清酥制品中的作用。

得　分	
评分人	

五、论述题（每题 10 分，共 20 分）

65. 请论述您在烘焙工作中是如何运用"四新"（新原料、新工艺、新设备、新技术）知识的。

66. 请论述您在烘焙工作中是如何对员工进行"传、帮、带"的。

西式面点师（高级技师）理论知识试卷

注 意 事 项

1. 考试时间：90 分钟。
2. 请按要求在试卷的标封处填写您的姓名、准考证号和所在单位的名称。
3. 请仔细阅读回答要求，在规定的位置填写答案。

	一	二	三	四	五	六	总 分
得 分							

得 分	
评分人	

一、单项选择题（将正确答案对应的字母填入括号内，每题 1 分，共 20 分）

1. 清酥类面团（　　），如果气温高，必须冷藏后再操作。
   A. 搅拌时　　　　　B. 切割时　　　　　C. 烘烤时　　　　　D. 装饰时

2. 蛋糕面糊装入模具内，（　　），烘烤后面糊容易溢出模具外。
   A. 注模过少　　　　　　　　　B. 注模过满
   C. 注模五成左右　　　　　　　D. 注模低于模具口三成

3. 卵磷脂具有（　　）和亲水性的双重性质。
   A. 亲油性　　　　　B. 疏水性　　　　　C. 分散性　　　　　D. 游离性

4. 用机械对面团分块时，必须配备一个小台秤，随时称量检查机械分割出的面团是否达到（　　）。
   A. 标准质量　　　　B. 标准重量　　　　C. 标准数量　　　　D. 标准形状

5. 将揉圆后的小面团放进醒发室或操作台上进行（　　）。
   A. 中间醒发　　　　B. 最后醒发　　　　C. 预醒发　　　　D. 烘烤前醒发

6. 合理使用手粉很重要。手粉过少，饼坯（　　）。
   A. 易粘连　　　　　B. 易粘模　　　　　C. 不易脱模　　　　D. 发油

7. （　　）品种整形的模具、刀具必须要锋利，以免破坏层次清晰度。
   A. 混酥类　　　　　B. 清酥类　　　　　C. 发酵类　　　　　D. 装饰类

8. 按照产品的特点调节发酵面团所需的（　　）、相对湿度和时间。
   A. 温度　　　　　　B. 热度　　　　　　C. 热量　　　　　　D. 水温

9. 面粉在西点制作中的工艺性能主要是由面粉中所含（　　　）性质决定。

    A．淀粉和蛋白质　　　　　　　　　　B．水分和糖

    C．蛋白质和无机盐　　　　　　　　　D．淀粉和水分

10. 蛋糕制品的糕坯不发黏，膨松适度，（　　　）均匀而有弹性。

    A．形状　　　　　　B．气孔　　　　　　C．色泽　　　　　　D．组织

11. 硬果类食物中，一类是（　　　）含量较高的硬果，如花生仁、核桃仁、杏仁、葵花子仁等。

    A．脂肪　　　　　B．脂肪和蛋白质　　　C．蛋白质　　　　　D．糖类

12. 硬果类食物中，一类是（　　　）含量较高的硬果，如白果、栗子、莲子等。

    A．糖　　　　　　B．蛋白质　　　　　C．维生素　　　　　D．油

13. 烘烤大蛋糕时，炉温还可以再（　　　）些，烘烤时间略长些。

    A．高　　　　　　B．稍高　　　　　　C．低　　　　　　　D．适中

14. 起酥的面包要有清晰的（　　　）。

    A．气孔　　　　　B．形状　　　　　　C．色泽　　　　　　D．层次

15. 清酥类一般采用（　　　）烘烤。

    A．高温　　　　　B．低温　　　　　　C．低温后转高温　　D．中温

16. 生坯入炉后，在烘烤过程中，（　　　）主要有传导、对流和辐射。

    A．热传递的方式　　　　　　　　　　B．成熟的方法

    C．烘烤的方法　　　　　　　　　　　D．烘烤的温度

17. 清蛋糕比油蛋糕烘烤（　　　）。

    A．温度略低，烘烤时间稍长　　　　　B．温度略高，烘烤时间稍短

    C．温度略低，烘烤时间稍短　　　　　D．温度略高，烘烤时间稍长

18. 清酥类表面有糖的品种，烘烤温度（　　　），烘烤时间稍长。

    A．多变　　　　　　　　　　　　　　B．不变

    C．适当下降　　　　　　　　　　　　D．适当提高

19. 产品烘烤前刷的全蛋液、蛋黄液、蛋清液等属于（　　　）。

    A．主要原材料　　　B．装饰材料　　　C．韧性材料　　　　D．软质材料

20. 影响气体混合物爆炸极限的主要因素有温度、（　　　）、介质和着火源。

    A．湿度　　　　　B．压力　　　　　　C．空气　　　　　　D．空间

得　分	
评分人	

二、判断题（将判断结果填入括号内，正确的填"√"，错误的填"×"，每题 1 分，共 20 分）

21. 欧式松质面包表皮柔软，层次分明。　　　　　　　　　　　　　（　　）

22. 制作风味蛋糕最不常用的原料是干果。　　　　　　　　　　　　（　　）

23. 某产品成本 30 元，销售毛利率 60%，其成本率应为 40%。　　　（　　）

24. 装有馅料的制品成熟后，有时会出现馅料收缩的现象。　　　　　（　　）

25. 烘烤泡芙的过程中，要中途打开烤箱，避免制品塌陷、回缩。　　（　　）

26. 职业道德没有传递感染性，某一种职业活动或职业道德不会影响其他行业的职业。

　　　　　　　　　　　　　　　　　　　　　　　　　　　　　　　（　　）

27. 切割清酥面坯的刀应锋利，防止面坯不平整。　　　　　　　　　（　　）

28. 杏仁膏又称马司板、杏仁面。　　　　　　　　　　　　　　　　（　　）

29. 舒芙蕾的成型方法除裱制外，还可以多次成型。　　　　　　　　（　　）

30. 成功的企业都十分重视员工的培训，把人员培训称为"智力能源开发"。（　　）

31. 当今企业间的竞争，本质上就是企业人员素质的竞争。　　　　　（　　）

32. 人体一次性摄入龙葵素 200 毫克即可引起中毒。　　　　　　　　（　　）

33. 动物性食品中不适宜黄曲霉的生长繁殖。　　　　　　　　　　　（　　）

34. 焦糖熬制有加水和不加水两种。　　　　　　　　　　　　　　　（　　）

35. 脂溶性维生素吸收后可在体内储存。　　　　　　　　　　　　　（　　）

36. 职业道德属于职业活动的范畴，与社会道德无关。　　　　　　　（　　）

37. 在饮食口味上，英国人喜清淡、鲜嫩、焦香，爱喝清汤。　　　　（　　）

38. 三种传热方式都是孤立存在并单独进行的。　　　　　　　　　　（　　）

39. 以水为介质的传热方式主要是热传导。　　　　　　　　　　　　（　　）

40. 细菌性食物中毒可分为感染型、毒素型、过敏型。　　　　　　　（　　）

得　分	
评分人	

三、填空题（将正确答案填入空格内，每个空格 1 分，共 10 分）

41. 在蛋糕的用蛋量为_____的条件下，蛋糕中油的最佳用量为_____。

42. 比重是标志面糊充气多少的重要指标，比重_____，面糊内充气越多，相对来说蛋糕比重_____。

43. 蛋糕中油的最适合添加量为_____。

44. 蔗糖在_____、_____的条件下能转化成_____和_____。

45. 转化糖浆的正常转化率为_____，转化率越低，葡萄糖和果糖的生成量越少，月饼越不易回油、回软，月饼越干硬。

得　分	
评分人	

四、计算题（每题 5 分，共 10 分）

46. 某厂计划生产主食面包 800 个，每个成品面包重 100 克，已知面团百分比是 180%，发酵损耗为 2%，烘焙损耗为 10%，求面粉的需要量。

47. 在 26℃ 的环境中搅拌面包面团，设定的面粉温度为 25℃，和面机摩擦温度为 20℃，需得到 28℃ 的面包面团，请计算出搅拌面团用水的温度（需列出计算公式，再计算）。

得　分	
评分人	

五、名词解释（每题 2 分，共 10 分）

48．职工培训

49．投料单

50．焙烤百分比配方

51．食品污染

52．食物中毒

得　分	
评分人	

六、简答题（每题 7.5 分，共 30 分）

53．简述夏季面团表面起泡的原因。

54. 简述中间醒发的作用。

55. 简述新产品开发过程。

56. 简述水在西点制作中的作用。

参考答案

西式面点师（技师）理论知识试卷标准答案

一、填空题

1. 采购、验收、储存、加工

2. 30%、40%、30%

3. 乳化分散、膨大、柔软酥松

4. 1‰

5. 拾起、卷起、面筋扩展、面筋完成

6. 小苏打、表面产生黄斑点

7. 清蛋糕、油蛋糕

8. 奶油、软滑、细腻

9. Puff、烫制、色泽金黄、外表松脆、体积膨大、外脆里糯、绵软香甜

10. 英式、法式

11. 水分、蛋白质、脂肪、碳水化合物、矿物质

12. 天然乳化剂、合成乳化剂、卵磷脂、脂肪酸、甘油酸等

13. 柠檬酸、苹果酸、醋酸

14. 涂抹、淋挂、挤、捏塑、点缀

15. 物理味觉、化学味觉

16. 蛋白质、糖类、脂肪、水分、灰分、酶类

17. 发泡、胶黏、凝固

18. 酸性、热凝

19. 水解型酸败、氧化型酸败

20. 感观指标、理化指标、微生物指标

二、单项选择题

21. D 22. A 23. C 24. C 25. C 26. C 27. B 28. D 29. C 30. A
31. A 32. C 33. A 34. D 35. D 36. D 37. A 38. B 39. A 40. C

三、判断题

41. √ 42. √ 43. × 44. √ 45. √ 46. × 47. √ 48. × 49. √ 50. ×

51. √ 52. × 53. × 54. √ 55. × 56. × 57. × 58. × 59. × 60. √

四、简答题

61. 西点行业质量管理的一般内容是什么？

西点行业的质量管理主要是通过质量的计划管理、服务规范和服务质量控制等系列规章制度和保证措施实施的，它包括对企业的设施质量、产品质量、劳务质量、服务质量等进行监督、检查、控制和改进。

62. 简述西点制作中生产设备、工具的卫生要求。

生产部的建筑设计必须符合食品卫生要求，设备、工具必须对人体无害，由耐腐蚀材料构成，不能影响成品的颜色、香气、风味和营养价值，设备、工具必须使用后易清洗，不易产生积垢，此外，要始终保持设备、工具的清洁。

63. 简述面包体积过小的原因。

① 酵母用量不足。

② 酵母失去活力。

③ 面粉的筋力不足。

④ 搅拌时间过长或过短。

⑤ 盐的用量不足或过量。

⑥ 糖的用量过多。

⑦ 缺少改良剂。

⑧ 最后醒发时间不够。

64. 简述湿面筋在清酥制品中的作用。

清酥面坯大多选用含面筋质较高的面粉，这种面粉加水调制后会产生大量的湿面筋。高筋面粉面团具有较好的延伸性和弹性，它像气球一样有能被充气的特性，可以保存空气并能承受烘烤中水蒸气所产生的胀力，每一层面皮可随着空气的胀力而膨大，面坯烘烤温度越高，水蒸气的压力越大，湿面筋所受的膨胀力也越大，这样一层层的面层不断受热而膨胀，直到面筋内水分完全烘干，使制品产生酥脆的结构。

五、论述题

65. 请论述您在烘焙工作中是如何运用"四新"（新原料、新工艺、新设备、新技术）知识的。

四新知识的应用，是企业持续稳定发展的关键，可以达到以下目的：利用先进高质量的设备提高产品的质量和产量尽量减少因人员操作失控、原料品质等因素造成的产品质量的波动；节省能耗开支；大大降低劳动强度；创造理想的生产环境；实现卫生和食品安全的最佳基础条件。

随着我国经济的发展，人们的生活水平不断提高，许多消费者不再满足于食品的色、香、味、型的要求，还要吃得健康，吃出美丽，吃得新鲜。通过掌握四新知识，将其应用到产品中去，可以提升产品的品质，品种创新也会层出不穷，从而满足了消费者要吃得健康、吃出美丽、吃得新鲜的要求。同时，四新知识的应用促进了产品出口，也满足了海外华人、华侨对祖国传统糕点的需求。总之，四新知识的应用为行业的发展提供有利的基础。

66. 请论述您在烘焙工作中是如何对员工进行"传、帮、带"的。

在十几年前，很多企业就把"传、帮、带"作为培养人才的主要方式。如今，"传、帮、带"不再是简单的手工操作技能的传授，而是一种言传身教，不仅是技能的传授，更是管理经验的传承。

"传、帮、带"在新的时期也有了新的改变，步入职场的年轻一代，在家庭、学校很少接受职业上的引导，常常感到难以适应。这也使得企业传统的"传、帮、带"模式必须要针对他们的特点进行调整：传——除了传承企业文化、管理思想和优良传统，新时代的"传"还被赋予了传播和沟通的任务。帮——帮不仅是帮助，它更强调指导，是在思想上、理念上以及实际工作中的示范。带——学徒工制度来源于传统的技术作坊，年轻人通过拜师学艺的方式进入作坊，学习 3~5 年后成为正式的员工，通过学徒工制度培养出来的员工，技能更符合企业的需要，同时他们对企业也更忠诚。

西式面点师（高级技师）理论知识试卷标准答案

一、单项选择题

1. B　2. B　3. A　4. B　5. A　6. A　7. A　8. A　9. A　10. D
11. B　12. A　13. C　14. D　15. A　16. A　17. C　18. C　19. B　20. B

二、判断题

21. ×　22. ×　23. √　24. √　25. ×　26. ×　27. √　28. √　29. ×　30. √
31. √　32. √　33. √　34. √　35. √　36. ×　37. ×　38. ×　39. ×　40. √

三、填空题

41. 120%、6%

42. 越小、越大。

43. 5%~7%

44. 加热、加酸、葡萄糖、果糖

45. 75%

四、计算题

46. **解**：1）面包重量 =800×100=80000 克

　　　　2）面团重量 =80000 / [（1-0.02）×（1-0.1）] =90702 克

　　　　3）面粉需要量 =90702 / 1.8=50390 克

　　答：面粉需要量是 50390 克。

47. **解**：1）公式：面团温度 ×3-（室温＋粉温＋面机摩擦温）= 水温

　　　　2）计算：28×3-（26+25+20）=13℃

　　答：搅拌面团用水的温度是 13℃。

五、名词解释

48. 职工培训：通过适当的途径和方法，有目的、有计划地向职工传达正确的政治思想，传授生产、管理知识，训练职工掌握实际工作能力和操作技能的活动。

49. 投料单：亦称下料单、配料单，是根据产品配方计算出来的每一种原材料的实际用量。

50. 焙烤百分比配方：在给定任何一种原料实际投料量的情况下，按照此比例公式就可以计算出其他原辅料的实际用量。

51. 食品污染：指食品从原料的种植、生长到收获、捕捞、屠宰、加工、储存、运输、销售、食用前整个过程的各个环节，都可能存在某些有毒、有害物质进入食品而使食品的营养价值和卫生质量降低或对人体产生不同程度的危害。

52. 食物中毒：由于食用了各种"有毒食物"而引起的以急性过程为主的一类疾病的总称。

六、简答题

53. 答：1）面团加水量太多，导致面团过稀、过软，无法形成牢固的面筋网络，包不住气体。

　　2）所用的面粉筋力不高，无法形成牢固的面筋网络结构。

　　3）面团搅拌过度，部分面筋被打断、破坏。

　　4）配方中没有使用能增强面团筋力，提高面团网络持气性的原料，如奶粉、蛋、盐、增筋剂等，或使用量很少。

　　5）配方中柔性原料，如油脂、糖等用量过多，导致面团筋力降低，面筋网络不牢固。

　　6）使用的酵母营养剂成分过多，面团发酵速度过快，酵母产气速度大大快于面筋的膨胀速度，面团内气压过大，导致面筋网络薄膜被冲破。

54. 答：1）使搓圆后紧张、弹性大的面团，经中间醒发后得到松弛缓和，以利于后面工序的压片操作。

　　2）使酵母产气，调整面筋的延伸方向，让其定向延伸，压片时不破坏面团的组织状态，又增强了持气性。

　　3）使面团的表面光滑，持气性增强，不易粘在成型机的辊筒上，易于成型操作。

55. 答：1）策划阶段。策划方向可以来自企业内部的管理人员、技术人员或普通工人的工作总结，也可以来自特殊客户的要求或一般消费者的建议，还有市场调查结果等。

　　2）选择评价阶段。有了策划，就要进行比较选择，从技术、经费和市场等角度对设想进行可行性评价，然后选出其中较有希望的策划。

　　3）研制开发阶段。通过对新产品策划的评价，并决定了研制开发的方向后，进入研制开发阶段。这是新产品开发中最为关键的一个阶段。

4）鉴定阶段。对初步研制开发成功的新产品从两个方面进行鉴定。一是聘请专家从技术上给予鉴定；二是进行市场调查，了解消费者是否会接受这一价格、质量的产品。根据鉴定和市场调查的结果，再对产品进一步改进和调整。

5）商品化阶段。完成以上四个阶段后，进入商品化阶段。此时，要尽快完成新产品生产的各项准备工作。同时确定销售战略、广告宣传、销售计划、决定价格，并进行详细的经济效益分析。

56．**答**：1）水是溶解糖、盐等原料的溶剂。

2）调节面团的软硬并与面粉中的蛋白质形成面筋。

3）使淀粉产生膨胀和糊化作用。

4）水与油脂能形成乳化剂，增加制品的酥松度。

5）水可作为食品烘烤中的传热介质。

6）水可促进酵母的生长及酵母的水解作用。

参考文献

[1] 史见孟. 西式面点师（三级）[M]. 2 版. 北京：中国劳动社会保障出版社，2019.

[2] 孔令海. 餐饮食品装饰艺术造型设计 [M]. 北京：中国轻工业出版社，2013.

[3] 孔令海. 食品雕刻解析与造型设计 [M]. 2 版. 北京：中国轻工业出版社，2016.

[4] 王森. 精巧小糖艺制作图典 [M]. 郑州：河南科学技术出版社，2016.

[5] 潘祖平. 基础造型 [M]. 南昌：江西美术出版社，2009.

[6] 史见孟. 西式面点师（技师 高级技师）[M]. 北京：中国劳动社会保障出版社，中国人事出版社，
        2021.

[7] 莫西森，史帝贝克. 口感科学 [M]. 王翎，译. 台北：大写出版，2018.

[8] 马基. 食物与厨艺：面食. 酱料. 甜点. 饮料 [M]. 蔡承志，译. 台北：大家出版社，2010.

[9] 王森. 甜美梦幻婚礼翻糖蛋糕 [M]. 福州：福建科学技术出版社，2014.

[10] 王美萍. 西式面点师（初级技能 中级技能 高级技能）[M]. 北京：中国劳动社会保障出版社，
        2019.

[11] 王森. 蛋糕裱花基础（上册）[M]. 3 版. 北京：中国轻工业出版社，2020.

[12] 刘静，邢建华. 食品配方设计 7 步（上册）[M]. 2 版. 北京：化学工业出版社，2012.